Bielefelder Schriften zur Didaktik der Mathematik

Band 13

Reihe herausgegeben von

Andrea Peter-Koop, Universität Bielefeld, Bielefeld, Deutschland

Rudolf vom Hofe, Universität Bielefeld, Bielefeld, Deutschland

Michael Kleine, Institut für Didaktik der Mathematik, Universität Bielefeld, Bielefeld, Deutschland

Miriam Lüken, Institut für Didaktik der Mathematik, Universität Bielefeld, Bielefeld, Deutschland

Die Reihe Bielefelder Schriften zur Didaktik der Mathematik fokussiert sich auf aktuelle Studien zum Lehren und Lernen von Mathematik in allen Schulstufen und -formen einschließlich des Elementarbereichs und des Studiums sowie der Fort- und Weiterbildung. Dabei ist die Reihe offen für alle diesbezüglichen Forschungsrichtungen und -methoden. Berichtet werden neben Studien im Rahmen von sehr guten und herausragenden Promotionen und Habilitationen auch

- empirische Forschungs- und Entwicklungsprojekte,
- theoretische Grundlagenarbeiten zur Mathematikdidaktik,
- thematisch fokussierte Proceedings zu Forschungstagungen oder Workshops.

Die Bielefelder Schriften zur Didaktik der Mathematik nehmen Themen auf, die für Lehre und Forschung relevant sind und innovative wissenschaftliche Aspekte der Mathematikdidaktik beleuchten.

Daniel Barton

Medienprojekte im Mathematikunterricht

Projektentwicklung und Evaluation affektiv-motivationaler Merkmale und Leistung

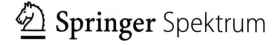

Daniel Barton
Bielefeld, Deutschland

ISSN 2199-739X   ISSN 2199-7403   (electronic)
Bielefelder Schriften zur Didaktik der Mathematik
ISBN 978-3-658-43597-4   ISBN 978-3-658-43598-1   (eBook)
https://doi.org/10.1007/978-3-658-43598-1

Die Deutsche Nationalbibliothek verzeichnet diese Publikation in der Deutschen Nationalbibliografie; detaillierte bibliografische Daten sind im Internet über http://dnb.d-nb.de abrufbar.

I acknowledge support for the publication costs by the Open Access Publication Fund of Bielefeld University and the Deutsche Forschungsgemeinschaft (DFG).

Planung/Lektorat: Marija Kojic
Springer Spektrum ist ein Imprint der eingetragenen Gesellschaft Springer Fachmedien Wiesbaden GmbH und ist ein Teil von Springer Nature.
Die Anschrift der Gesellschaft ist: Abraham-Lincoln-Str. 46, 65189 Wiesbaden, Germany

Das Papier dieses Produkts ist recyclebar.

Geleitwort

Es gehört heute zum gesicherten Wissen, dass Motivation das Lernen von Mathematik nicht nur unterstützt, sondern neben Vorwissen und Intelligenz zu den wichtigsten Faktoren einer erfolgreichen Lernentwicklung gehört. Nun zeigen jedoch neuere längsschnittliche Untersuchungen, dass mathematikbezogene Lernfreude und Interesse an Mathematik im Laufe der Sekundarstufe immer mehr nachlassen, während lernhindernde Emotionen wie Langeweile und Angst zunehmen. Die Gründe für diese Entwicklung sind vielfältig und bislang erst zum Teil erforscht. Es gibt jedoch deutliche Hinweise, dass diese auch in der konkreten Gestaltung des Mathematikunterrichts zu suchen sind, die für eine nicht geringe Anzahl von Lernenden häufig den Eindruck von Sinnlosigkeit vermittelt. Es stellt sich daher die Frage, wie Unterricht so gestaltet werden kann, dass im Zuge sinnstiftenden Lernens Motivation und lernförderliche Emotionen gestärkt werden können. Im Bereich dieser Thematik bewegt sich die vorliegende Dissertation von Daniel Barton, in der es um die Entwicklung, Durchführung und Beforschung eines mathematischen Medienprojekts geht.

Der Autor beginnt mit einer Darstellung des aktuellen Forschungsstands zur Bedeutung von Emotionen und Motivation in Lehr- und Lernkontexten. Dabei identifiziert er theoriebasierte emotions- und motivationsfördernde Gestaltungsmerkmale, die eine tragfähige Basis für seine im Folgenden dargestellte Projektentwicklung bilden und darüber hinaus auch wertvolle Hinweise für motivationsfördernde Unterrichtsformate im Allgemeinen liefern. Als eine neue Ausprägung des Projektmethode werden Videoprojekte im Mathematikunterricht vorgestellt, in die aktuelle wissenschaftliche Diskussion eingeordnet und im

Hinblick auf die damit zusammenhängenden spezifischen Lernmöglichkeiten analysiert. Im Anschluss daran stellt der Autor sein konkretes Unterrichtsprojekt vor,
in dem die theoretischen, didaktischen und methodischen Überlegungen seiner
theoretischen Analysen zu einem praktikablen Medienprojekt verdichtet werden.
Darauf folgt die empirische Studie, der wissenschaftliche Hauptteil der Arbeit.
In Anknüpfung an seine theoretischen Analysen und konstruktiven Entwicklungen formuliert der Autor differenzierte Forschungsfragen zur Überprüfung
der Wirkungen des Medienprojekts; diese beziehen sich auf die Bereiche
(1) intrinsische Motivation, Autonomie- und Kompetenzerleben, (2) subjektive Bewertungsprozesse, Mathematikemotionen und Interesse sowie (3) die
kognitive Entwicklung im mathematischen Kompetenzbereich Geometrie. Das
Forschungsdesign umfasst eine Entwicklungsstudie, die in drei neunten Gym-
nasialklasse durchgeführt und von dem Forschenden selbst geleitet wurde, eine
Feldstudie in vier neunten Gymnasialklassen, geleitet von den jeweils verant-
wortlichen Lehrkräften, sowie eine Kontrollgruppe, bestehend aus drei neunten
Klassen. Messungen in den Interventionsgruppen wurden während und direkt
nach dem Projekt sowie drei Monate danach durchgeführt. Für die letzten beiden
Messungen wurden parallele Daten in der Kontrollgruppe erhoben.

Die Analysen zeigen, dass die intrinsische Motivation der Projektteilnehmer während der Arbeit im Projekt im Vergleich zum normalen Unterricht
in beiden Interventionsgruppen signifikant ansteigt. Interessanterweise können
diese positiven Effekte nicht auf ein im Rahmen des Projektunterrichts möglicherweise zu erwartendes erhöhtes Autonomieerleben zurückgeführt werden;
stattdessen scheint das Kompetenzerleben die entscheidende Rolle zu spielen.
Eine ähnlich positive Entwicklung zeigt sich hinsichtlich der Kontrollkognitionen Selbstwirksamkeit und akademisches Selbstkonzept, die inhaltlich eng
mit Kompetenzerleben zusammenhängen. Weitere Analysen ergeben interessante
und bislang in dieser Form nicht dokumentierte Detailergebnisse zur Bedeutung
motivationaler Aspekte für mathematische Lernprozesse.

Insgesamt entwickelt Daniel Barton Ergebnisse zu drei Bereichen:

(1) Mit seinen theoretischen Analysen liefert der Autor nicht nur eine gelungene
Darstellung des aktuellen Stands zu emotions- und motivationsförderndem
Lernen, sondern leistet auch einen beachtlichen Beitrag zur Verbesserung
wissenschaftlich basierten Gestaltungswissens in diesem Bereich.
(2) Im konstruktiven Teil gelingt es dem Autor, ein theoriebasiertes und prak-
tikables Medienprojekt auf der Höhe aktuellen didaktischen Wissens zu
entwickeln, das sich in der Praxis bewährt und die Unterrichtsvielfalt im
Mathematikunterricht der Sekundarstufe bereichert.

(3) In der empirischen Studie untersucht der Autor emotionsbezogene, motivationale und kognitive Wirkungen eines Medienprojekts und gelangt zu interessanten und z. T. neuen Erkenntnissen; dies gilt insbesondere für die Rolle des Kompetenzerlebens innerhalb projektorientierter Arbeitsphasen.

Es ist zu wünschen, dass diese Ergebnisse Eingang in Theorie und Praxis des Mathematikunterrichts finden und zur weiteren Erforschung der Bedeutung motivationaler Aspekte für mathematische Lernprozesse sowie zur Weiterentwicklung mathematischer Medienprojekte beitragen können.

Bielefeld   Rudolf vom Hofe
im Juni 2023

Danksagung

Die Anfertigung einer Doktorarbeit ist ein Weg, der nur mit der Unterstützung von Anderen erfolgreich beschritten werden kann. An dieser Stelle möchte ich mich bei den Menschen bedanken, die mich auf ihre Art und Weise auf der herausfordernden Reise begleitet und unterstützt haben. Mein besonderer Dank gilt:

- Meinem Doktorvater Prof. Dr. Rudolf vom Hofe, für das entgegenbrachte Vertrauen und die Freiheit meine Ideen umsetzen zu können, für die unermüdliche Unterstützung und die wertvollen Ratschläge.
- Prof. Dr. Matthias Ludwig, der die Zweitbegutachtung übernommen hat und mich durch seinen fachlichen Rat wesentlich unterstützt hat.
- meinen Kolleginnen und Kollegen am Institut für Didaktik der Mathematik der Universität Bielefeld für den fachlich wertvollen und konstruktiven Austausch sowie die freundschaftliche und unterstützende Arbeitsatmosphäre.
- Prof. Dr. Kerstin Tiedemann, Prof. Dr. Andrea Peter-Koop, Prof. Dr. Oliver Böhm-Kasper, Dr. Max Hettmann und Paul John, die mir insbesondere durch ihre fachliche Expertise und ihr Engagement neue Perspektiven eröffnet haben und mir stets mit Rat und Tat zur Seite standen.
- Claudia Barton und der Schulleitung des Einstein-Gymnasium in Rheda-Wiedenbrück sowie Jan Rotter und der Schulleitung des Ratsgymnasiums in Bielefeld, die mir die Durchführung der Studie ermöglicht haben.
- meiner Partnerin, meinen Eltern, meiner Familie und Freunden, die mich mit Geduld und Verständnis sowie ihrem Zuspruch mit allen Kräften unterstützt haben und ein starker Rückhalt auf diesem Weg waren.

Bielefeld
im Juni 2023

Daniel Barton

Inhaltsverzeichnis

Abbildungsverzeichnis

Tabellenverzeichnis

Einleitung

Die Gestaltung von Lernumgebungen ist zumeist darauf ausgerichtet, Lernprozesse hinsichtlich der optimalen Entwicklung von SchülerInnen zu unterstützen. Affektive und motivationale Faktoren des Lernprozesses wurden in Bezug auf die Lernumgebungsgestaltung in der erziehungswissenschaftlichen sowie fachdidaktischen Forschung und entsprechend in der Umsetzung im Unterricht dabei lange vernachlässigt. Die Erforschung von Emotionen im Bildungskontext beschränkte sich lediglich auf prominente Phänomene wie beispielsweise Prüfungsangst.

Mittlerweile sind sich ForscherInnen der wesentlichen Bedeutung von Emotionen in ihren unterschiedlichen Ausprägungen sowie der damit zusammenhängenden Motivation und deren Einfluss und Wechselwirkung auf Lernleistung immer mehr bewusst. Studien in der Erziehungswissenschaft und pädagogischen Psychologie in den zurückliegenden zwei Jahrzehnten bekräftigen diese Auffassung und stellen positives emotionales und motivationales Befinden als bedeutende Voraussetzungen schulischen Lernens und längerfristigen Bildungserfolgs heraus. Auf Grundlage dieser Erkenntnisse stellt die Förderung positiver und Reduzierung negativer Emotionen sowie die Unterstützung motivationaler Aspekte, im Sinne eines ganzheitlichen Bildungsauftrags, ein grundlegendes Anliegen von Schule und Unterricht dar.

Insbesondere im Fach Mathematik zeigt sich allerdings im Laufe der Schulzeit, vor allem in der Sekundarstufe I, ein genereller Rückgang der mathematikbezogenen Lernfreude und des Interesses an Mathematik sowie ein Anstieg von beispielsweise Langeweile, wie die Längsschnittstudie PALMA unlängst offenlegte (vgl. Pekrun, vom Hofe, Blum, Frenzel, Goetz & Wartha, 2007). Weitere Studien zeigten, analog zum Absinken lernförderlicher Emotionen über die Schulzeit, eine Reduzierung von Motivation bei SchülerInnen im Fach Mathematik. Auf Grundlage dieser Befunde stellt sich die Frage, wie Unterricht, vor allem im

D. Barton, *Medienprojekte im Mathematikunterricht*, Bielefelder Schriften zur Didaktik der Mathematik 13, https://doi.org/10.1007/978-3-658-43598-1_1

Fach Mathematik, gestaltet werden kann, der gezielt lernförderliche Emotionen und Motivation bei den SchülerInnen hervorruft, um das Lernen im Moment und in zukünftigen Lernsituationen zu fördern und zu unterstützen. Unterschiedliche Theorien sowie darauf basierende Untersuchungsergebnisse weisen auf verschiedene Kontextfaktoren und Gestaltungsmerkmale eines emotions- und motivationsförderlichen Unterrichtsarrangements hin. Methodische Gesichtspunkte, wie beispielsweise die Durchführung von Projekten und die damit in Verbindung stehende Möglichkeit selbstreguliertes und kooperatives Arbeiten im schulischen Kontext zu unterstützen oder das Einbeziehen von Aspekten der alltäglichen Lebenswelt der SchülerInnen, wie die Nutzung oder Erstellung von Medienprodukten, stellen mögliche gestalterische Elemente von Unterricht dar, die emotions- und motivationsfördernde Wirkung haben können.

Der Untersuchung emotionaler und motivationaler Effekte von Interventionen im Feld von Schule und Unterricht stehen jedoch zahlreiche Schwierigkeiten gegenüber. Emotionen und Motivation folgen beispielsweise nur bedingt einem allgemeinen und kausal festgelegten Schema, können je nach Tagesform variieren und sich mit der Zeit verändern oder verfestigen. Emotionen im Lernkontext können zudem nicht nur fachspezifisch, sondern darüber hinaus themen- und sogar aufgabenspezifisch geprägt sein. Das heißt, emotionales Erleben eines oder einer Lernenden kann innerhalb des Mathematikunterrichts zum Beispiel bezüglich der Bearbeitung von Problemlöse- im Vergleich zu Modellierungsaufgaben variieren. Auf dieser Grundlage sind Auswirkungen von Interventionen bezüglich der Förderung der emotionalen und motivationalen Entwicklung lediglich an konkreten Unterrichtsmaßnahmen zu untersuchen und demzufolge nur eingeschränkt allgemeingültig.

Aus den aufgeführten Gründen entstand die Forderung nach der Anwendung und Untersuchung konkreter Interventionsmaßnahmen im Mathematikunterricht, die eine Förderung der Mathematikemotionen von Lernenden auf der einen Seite und von modellierungs-, anwendungs- und problemlöseorientierten mathematischen Kompetenzen auf der anderen Seite zum Ziel haben (vgl. Blum, 1999). Aus dieser Forderung ergibt sich das Forschungsinteresse dieser Arbeit, welches im Folgenden dargestellt wird:

In der vorliegenden Arbeit wird ein Unterrichtsvorhaben in Form eines Projekts entwickelt und auf die Durchführbarkeit im Unterricht, den Einfluss auf emotionale und motivationale sowie kognitive Merkmale der Kompetenzentwicklung der ProjektteilnehmerInnen hin untersucht. Im Zentrum dieses Unterrichtsprojekts steht die selbstständige und kooperative Produktion von mathematischen Erklärvideos zum Thema geometrische Körper. Im Rahmen der wissenschaftlichen Begleitung soll der Frage nachgegangen werden, inwieweit die Aktivitäten im Projekt Motivation zur aktiven Beteiligung und positive Emotionen gegenüber dem Fach Mathematik hervorrufen können. Darüber hinaus soll untersucht werden, inwieweit dadurch mathematische Kompetenzen hinsichtlich der Leitideen Raum und Form sowie Messen gefördert werden.

Das geplante Unterrichtsprojekt stellt demnach ein konkretes Unterrichtsvorhaben dar, welchem eine Lernumgebung zugrunde liegt, die sich an theoriegestützten Gestaltungsmerkmalen zur Emotions- und Motivationsförderung orientiert. Das Projekt ist für die Durchführung in der neunten Klasse am Gymnasium an zwei Projekttagen konzipiert und fungiert als inhaltliche Zusammenfassung des Themas Raumgeometrie, konkret der geometrischen Körper, in der Sekundarstufe I.

Bei diesem Themenkomplex handelt es sich zum einen um ein zentrales Thema hinsichtlich der Herausbildung tragfähiger Vorstellungen beispielsweise durch das Erfassen von Gesetzmäßigkeiten und Zusammenhängen auf verschiedenen Repräsentationsebenen und zum anderen um einen Inhaltsbereich, welcher sich anschaulich in audio-visueller Form darstellen lässt und Bezug zur Alltagswelt der SchülerInnen zulässt.

Zur Beantwortung der oben formulierten Fragen werden quasi-experimentelle Untersuchungen zum beschriebenen Projekt in sieben Klassen der neunten Jahrgangsstufe an zwei Gymnasien in Nordrhein-Westfalen durchgeführt, welche durch drei Kontrollklassen begleitet werden. Die Durchführung der Gesamtstudie gliedert sich dabei in zwei Phasen. In der ersten Studienphase, der Entwicklungsstudie, liegt der Schwerpunkt, neben ersten Hinweisen auf dessen Affekt-, Motivations- und Lernwirksamkeit, auf der Durchführbarkeit des Projektformats. An dieser Untersuchung nehmen drei Klassen teil, welche das Projekt unter Anleitung der wissenschaftlichen Projektleitung durchführen. Die Erkenntnisse aus der ersten Studienphase werden auf die zweite Phase, die Feldstudie, übertragen und angewendet. In der Feldstudie wird das Projekt in realen Unterrichtsbedingungen von den jeweiligen Mathematiklehrkräften durchgeführt und auf dessen Wirkung überprüft.

Die empirische Untersuchung des Projekts, sowohl in der Entwicklungs- als auch in der Feldstudie, wird in einem Pre, Post und Follow-up Design durchgeführt. Dazu werden Instrumente zur Ermittlung von Effekten auf Emotionen und Motivation genutzt. Hinsichtlich der Datenauswertung wird die Auswirkung des Lernarrangements auf lernrelevante Emotionen und subjektive Bewertungsprozesse sowie Motivation und sach- bzw. fachbezogenes Interesse der SchülerInnen direkt nach und drei Monate nach der Projektdurchführung überprüft. Dabei sollen sowohl unmittelbare als auch langfristige Effekte auf das emotionale

Erleben und die Motivation bezüglich des Fachs untersucht werden. Zur Überprüfung der Auswirkung auf die Mathematikleistung werden kognitive Tests
verwendet, um die Kompetenzentwicklung in drei übergeordneten Aufgaben-
bereichen zum inhaltlichen Themenschwerpunkt hinsichtlich unterschiedlicher
Anforderungsniveaus unmittelbar nach dem Projekt und langfristig analysieren zu
können. Zusätzlich werden Daten im regulären Mathematikunterricht und während des Projekts erhoben, um die motivationale Wirkung des Projekts während
der Durchführung zu ermitteln.

Gliederung der Arbeit: In Kapitel 2 wird die theoretische Rahmung in Bezug auf
Emotionen und Motivation dargestellt. Dazu werden Emotionen zunächst allgemein beschrieben (2.1) und anschließend, entsprechend der Lokalisierung dieser
Forschungsrichtung, im Kontext schulischer Lernsituation betrachtet (2.1.1). In
diesem Teilabschnitt werden insbesondere die Entstehung (2.1.3) und Wirkung
(2.1.4) von Emotionen in dem spezifischen sozialen Setting Schule veran-
schaulicht. Diesbezüglich stellt die *Kontroll-Wert-Theorie* von Pekrun (2006) das
zentrale theoretische Rahmenmodell dar. Im weiteren Verlauf dieses Kapitels wird
Motivation thematisiert (2.2). Analog zu den Darstellungen von Emotionen in
der Schule, wird auch Motivation in diesem Kontext (2.2.1), auf Grundlage der
Selbstbestimmungstheorie von Deci und Ryan (1985), und Interesse (2.2.2) näher
betrachtet. Anschließend wird die Verflechtung emotionaler und motivationaler
Variablen erläutert (2.3) und die Auswirkungen von Emotionen, auf der Basis
kognitiver und motivationaler Faktoren, auf die schulische Leistung (2.4) sowie
das reziproke Bedingungs- und Wirkverhältnis (2.5) aufgezeigt.

Basierend auf diesen Darstellungen werden im 3. Kapitel Gestaltungsmerkmale für einen emotions- und motivationsförderlichen Unterricht, unter Berufung
auf theoretische und studienbasierte Ausführungen, beschrieben. Dazu werden
zunächst lehr- und lerntheoretische Grundlagen zur Gestaltung von Lernprozessen dargestellt (3.1). Anschließend werden die theoretischen Rahmenmodelle der
Kontroll-Wert-Theorie und Selbstbestimmungstheorie hinsichtlich der Gestaltung
von Lernumgebungen analysiert (3.2) und konkrete Kriterien abgeleitet (3.3).

Kapitel 4 umfasst didaktisch-methodische Aspekte im Hinblick auf das
geplante Projekt. Zunächst wird der mathematische Inhaltsbereich Geometrie
unter der Perspektive der Kompetenzorientierung mit Bezug zu den Bildungsstandards skizziert (4.1). Danach wird die Unterrichtsform Projekt beschrieben.
Zuerst werden der Begriff des Projekts hinsichtlich seiner Bedeutung und his-
torischen Genese erläutert (4.2.1) und verschiedene Phasenmodelle (4.2.2), die
als Durchführungsorientierung dienen, sowie die Projektmerkmale des kooperativen und selbstregulierten Lernens dargestellt (4.2.3). Schließlich werden

Projekte unter besonderer Berücksichtigung der inhalts- und themenspezifischen Ausrichtung im Fach Mathematik betrachtet (4.2.4). Im 5. Kapitel wird das Unterrichtsprojekt dargestellt. Zunächst wird der Ablauf des Projekts beschrieben und insbesondere die einzelnen Projektphasen betrachtet sowie anschließend mit den Projektkomponenten nach Frey (2010) in Bezug gesetzt werden (5.1). Im Anschluss daran werden die inhaltlichen und organisatorischen Rahmenbedingungen hinsichtlich der Planung und Umsetzung des Unterrichtsprojekts erläutert (5.2). Die Umsetzung in Bezug auf die affekt-, motivations- und lernwirksame Ausrichtung des Projekts wird im darauffolgenden Abschnitt (5.3) thematisiert. Diesbezüglich werden zunächst die übergeordnete konzeptionelle Ausrichtung erläutert und anschließend die Gestaltung der einzelnen Phasen im Hinblick auf Gestaltungsmerkmale für einen emotions- und motivationsförderlichen Unterricht, wie Autonomiegewährung, Kooperation und Wertinduktion, konkretisiert.

Die empirische Studie wird im 6. Kapitel dargestellt. Dabei werden zunächst die Forschungsfragen formuliert (6.1) und die Erhebungsinstrumente beschrieben (6.2). Anschließend wird der Aufbau der Studie anhand des Forschungsdesigns skizziert (6.3) und die ProbandInnen hinsichtlich der einzelnen Untersuchungsgruppen vorgestellt (6.4). Im Anschluss daran werden die Auswertungsmethoden bezüglich der Forschungsfragen beschrieben (6.5) und die Ergebnisse der Studie anhand dieser dargestellt (6.6, 6.7 & 6.8).

Im letzten Kapitel 7 werden die Ergebnisse zunächst vor dem Hintergrund der Forschungsfragen diskutiert und in Bezug auf die theoretischen Ausführungen eingeordnet (7.1, 7.2 & 7.3). Abschließend werden die Ergebnisse zusammengefasst und ein Fazit zur Gesamtstudie gezogen (7.4), bevor eine Reflexion vorgenommen wird (7.5) und Perspektiven für die Forschung und die Unterrichtspraxis aufgezeigt werden (7.6).

Emotionen und Motivation in Lern- und Leistungskontexten

2

In diesem Kapitel wird der theoretische Rahmen hinsichtlich der emotions- und motivationsförderlichen Ausrichtung des geplanten Projekts gesetzt. Im Mittelpunkt stehen dabei die Phänomene Emotionen und Motivation sowie deren Einfluss auf das Lernen. Die Begriffe werden zunächst grundsätzlich definiert und erklärt, bevor sie anschließend auf Grundlage der Kontroll-Wert-Theorie nach Pekrun (2006) sowie der Selbstbestimmungstheorie nach Deci und Ryan (1985) im schulischen Kontext und insbesondere hinsichtlich des Mathematikunterrichts betrachtet werden.

2.1 Emotionen

„Der schulische Alltag ist durchdrungen von Emotionen. Klassenzimmer sind keine ‚kühlen Räume‘, sondern Ort, an denen eine bunt gemischte Gruppe von Menschen miteinander interagieren, und in denen Erfolge und Misserfolge auf der Tagesordnung stehen."

Götz (2011, S. 29)

An Orten, an welchen Menschen miteinander interagieren und deren Handlungen mit einer spezifischen Konsequenz in Zusammenhang stehen, haben Emotionen eine bedeutsame Funktion für das Verhalten (vgl. u. a. Gläser-Zikuda, Hofmann, Bonitz & Lippert, 2018). Dass die Schule und insbesondere das Klassenzimmer ein solcher Ort ist, betont Götz (2011) im oben genannten Zitat. In diesem Abschnitt werden Emotionen sowie deren Entstehung und Auswirkung auf lernrelevante Prozesse näher betrachtet. Bevor Emotionen jedoch im Kontext schulischer Lernsituationen dargestellt werden, wird der Begriff Emotion

D. Barton, *Medienprojekte im Mathematikunterricht*, Bielefelder Schriften zur Didaktik der Mathematik 13, https://doi.org/10.1007/978-3-658-43598-1_2

zunächst im Allgemeinen definiert und dessen mehrdimensionale Ausprägung vorgestellt.

Der Mensch und dessen Denken und Handeln sind untrennbar mit Emotionen verbunden. In seinem Sein konstituiert sich der Mensch durch seine Gefühle und Emotionen. Sie charakterisieren ihn in seinem Wesen und machen ihn zu dem, der er ist und in Zukunft sein wird. *„Emotionen und Gefühle sind also ein wesentlicher Bestandteil dessen, was den Menschen als biologisches, psychologisches und sozio-kulturelles Wesen ausmacht"* (Huber und Krause, 2018, S. 4). In dieser philosophischen Betrachtungsweise stellen Huber und Krause (2018) die Bedeutung von Emotionen für den Menschen als Individuum heraus. So konfus und individuell, wie emotionale Eindrücke in spezifischen Situationen sein können, so heterogen sind die Zugänge in der Erforschung und Beschreibung von affektiven Konstrukten. Es existieren unterschiedliche Forschungsrichtungen, die sich grundsätzlich mit der Erforschung von Emotionen befassen oder, wie die Pädagogische Psychologie, eher interdisziplinär ausgerichtet sind und die unterschiedlichen Einflüsse, Auswirkungen, Intensitäten oder Dauer von emotionalem Erleben in erziehungs- und bildungswissenschaftlichen Kontexten untersuchen. Es zeigt sich eine hohe Diversität in Bezug auf Forschungsschwerpunkte verschiedener Theorien und selbst die Bezeichnungen derselben emotionalen Phänomene unterscheiden sich in der Fülle an empirischen Forschungsansätzen und Befunden (vgl. Huber, 2018).

So wird der Begriff Emotion oftmals mit dem des Gefühls gleichgesetzt und bezieht sich dabei auf die inneren Prozesse, die durch ein charakteristisches psychisches Erleben, den inneren *gefühlten Kern*, gekennzeichnet sind (vgl. Gläser-Zikuda, Hofmann, Bonitz & Lippert, 2018). In der weitgehend etablierten Komponentendefinition von Emotionen (vgl. Scherer, 1984, 1993; Pekrun, 2000) bildet dieser gefühlte Kern, die *affektive* Komponente, aus einem multidimensionalen System koordinierter Prozesse von *kognitiven, motivationalen, physiologischen* und *expressiven* Subsystemen. Die affektive Komponente beschreibt die subjektive Gefühlsausprägung, indem Situationen hinsichtlich der Dimension Valenz als positiv und entsprechend angenehm oder negativ bzw. unangenehm empfunden werden. Die weiteren Komponenten von Emotionen umfassen die Wahrnehmung und Bewertung von Situationen und Verhalten oder emotionsspezifische Gedanken, wie die Sorge in Prüfungssituationen zu versagen (*kognitiv*), emotionstypische Handlungsimpulse, wie die Vermeidung von Unangenehmem (*motivational*), körperliche Veränderungen in emotionsrelevanten Situationen, wie die Erhöhung der Herz- oder Atemfrequenz (*physiologisch*) und emotionsabhängiges Ausdrucksverhalten, wie die Körperhaltung oder Stimme (*expressiv*). Die Entstehung und das Erleben von Emotionen sind höchst subjektiv und werden durch individuelle Bewertungen und Bedeutungen einer Person hinsichtlich eines Ereignisses bestimmt (vgl. Gläser-Zikuda, Hofmann, Bonitz & Lippert, 2018). Hasselhorn und Gold (2013, S. 125) definieren Emotionen zusammenfassend:

> *„Unter Emotionen versteht man komplexe Muster körperlicher und mentaler Veränderungen. Sie umfassen physiologische Erregungen, Gefühle, kognitive Prozesse und Reaktionen im Verhalten als Antworten auf eine Situation, die als persönlich bedeutsam wahrgenommen wurde. Diese Muster können relativ überdauernder, dispositioneller Art sein oder aber auch intraindividuell sehr variabel ausfallen."*

Emotionen lassen sich hinsichtlich verschiedener Merkmale kategorisieren. Neben der bereits beschriebenen Valenz (positive/negative Gefühlsausprägung) lassen sich Emotionen auch in Bezug auf ihre Stabilität und Dauer unterscheiden. Situativ schwankende und flüchtige Emotionen werden als emotionale *States* bezeichnet (vgl. Shuman & Scherer, 2014). Emotionale *Traits* umfassen hingegen stabilere Reaktionstendenzen und emotionale Dispositionen einer Person (vgl. Rosenberg, 1998). Frenzel und Götz (2007, S. 284) beschreiben den Zusammenhang dieser Ausprägungen, indem sie Traits als *„persönlichkeitsbedingte Neigung"* bezeichnen, *„auf Situationen wiederholt mit spezifischen emotionales States zu reagieren"*. Im Gegensatz zu Einstellungen (*attitudes*) und Beliefs ändern sich Emotionen schneller und sind intensiver (vgl. Philipp, 2007).

Im Folgenden werden Emotionen im Kontext von Schule und Unterricht betrachtet sowie insbesondere deren Ursachen und Wirkungen auf verschiedene kognitive Prozesse dargestellt.

2.1.1 Emotionen im Kontext von Schule und Lernen

Denkt man an eine Schülerin, die Stolz ihre ersten Lesefortschritte präsentiert, den angehenden Abiturienten, dem die Hände vor Angst zittern, während er vor der Abiturklausur sitzt oder die Studienanfängerin, die erleichtert auf das knappe Ergebnis der ersten Modulklausur blickt, wird einem schnell bewusst, dass Emotionen und Lernen in enger Beziehung zueinander stehen. Gleichzeitig zeigen diese Beispiele die Vielfalt von emotionalen Ausprägungen in pädagogischen Settings.

In diesem Abschnitt wird nun den Fragen nachgegangen, welche Bedeutung Emotionen für das Lernen von SchülerInnen haben. Sind sie lediglich

Begleiterscheinungen und Mittel zum Zweck der Leistungsoptimierung und Kompetenzentwicklung? Oder stellen Emotionen selbst auch Ergebnisse von Lern- und Bildungsprozessen dar?

Emotionen kommen im Schulalltag ein hoher Stellenwert zu (vgl. Pekrun & Linnenbrink-Garcia, 2014). Vor allem in Bezug auf das Lernverhalten zeigt sich an drei Schlüsselstellen die zentrale Bedeutung von Emotionen in Bildungskontexten: *„Sie repräsentieren ein Element der individuellen Voraussetzungen, sie bestimmen den Lernprozess mit und sie stellen ein Ergebnis des Lernens dar"* (Hascher & Brandenberger, 2018, S. 292 f.). Dabei werden Lernprozesse sowohl im Hinblick auf die Interaktion mit Lehrenden und den anderen Lernenden als auch auf die Interaktion mit Lerninhalten von Emotionen begleitet. Die Wirksam- und Nützlichkeit von Lernangeboten hängt demzufolge auch von emotionalen Prozessen ab (vgl. Hänze, 2000). Sie bestimmen die Richtung des Lernverhaltens bezüglich Annäherung oder Vermeidung sowie Aufrechterhaltung oder Abbruch und haben Einfluss auf kognitive Prozesse, wie die Informationsverarbeitung oder die Wahl von Lern- und Problemlösestrategien (vgl. Hascher & Brandenberger, 2018; Pekrun, 2006; 2018; Pekrun & Linnenbrink-Garcia, 2014). Das Lösen einer Aufgabe kann somit Freude an der Herausforderung, aber auch Angst vor Misserfolg hervorrufen; eine Gruppenarbeit kann Spaß machen und produktiv sein, aber auch frustrieren, wenn die Zusammenarbeit nicht gelingt; die Einführung in ein neues Themenfeld kann Interesse wecken oder auch mit Langeweile und einer Abwehrreaktion gegenüber diesen Lerninhalten einhergehen. Die Entstehung und das Erleben von Emotionen in Schul- und Unterrichtskontexten sind darüber hinaus fachspezifisch geprägt. Demnach sind SchülerInnen nicht im Allgemeinen als beispielsweise prüfungsängstlich oder lernfreudig zu betrachten, sondern eher hinsichtlich bestimmter Fächer (vgl. Goetz, Frenzel, Pekrun, Hall & Ludtke, 2007).

Diese Emotionen, die in Lernsituationen und im Unterrichtskontext hervorgerufen werden, nennt Pekrun (2006) *Lern- und Leistungsemotionen*, da sie von schulspezifischen Faktoren beeinflusst und *„in Bezug auf leistungsbezogene Aktivitäten und die Ergebnisse dieser Aktivitäten erlebt werden"* (Götz, 2011, S. 29).

Lern- und Leistungsemotionen lassen sich auf Grundlage verschiedener Kriterien kategorisieren: Neben der Unterscheidung hinsichtlich ihrer Valenz in *positive* (subjektiv angenehm) und *negative* (subjektiv unangenehm) kommt der Dimension der Aktivierung eine zentrale Funktion bezüglich des subjektiven Erlebens von Lern- Leistungsemotionen zu (vgl. Pekrun & Jerusalem, 1996). Demzufolge lassen sich Lern- und Leistungsemotionen im Hinblick auf ihr Aktivierungspotential in *aktivierende* und *deaktivierende* Emotionen unterteilen (vgl. Linnenbrink, 2007). Aus dieser zweidimensionalen Differenzierung lassen sich vier Untergruppen von Lern- und Leistungsemotionen ableiten: *Positiv-aktivierende* Lern-Leistungsemotionen, wie Lernfreude und Stolz, sollen mit positiven und leistungsförderlichem Lernverhalten assoziiert sein (vgl. Pekrun & Linnenbrink-Garcia, 2014). Im Gegensatz dazu sollen *negativ-deaktivierende* Lern-Leistungsemotionen, wie Langeweile und Enttäuschung, ungünstige Effekte auf Lernprozesse und entsprechend auf Lern- bzw. Leistungsergebnisse ausüben (vgl. Goetz & Hall, 2014). Bei der Gruppe der *negativ-aktivierenden* Emotionen, wie Angst, Ärger und Scham, sowie den *positiv-deaktivierenden* Emotionen im Schulkontext, wie Erleichterung oder Zufriedenheit, können keine einheitlichen Aussagen über deren Wirkung gemacht werden. Ärger, Angst und Scham können beispielsweise kognitive Ressourcen reduzieren und wirken sich damit negativ auf Lernprozesse aus, können allerdings auch positive Auswirkungen auf die zukünftige Wahl von Lernstrategien haben. Auch bei den positiv-deaktivierenden Lern- und Leistungsemotionen ist eine ambivalente Wirkung zu beobachten. So können diese negative Effekte durch eine kurzfristige Reduzierung der Aufmerksamkeit und Leistungsbereitschaft, längerfristig allerdings positiven Einfluss auf das Lernverhalten haben, da die Lernbereitschaft erhöht werden kann (vgl. Pekrun, Lichtenfeld, Marsh, Murayama & Götz, 2017; Götz, 2004).

In den jeweiligen Emotionsgruppen lassen sich darüber hinaus noch weitere Differenzierungen hinsichtlich des Objektfokus vornehmen. Dabei unterscheidet man Emotionen, die sich auf eine Aktivität (z. B. Lernfreude bei *positiv-aktivierenden Emotionen*) und jene, die sich auf das Ergebnis einer Aktivität beziehen. Bei Lern- und Leistungsemotionen, die sich auf ein Ergebnis beziehen, wird zudem zwischen Emotionen vor einem Ergebnis (z. B. Angst als *negativ-aktivierende Emotion*) und Emotionen nach einem Ergebnis (z. B. Stolz als *positiv-aktivierende* Emotion) unterschieden (vgl. Pekrun & Perry, 2014).

Eine differenziertere Betrachtung der Wirkung von spezifischen Lern- und Leistungsemotionen folgt in Abschnitt 2.1.4 hinsichtlich kognitiver und in Abschnitt 2.3 in Bezug auf motivationale Prozesse. Die Auswirkungen von verschiedenen Typen von Lern- und Leistungsemotionen auf die schulische Leistungsentwicklung von SchülerInnen werden ausführlich in Abschnitt 2.4 dargestellt.

2.1.2 Habitualisierung von Lern- und Leistungsemotionen

Auch im Kontext von Schule und Unterricht betrachtet man Emotionen, die sich auf die aktuelle Situation beziehen, als *State* Emotionen, wohingegen emotionale

Traits als habituelle Emotionen zu verstehen sind (vgl. Ulich & Mayring, 1992). Der Zusammenhang von State und Trait Emotionen wird insbesondere in Lern- und Leistungssituationen ersichtlich. Werden in diesen Situationen häufig lern- förderliche Emotionen erlebt, so erhöht sich nicht nur kurzfristig die Qualität der Lernprozesse (vgl. Hascher, 2004). Auch zukünftiges Verhalten in vergleichba- ren Situationen kann beeinflusst werden, indem ähnliche emotionale Reaktionen, Trait Emotionen, hervorgerufen werden (vgl. Sansone, Weir, Harpster & Mor- gan, 1992; Ainley, 2006). Die Entwicklung von negativen Trait Emotionen kann wiederum durch vermehrtes Erleben von negativen Erfahrungen bei SchülerIn- nen begünstigt werden (vgl. DeBellis & Goldin, 2006; Hannula, 2002). Erlebt eine Schülerin beispielsweise häufig Frustration beim Bearbeiten von Mathe- matikaufgaben, so ist anzunehmen, dass sich daraus emotionale Dispositionen entwickeln und in ähnlichen Situationen erneut Frustration entsteht. Diese Habi- tualisierung von emotionalen States beschreibt dementsprechend eine Festigung affektiver Tendenzen und kann als individuelle Lernvoraussetzung betrachtet werden (vgl. Hascher & Brandenberger, 2018).

2.1.3   Entstehung von Emotionen

Die Relevanz von Lern- und Leistungsemotionen hinsichtlich der Lernprozesse von SchülerInnen führt zu der Frage, inwieweit Unterricht über die kognitiven Instruktionseffekte hinausgeht und lernförderliche Emotionen bei den Lernen- den hervorruft. Um eine Antwort darauf geben zu können muss zunächst der Frage nach der Entstehung von Emotionen insbesondere in Lern- und Leistungssituationen nachgegangen werden.

Die emotionstheoretische Forschung bietet eine Vielzahl an Modellen, wel- che sich mit dieser grundlegenden und zugleich strittigen Frage bezüglich der Entstehung von Emotionen befassen (vgl. Huber, 2018). Es fällt auf, dass verschiedene Menschen auf ein spezifisches Ereignis komplett unterschiedlich reagieren. Andersherum gibt es Situationen in denen Menschen eine ähnliche emotionale Reaktion zeigen. Ein klassisches Beispiel dafür ist die Angst vor Höhe, welche die meisten Menschen in unterschiedlich intensiver Ausprägung aufweisen.

Eine Erklärung dafür bieten in der Emotionsforschung die sogenannten *Appraisal*-Theorien (vgl. Scherer, Schorr & Johnstone, 2001). Diese besagen, dass Emotionen nicht durch die Situation oder eine Tätigkeit selbst, sondern viel- mehr durch die *subjektive Bewertung* dieser Situation, der Tätigkeit oder der eigenen Person, hervorgerufen werden (vgl. Frenzel, Götz & Pekrun, 2020).

Welche Emotionen in welcher Intensität von einem Menschen erlebt werden, hängt von der individuellen Konstellation und Gewichtung dieser kognitiven Bewertungsprozesse, den sogenannten *Appraisals*, ab (Scherer et al., 2001). In seinem *Komponenten-Prozess-Modell* beschreibt Klaus Scherer (1984, 2009) vier Einschätzungsdimensionen einer Situation: (1) Relevanz/Wichtigkeit, (2) Auswirkung/Implikation, (3) Bewältigungspotential und (4) normative Signifikanz, aus deren subjektiver Einzelbewertungen die endgültige Bewertung und folglich die emotionale Reaktion resultiert (Scherer, 2009).

Insbesondere bei schulischem Lernen können Appraisal-Theorien zur Erklärung emotionaler Reaktionen herangezogen werden. In der Kontroll-Wert-Theorie (Pekrun, 2006), welche auf appraisal-theoretischen Grundlagen basiert, werden, neben genetischer Veranlagung und neurophysiologischen Prozessen, insbesondere die kognitiven Appraisals *wahrgenommene Kontrolle* über und *Wert* einer Situation, Tätigkeit oder eines Ergebnisses als relevant für die Entstehung von Lern- und Leistungsemotionen angesehen.

Individuell *wahrgenommene Kontrolle* bezieht sich demnach auf situative Kontrollwahrnehmungen („*Diese Aufgabe ist zu schwer, ich kann sie nicht lösen*"), zukunftsgerichtete Kausalerwartungen („*Wenn ich mich anstrenge, kann ich die Prüfung bestehen*") sowie rückblickende Kausalattributionen, wobei die Ursachenzuschreibung sowohl nach innen („*Ich habe die Prüfung bestanden, weil ich sehr viel dafür gelernt habe*") als auch nach außen („*Ich habe die Prüfung bestanden, weil die Lehrerin sehr leichte Aufgaben gestellt hat*") gerichtet sein kann (vgl. Loderer, Pekrun & Frenzel, 2018). Es wird angenommen, dass Kontrollkognitionen positiv mit lernförderlichen Emotionen korrelieren (vgl. Pekrun, 2006). Studien zeigten diesen Zusammenhang hinsichtlich Freude, Stolz und Hoffnung sowie negative Korrelationen in Bezug auf Prüfungsangst, Scham, Hoffnungslosigkeit und Langeweile (vgl. Ahmed, Minnaert, & van der Weerf, 2010; Davis, DiStefano, & Schutz, 2008; Folkman & Lazarus, 1985; Goetz, Frenzel, Hall & Pekrun, 2008; Pekrun, Goetz, Frenzel, Barchfeld, & Perry, 2011; Zeidner, 1998). Die kognitiven Konstrukte des Selbstkonzepts, die Einschätzung der eigenen Fähigkeiten und Leistung, und der Selbstwirksamkeit, die Überzeugung eine Aufgabe zu meistern, stehen in enger Verbindung mit der situativen Kontrollwahrnehmung. Sie formen Erwartungen hinsichtlich Erfolg und Vermeidung von Misserfolg und legen somit die Grundlage für die *wahrgenommene Kontrolle* in Lernsituationen (vgl. Pekrun & Perry, 2014; Van der Beek, Van der Ven, Kroesbergen, & Leseman, 2017). Das Selbstkonzept von SchülerInnen korreliert dabei im Fach Mathematik positiv mit Freude und negativ mit Angst und Scham (vgl. Pekrun, vom Hofe, Blum, Frenzel, Goetz & Wartha, 2007).

Der *wahrgenommene Wert* beschreibt hingegen die Beurteilung einer Lernaktivität oder eines Lern- und Leistungsergebnisses als positiv oder negativ und die subjektive Bedeutsamkeit, welche sich zum einen auf intrinsische (*„Ich empfinde die Aufgabe als sehr interessant"*) und zum anderen auf extrinsische Faktoren (*„Die Prüfung ist wichtig in Bezug auf meinen zukünftigen beruflichen Werdegang"*) beziehen kann (vgl. Loderer et al., 2018). Mit Ausnahme von Langeweile korrelieren Wertkognitionen positiv sowohl mit positiven als auch mit negativen Lernleistungsemotionen (vgl. Artino & Jones, 2012; Goetz, Pekrun, Hall & Haag, 2006; Pekrun, vom Hofe, Blum, Frenzel, Goetz & Wartha, 2007). Für Langeweile zeigen sich hingegen negative Korrelationen: Eine hohe Bedeutsamkeit geht demzufolge mit reduzierter Langeweile einher (vgl. Vogel-Wakutt, Fiorella, Carper, & Schatz, 2012).

Nach der Kontroll-Wert-Theorie (vgl. Pekrun, 2006) bestimmt die Kombination aus Kontroll- und Wertkognitionen zu einem hohen Maß, welche Emotionen in Lern- und Leistungskontexten erlebt werden. Es ist also davon auszugehen, dass Lernfreude durch eine hohe Kontrollwahrnehmung, basierend auf einer hohen Selbstwirksamkeit sowie akademischem Selbstkonzept und einer intrinsischen Bedeutsamkeit in Bezug auf das Lernen als Tätigkeit und dem Referenzobjekt, dem Lernmaterial, hervorgerufen wird.

Diese individuelle Ausprägung der Kontroll- und Wertkognitionen deutet dabei auf die fachspezifische Differenzierung in der Entstehung und im Erleben von Emotionen im Schulkontext hin (vgl. Bong, 2001). So zeigten Goetz und Kollegen (2007) lediglich geringe Zusammenhänge hinsichtlich des emotionalen Erlebens von SchülerInnen in verschiedenen Fächern. Die Zusammenhänge von Emotionen in Fächern innerhalb einer fachlichen Ausrichtung, wie naturwissenschaftliche Fächer oder Sprachen, sind hingegen deutlicher ausgeprägt. Ein Schüler oder eine Schülerin hat beispielsweise Freude im Mathematikunterricht, wenn er sich kompetent genug fühlt die Aufgaben zu bewältigen und die Tätigkeiten sowie das Lernmaterial als etwas Positives und Bedeutsames empfindet. Dieser Schüler bzw. diese Schülerin kann jedoch im Gegenzug während des Kunstunterrichts Ärger verspüren, wenn er sich zwar kompetent genug fühlt, allerdings keine persönliche Bedeutsamkeit darin sieht. Schukajlow (2015) weist darüber hinaus auf eine weitergehende Differenzierung des emotionalen Erlebens hinsichtlich verschiedener Themengebiete innerhalb eines Faches, unterschiedlicher fachspezifischer Tätigkeiten oder spezifischer Aufgaben innerhalb eines Fachs hin. Hinsichtlich des Fachs Mathematik zeigen sich beispielsweise Unterschiede im emotionalen Erleben von Modellierungs- und Problemlöseaufgaben (vgl. Pekrun, vom Hofe, Blum, Frenzel, Goetz & Wartha, 2007).

Die individuellen Kontroll- und Wertkognitionen stehen dabei in einem rezi-proken Wirkungsverhältnis zu Lern- und Leistungsemotionen. So haben diese Appraisals Einfluss auf Emotionen im Schulkontext, werden jedoch auch gleich-zeitig von Emotionen beeinflusst. Bestimmten Tätigkeiten können beispielsweise ein höherer Wert oder höhere Bedeutung beigemessen werden, wenn diese in der Vergangenheit oftmals mit positiven Emotionen verknüpft waren (vgl. Anderman & Wolters, 2006).

2.1.4 Wirkung von Emotionen auf kognitive Prozesse

Um den Zusammenhang von emotionalen Parametern und schulischer Leistungs-entwicklung zu erklären, muss die Wirkung von Emotionen auf die Lernprozesse näher betrachtet werden. Auf Grundlage experimenteller Stimmungs- und Emo-tionsforschung wird angenommen, dass lernbezogene Prozesse, welche der Kompetenzentwicklung zugrunde liegen, durch Emotionen induziert und beein-flusst werden (vgl. Pekrun, Goetz, Titz & Perry, 2002b). Studien zeigen, dass Emotionen Wirkung auf eine Vielzahl spezifischer kognitiver Prozesse, wie der Informationsverarbeitung, der Nutzung von Lern- und Problemlösestrategien oder Gedächtnisprozesse haben (vgl. Barrett, Lewis & Haviland-Jones, 2016; Ler-ner, Valdesolo & Kassam, 2015). Im Teilmodell der Kontroll-Wert-Theorie, dem *kognitiv-motivationalen Modell der Wirkung von Emotionen auf kognitive Leis-tung*, beschreibt Pekrun (1992, 2018b) den Einfluss von Emotionen auf die kognitiven Mechanismen: Aufmerksamkeit, Gedächtnisprozesse und Einsatz von Lernstrategien sowie die Selbstregulation von Lernprozessen.

Emotionen lenken unsere *Aufmerksamkeit*. In Prüfungssituationen können bei-spielsweise Angst vor Misserfolg oder Vorfreude auf eine gute Benotung und deren Konsequenzen die Aufmerksamkeit auf Tätigkeitsirrelevantes richten. Dem-zufolge würden diese Emotionen, nicht vordergründig bezüglich ihrer Valenz, Ressourcen des Arbeitsgedächtnisses beanspruchen und damit die aufgabenbe-zogene Aufmerksamkeit senken (vgl. Meinhardt & Pekrun, 2003). Durch die Bindung von Aufmerksamkeit und Beanspruchung von kognitiven Ressourcen können Emotionen zu einer Reduktion von kognitiven Leistungen, insbeson-dere hinsichtlich der Bearbeitung von komplexen Aufgaben, beitragen. Dabei muss allerdings zwischen ergebnis- und tätigkeitsbezogenen Emotionen unter-schieden werden. Bei letzteren stellt die Aufgabe bzw. die Tätigkeit das Objekt der Emotion dar, wodurch die Aufmerksamkeit und entsprechend die kognitiven Ressourcen auf die Aufgabenbearbeitung gerichtet werden (vgl. Pekrun, 2018b). Wenn die Aufmerksamkeit uneingeschränkt auf die Tätigkeit gerichtet ist, wird in der Literatur von *Flow* gesprochen (vgl. Csikszentmihalyi, 1975). Positive, tätigkeitsbezogene Emotionen begünstigen das Hervorrufen dieses Zustandes und korrelieren negativ mit irrelevantem Denken. Negative Emotionen wie Angst, Ärger und Langeweile hingegen reduzieren aufgabenbezogene Aufmerksamkeit und wirken somit der Entstehung von *Flow* entgegen (vgl. Götz, 2004; Pekrun, Goetz, Titz & Perry, 2002b; Pekrun & Hofmannn, 1999; Zeidner, 2014). Die erlebte Intensität der negativen Emotion beeinträchtigt dabei das Maß an zur Verfügung stehenden kognitiven Ressourcen. Intensive Angst kann in Lern- und Leistungssituationen beispielsweise zu Wahrnehmungsfehlern oder Denkblockaden führen (vgl. Abele, 1996).

Emotionen haben darüber hinaus einen Einfluss auf das *Speichern, Abrufen und Aktivieren von Gedächtnisinhalten*. In der Emotionsforschung wird hinsichtlich des *mood congruent recall* (vgl. Fiedler, Nickel, Muehlfriedel & Unkelbach, 2001; Levine & Burgess, 1997) angenommen, dass Inhalte leichter abgerufen und aktiviert werden können, wenn die emotionale Valenz des Individuums in dieser Situation dieselbe wie bei der Speicherung dieser Information ist. Der affektive Zustand prägt zudem kognitive Prozesse der Informationsverarbeitung, welche wiederum die Speicherung von Wissenselementen beeinflusst. So deuten Befunde aus der Stimmungsforschung auf eine Begünstigung von divergentem, heuristischem und entsprechend kreativem und flexiblem Denken durch positive emotionale Zustände hin. Die Integration und Vernetzung von Wissenseinheiten im Gedächtnis kann somit durch positive Emotionen gefördert werden. Negative affektive Zustände, ausgenommen der deaktivierenden negativen Emotionen, können hingegen die analytische und detailorientierte Informationsverarbeitung fördern (vgl. Fiedler & Beier, 2014; Spachtholz, Kuhbandner & Pekrun, 2014).

Ein weiterer kognitiver Prozess, welcher von Emotionen in Lern- und Leistungskontexten beeinträchtigt wird, ist die Wahl und der Einsatz von *Lernstrategien*. Die unterschiedlichen Befunde hinsichtlich der Speicherung und Aktivierung von Wissenseinheiten in positiven und negativen emotionalen Zuständen lassen sich auf den Einsatz verschiedener Lernstrategien übertragen. Demzufolge sollte die Nutzung von flexiblen, kreativen und verständnisorientierten Lernstrategien, wie Elaboration, durch positiv aktivierende Emotionen, wie Freude und Hoffnung, unterstützt werden, während negative Lern- und Leistungsemotionen, wie Angst und Ärger, eher rigide Lernstrategien, wie beispielsweise dem Wiederholen oder Auswendiglernen von Lerninhalten, begünstigen (vgl. Isen, 2000; Pekrun et al., 2011). Deaktivierende negative Emotionen, wie Langeweile, sollen hingegen jeglichem systematischen Einsatz von Lernstrategien entgegenwirken (vgl. Tze, Daniels & Klassen, 2016).

In enger Verbindung mit der Nutzung von Lernstrategien steht die *Selbstregulation* des Lernens, welche die eigenständige Planung und Durchführung sowie die Reflexion und Bewertung der eigenen Lernhandlungen umfasst. Die selbstständige Ausrichtung dieser Lernhandlungen an Leistungsanforderungen und Lernzielen erfordert den flexiblen Einsatz sowohl kognitiver als auch motivationaler Strategien (vgl. Azevedo, Behnagh, Duffy, Harley & Trevors, 2012). In diesem Zusammenhang wird angenommen, dass positive Lern- und Leistungsemotionen die Selbstregulation des Lernens fördern, da sie diese kognitive Flexibilität begünstigen. Fremdregulation und das damit einhergehende Befolgen extern vorgegebener Regulierung soll, nach Wolters (2003), mit negativen Emotionen assoziiert sein.

2.2 Motivation

„Perhaps no single phenomenon reflects the positive potential of human nature as much as intrinsic motivation, the inherent tendency to seek out novelty and challenges, to extend and exercise one's capacities, to explore, and to learn."

Ryan & Deci (2000, S. 70)

Das Zitat von Ryan und Deci (2000) beschreibt das Vermögen von insbesondere der intrinsischen Motivation Handlungen zu initiieren und Verhalten zu lenken. In diesem Abschnitt wird das komplexe Konstrukt der Motivation näher beleuchtet. Dazu wird der Begriff Motivation definiert, die verschiedenen Ausprägungen erläutert und dessen Entstehung anhand verschiedener theoretischer Modelle dargestellt. Anschließend wird der Zusammenhang von Motivation und Emotionen insbesondere in Lern- und Leistungskontexten aufgezeigt.

Motivation ist Forschungsgegenstand vieler Studien und Forschungsausrichtungen. Je nach Forschungsschwerpunkt und theoretischer Position wird der Fokus auf verschiedene Aspekte der Motivation gelegt. Eine einheitliche Definition des Begriffes gibt es demzufolge also nicht. Weitgehend anerkannt gilt die Einschätzung, dass Motivation ein zentrales Konstrukt der Verhaltenserklärung darstellt. In diesem Zusammenhang werden die Zielrichtung (*was tut eine Person?*), die Intensität (*wie sehr strengt sich eine Person an?*) und die Ausdauer (*wie lange tut eine Person etwas?*) als motivationsabhängige Verhaltensmerkmale angesehen (vgl. Rheinberg & Vollmeyer, 2019; Schunk, Pintrich & Meece, 2008). Reeve (2012, S. 150 f.) definiert Motivation demnach folgendermaßen: *„Motivation refers to any force that energizes and directs behavior. Energy gives*

behavior its strength, intensity, and persistence. Direction gives behavior its purpose and goal-directedness".
Hinsichtlich der Erklärung von Verhalten fokussiert sich die *Selbstbestimmungstheorie* (Deci & Ryan, 1985) auf das Konzept der Intentionalität. Eine Person gilt demnach als motiviert, wenn ihrem Verhalten ein bestimmter Zweck zugrunde liegt. Verhaltensweisen, die keinem bestimmten Zweck folgen werden als *„amotiviert (amotivated)"* (Deci & Ryan, 1993, S. 224) bezeichnet.

2.2.1 Motivation im Kontext von Schule und Lernen

Im Kontext des schulischen Lernens bezieht sich motiviertes Verhalten auf die Intention spezifische Lerninhalte oder Fähigkeiten hinsichtlich bestimmter Ziele bzw. Zielzustände zu erlernen und wird entsprechend von vielen AutorInnen als *Lernmotivation* bezeichnet (u. a. Krapp & Weidenmann, 2001; Kuntze & Reiss, 2006; Schiefele & Schaffner, 2015). Die Ziele, die mit dem Verhalten oder der Handlung erreicht werden sollen, lassen sich in zwei übergeordnete Kategorien einteilen. Zum einen kann der Erlebenszustand (*innerhalb*) der Handlung und zum anderen die Konsequenz (*außerhalb*) der Handlung als Ziel angesehen werden (vgl. Schiefele & Schaffner, 2015).

Wenn der Zielzustand innerhalb der Handlung liegt, wird diese Art der Lernmotivation als *intrinsisch* bezeichnet. In diesem Fall wird die Handlung um ihrer selbst willen durchgeführt. Interesse und Freude am Lernmaterial liegen der Lernmotivation zugrunde (vgl. Krapp, 1992; Pekrun, 2018b). In der Selbstbestimmungstheorie nach Deci und Ryan (1985) ist intrinsisches Verhalten eng mit Autonomie (*autonomy*) verknüpft. Autonomie bzw. Selbstbestimmung wird in dieser Theorie als psychologisches Grundbedürfnis angesehen, welches eine wesentliche Bedingung für das Entstehen und Erleben intrinsischer Motivation darstellt:

> *„Intrinsisch motivierte Handlungen repräsentieren den Prototyp selbstbestimmten Verhaltens. Das Individuum fühlt sich frei in der Auswahl und Durchführung seines Tuns. Das Handeln stimmt mit der eigenen Auffassung von sich selbst überein. Die intrinsische Motivation erklärt, warum Personen frei von äußerem Druck und inneren Zwängen nach einer Tätigkeit streben, in der sie engagiert tun können, was sie interessiert"* (Deci & Ryan, 1993, S. 226).

Neben der Autonomie nennen die Autoren zudem das Erfahren von Kompetenz (*competence*) und soziale Bezogenheit (*relatedness*) als weitere angeborene psychologische Bedürfnisse (*basic needs)* eines jeden Menschen. Die Erfüllung dieser Grundbedürfnisse liegt, insbesondere in Bildungskontexten (vgl. Skinner, Pitzer & Brule, 2014), dem Erleben von intrinsischer Motivation und einer handlungsbegleitenden positiven Erlebnisqualität zugrunde (vgl. Deci & Ryan, 1985; Ryan & Deci, 2002). Daher gilt die intrinsische Motivation *„als besonders wünschenswerte Art der Lernmotivation, weil sich die Lernenden als selbstbestimmt erleben können und Freude beim Lernen empfinden"* (Spinath, 2011, S. 47). Liegt der angestrebte Zielzustand außerhalb der Handlung, wird von *extrinsischer* Motivation gesprochen. Extrinsisch motiviertes Verhalten basiert auf einer instrumentellen Absicht, *„um eine von der Handlung separierbare Konsequenz zu erlangen"* (Deci & Ryan, 1993, S. 225). Im schulischen Kontext lassen sich häufig Formen extrinsisch motivierte Handlungen wiederfinden. So kann sich extrinsische Lernmotivation beispielsweise in Lernanstrengungen, um eine gute Note zu erreichen oder eine Bestrafung zu vermeiden, widerspiegeln (vgl. Pekrun, 2018b).

Intrinsische und extrinsische Motivation sind in ihrer Reinform in der Realität und insbesondere im Schulkontext allerdings kaum vorzufinden (vgl. Spinath, 2011). Während intrinsische Motivation mit Selbstbestimmung einhergeht, variiert nach Deci und Ryan (1985) das Maß der Selbstbestimmung hinsichtlich extrinsischer Motivation. Obwohl extrinsischer Motivation kein innerer Eigenanreiz zugrunde liegt, können in Bezug auf verschiedene Internalisierungsstufen extrinsisch motivierte Handlungen als selbstbestimmt erlebt werden. Entsprechend ist auch extrinsisch motiviertes Verhalten mit dem Bedürfnis nach Kompetenz, sozialer Bezogenheit und Selbstbestimmung verbunden.

In der *Organismic integration theory* (Deci & Ryan, 1985), welche Teil der Selbstbestimmungstheorie ist, beschreiben die Autoren, durch Prozesse der Internalisation und Integration, die Überführung von extrinsisch motivierten Verhaltensweisen in selbstbestimmte Handlungen. In dieser Theorie wird angenommen, dass durch Internalisation externale Werte in die internalen Regulationsprozesse eines Individuums übernommen und durch Integration diese internalisierten Werte und Regulationsprinzipien in das individuelle Selbst eingegliedert werden, sodass sich das Selbstkonzept auf Zielvorstellungen und Verhaltensnormen ausrichten kann (vgl. Deci & Ryan, 1991). Das Individuum fühlt sich dadurch als Mitglied seiner sozialen Umwelt und erfährt das eigene Verhalten als selbstbestimmt (vgl. Deci & Ryan, 1993). Deci und Ryan (1985) unterscheiden dabei vier Formen extrinsischer Verhaltensregulation, die je nach Ausprägung der Internalisierung mit einem höheren oder niedrigeren Grad der Selbstbestimmung einhergehen.

Die *externale Regulation* umfassen extrinsisch motivierte Verhaltensweisen, die von äußeren Anregungs- und Steuerungsprozessen abhängig sind. Beispiele dafür sind entsprechend Handlungen, die zur Generierung externer Belohnungen

oder Vermeidung von Bestrafungen durchgeführt werden. In diesem Zusammenhang erfahren die handelnden Personen keine Autonomie und Freiwilligkeit.
Diese Form extrinsischer Motivation wird als Kontrast zur intrinsischen Motivation angesehen, entspricht demnach der Motivation, welche die geringste Selbstbestimmung impliziert. Im Zusammenhang mit externaler Regulation werden der
Handlung zugrundeliegende Ziele nicht internalisiert.

Ein weiterer Typ der extrinsischen Motivation ist die *introjizierte Regulation*.
Diese beschreibt Verhaltensweisen, die aufgrund von innerem Druck und internen
Anstößen, zur Erhaltung der Selbstachtung, ausgeführt werden. Es handelt sich
dabei um eine relativ kontrollierte Form der Regulation, um beispielsweise Schuld
oder Angst zu vermeiden oder eine Steigerung des Selbstwertgefühls herbeizu-
führen. Es werden zwar keine äußeren Handlungsanstöße benötigt, dennoch wird
diese Handlungsregulation nicht als Teil des individuellen Selbst wahrgenommen.
*„Die introjizierte Regulierung beschreibt somit eine Form von Motivation, bei der
die Verhaltensweisen durch innere Kräfte kontrolliert oder erzwungen werden, die
außerhalb des Kernbereichs des individuellen Selbst liegen"* (Deci & Ryan, 1993,
S. 227 f.).

Die *Regulation durch Identifikation* bezieht sich auf eine autonomere und
selbstbestimmtere Form der extrinsischen Motivation. Wird eine Handlung als
persönlich wertvoll erachtet, identifiziert sich die Person mit den zugrund-
liegenden Zielen und internalisiert diese in das eigene Selbstkonzept. Dem
entsprechen Verhaltensweisen, die beispielsweise dem Erreichen eines übergeordneten Ziels dienen, wie das Anstreben eines bestimmten Berufs und damit
einhergehend intensives Lernen.

Der Typ von extrinsischer Motivation, der am stärksten durch Selbstbestimmung geprägt ist, wird in der Organismic Integration Theory (Deci & Ryan, 1985)
integrierte Regulation genannt. *„Integration occurs when identified regulations are
fully assimilated to the self, which means they have been evaluated and brought into
congruence with one's other values and needs"* (Ryan & Deci, 2000, S. 73).

Die beschriebenen Stufen der Internalisierung können als Entwicklungsphasen
betrachtet werden. Hinsichtlich dieser Entwicklung ist es jedoch nicht notwendig alle Phasen zu durchlaufen. So kann in Lernkontexten beispielsweise eine
persönliche Relevanz von einer Schülerin oder einem Schüler in einem Lern-
handlungsziel, im Sinne der identifizierten Regulation, erkannt werden, ohne die
Phase der introjizierten Regulation durchlaufen zu haben. In diesem Fall erfährt
dieser Schüler oder diese Schülerin eine Verschiebung des Orts der Handlungs-
kontrolle, von extern auf eher intern, und vorgegebene Lernziele werden in die
eigene Zielhierarchie eingefügt (vgl. Brandenberger & Moser, 2018).

Die integrierte Regulation und intrinsische Motivation gehen mit dem höchsten Grad an Selbstbestimmung einher. Intrinsische Motivation bezieht sich jedoch auf die Handlung als solche, während Verhaltensweisen, die einem integriertem Regulationsstil zuzuordnen sind, auf ein von der Handlung separiertes Ziel ausgerichtet sind, die selbstbestimmt ausgeführt werden, weil dem Ergebnis ein subjektiv hoher Wert zugesprochen wird.

Die Selbstbestimmung bzw. die Autonomie in einer Lernhandlung wird hinsichtlich extrinsischer Motivation insbesondere anhand des Grades persönlicher Relevanz erfahren: „*To be autonomous is not so much to be free from external forces; rather, students experience autonomy in accordance with how much they personally endorse the value and significance of the way of thinking or behaving*" (Reeve, 2012, S. 154).

Studien in Bildungskontexten deuten auf eine Korrelation zwischen verschiedenen Arten extrinsischer Verhaltensregulierung und Interesse, Wert und Leistungsbereitschaft, den Emotionen Freude, Angst sowie dem Umgang mit Misserfolg hin. Lernende entwickeln, in Zusammenhang mit Fremdbestimmung bzw. externer Kontrolle, wie externaler Regulation, demnach weniger Interesse und Leistungsbereitschaft, sehen einen geringeren Wert in Lernhandlungen und weisen eine höhere Quote an Schulabbrüchen auf.

Gegenteilige Ergebnisse zeigen sich hinsichtlich introjizierter Regulation, mit Ausnahme von Ängstlichkeit und dem Umgang mit Misserfolg, und insbesondere mit identifizierter Regulation, welche mit Interesse, Lernqualität und -freude, Leistungsbereitschaft und Leistung korreliert (vgl. Connell & Wellborn, 1991; Grolnick & Ryan, 1987; Ryan & Connell, 1989; Vallerand & Bissonnette, 1992). Diese Studien zeigen einen Zusammenhang zwischen dem Grad der Selbstbestimmung, die mit bestimmten Formen von extrinsischer Motivation einhergeht, und kognitiven sowie emotionalen Faktoren: Je mehr Selbstbestimmung den Lernhandlungen zugrunde liegt und entsprechend eine höhere subjektive Wertschätzung in Bezug auf das Handlungsziel besteht, desto positiver die Auswirkungen auf das Lernen. Folglich wirkt sich wahrgenommener Druck durch Fremdbestimmung von außen (external) und innen (introjiziert) negativ auf Lernhandlungen aus.

Dieser Zusammenhang wird insbesondere erkennbar, wenn man die Auswirkung intrinsischer Motivation auf Lernprozesse betrachtet. Intrinsisch motiviertes Lernverhalten, welches im höchsten Maß selbstbestimmt ist, geht mit vermehrter Anstrengungsbereitschaft und höherem Aufgabeninteresse (vgl. Pekrun, 2006; Pekrun & Schiefele, 1996; Shernoff, Csikszentmihalyi, Schneider & Shernoff,

2003) sowie Persistenz der Lernhandlung (vgl. Elliott & Dweck, 1988) und positiven emotionalen Lernerfahrungen (vgl. Pekrun, Goetz, Titz & Perry, 2002b) einher. In Bezug auf intrinsische Motivation ist allerdings nicht nur die Selbstbestimmung entscheidend. Auch die weiteren, in der Selbstbestimmungstheorie genannten, psychologischen Bedürfnisse tragen zum Hervorrufen von intrinsischer Motivation bei (vgl. Deci & Ryan, 1985). Das Bestreben nach sozialer Bezogenheit beschreibt dabei das Sicherheitsbedürfnis und die emotionale Bindung zu anderen (vgl. Deci & Ryan, 1991). Das Bedürfnis nach Kompetenz bezieht sich auf den Wunsch sich selbst als effektiv in der positiven Gestaltung von Handlungsergebnissen zu erleben (vgl. Skinner, Pitzer & Brule, 2014). Im Kontext von Schule und Lernen spielt, neben der Selbstbestimmung, insbesondere das Kompetenzerleben eine zentrale Rolle. Studien zum Kompetenzerleben und nahen Konstrukten wie Selbstwirksamkeitserwartungen, dem akademischen Selbstkonzept oder wahrgenommene Kontrolle zeigen, dass die Überzeugung von SchülerInnen, gestellte Aufgaben und Probleme lösen zu können, mit Anstrengungsbereitschaft, Engagement, Persistenz von Lernhandlungen und akademischer Leistungsfähigkeit assoziiert ist (vgl. Elliot & Dweck, 2005; Malmivouri, 2006). Helmke und Weinert (1997) bezeichnen Selbstwirksamkeitserwartungen und das akademische Selbstkonzept sogar als stärkste Prädikatoren für schulische Leistung. Das Ausbleiben von Kompetenzerleben und daraus resultierende Hilflosigkeit sowie Mangel an Selbstbewusstsein können der Anstrengungsbereitschaft von SchülerInnen entgegenwirken und zu Passivität, Traurigkeit und Vermeidung oder zum Abbruch von Lernhandlungen führen (vgl. Peterson, Maier, & Seligman, 1993), womit die Entstehung von intrinsischer Motivation vermindert wird. Diese Studien zeigen, dass vor allem Selbstbestimmung und Kompetenzerleben zusammen grundlegende Bedingungen für die Entstehung von intrinsischer Motivation in Lernsituationen sind.

2.2.2 Interesse

In vorangegangenen Kapiteln (2.1.1 und 2.1.3) wurde bereits eine fachspezifische Prägung von Emotionen im Schulkontext dargestellt. Hinsichtlich der Motivation zeigt sich eine ähnliche strukturelle Ausrichtung, in welcher motivationale Tendenzen bereichs- und gegenstandsspezifisch konzipiert sein könnten. Liegt demnach einer motivationalen Tendenz ein Gegenstandsbezug zugrunde, wird von Interesse gesprochen (vgl. Krapp, 2002). Handlungen, die unter Bezug zum

Interessengegenstand ausgeführt werden, weisen oftmals, insbesondere bei über-
dauerndem und nicht situationsspezifischem Interesse, eine starke intrinsische
Motivation sowie eine hohe Handlungsintensität auf (vgl. Götz, 2011).
Im schulischen Kontext wird Interesse, welches sich im Laufe der Schulzeit herausbildet, als überdauernde und fachspezifische Disposition verstanden,
die bedeutenden Einfluss auf die Entwicklung und Aufrechterhaltung intrinsischer Motivation hat (vgl. Flowerday, Schraw & Stevens, 2004; Krapp, 2005).
Interesse ist dabei individuell geprägt (vgl. Krapp, 2002; Schiefele, 2001), wird
von positiven Emotionen sowie Ausdauer begleitet (vgl. Hidi & Ainley, 2002;
Köller, Baumert & Schnabel, 2001) und wirkt sich positiv auf die Lernleistung von SchülerInnen aus (vgl. Schiefele, 1996). Darüber hinaus bildet es,
nach Krapp (2002), einen grundlegenden Bestandteil des domänenspezifischen
Selbstkonzepts, aus generalisierten Kognitionen, Emotionen und motivationalen
Prozessen, die individuell im Zusammenhang mit dem Bezugsgegenstand hervorgerufen werden. Die schulfachspezifische Prägung von Interesse zeigt sich
in einer Vielzahl von Studien, die einen Zusammenhang zwischen fachlicher
Leistung und Interesse an den entsprechenden Fächern bestätigen (vgl. Artelt,
Demmrich, & Baumert, 2001; Gläser-Zikuda, Fuß, Laukenmann, Metz & Rand-
ler, 2005; Schiefele, Krapp & Schreyer, 1993). Pekrun und Kollegen (2002b,
2003) sprechen in Bezug auf das Fach Mathematik von den Teildispositionen
Sachinteresse an Mathematik sowie *Fachinteresse* und *intrinsische Motivation* für
das Fach Mathematik (vgl. auch Götz, 2004; Wendland & Rheinberg, 2004).
Diese drei motivationalen Facetten gehen, bedingt durch persönliches Interesse
an der Mathematik oder am Mathematikunterricht, mit einer Anstrengungs- und
Lernbereitschaft bei den SchülerInnen einher.

2.3 Der Zusammenhang von Emotionen und Motivation

Die bisherigen Ausführungen deuten bereits auf einen starken Zusammenhang
von Emotionen und Motivation hin. In welcher Weise sich diese Konstrukte
einander bedingen und beeinflussen wird im folgenden Abschnitt beispielhaft
dargestellt.
    Je nach Perspektive lässt sich der Einfluss von Emotionen auf Motivation
oder die Wirkung von Motivation auf Emotionen beschreiben. Emotionen und
Motivation sind demnach unterschiedliche Phänomene, die jedoch konzeptuelle
Überschneidungen aufweisen (vgl. Schukajlow, Rakoczy & Pekrun, 2017).
    Emotionen beinhalten, nach der Komponentendefinition (vgl. u.a Scherer,
1984; Pekrun, 2000), eine motivationale Komponente, welche auf Grundlage der

empfundenen Emotionen, dem gefühlten Kern, Handlungsimpulse initiiert. Emotionen werden in dieser Hinsicht als Impulsgeber verstanden, wodurch motiviertes Handeln ohne Emotionen nicht möglich wäre (vgl. Geppert & Kilian, 2018). Durch die Funktion als Handlungsimpulsgeber werden Emotionen auch eine zentrale Bedeutung in der Regulation von motiviertem Verhalten, beispielsweise als Instrument zur Aufrechterhaltung oder Verringerung handlungsbegleitender Motivation, zugesprochen (vgl. Hänze 2003; Rothermund & Eder, 2009). Emotionen können der Motivation jedoch nicht nur vorgelagert oder handlungsbegleitend, sondern auch Ergebnis von Motivation sein (vgl. Pekrun, Goetz, Titz, & Perry, 2002b).

Insbesondere in schulischen Lernsituationen wird der Zusammenhang von Emotionen und Motivation, hinsichtlich der Aufnahme und Aufrechterhaltung von Lernhandlungen sowie in Bezug auf spezifische Lern- und Leistungsziele, deutlich.

In der Selbstbestimmungstheorie beschreiben Deci und Ryan (1985) die Bedingungen für die Entstehung von intrinsischer Motivation und für Lernfreude durch die Erfüllung psychologischer Grundbedürfnisse (vgl. Kapitel 2.2.1). In diesem Zusammenhang kann entsprechend der Rückgang schulischer Lernfreude bzw. das Erleben von negativen Emotionen mit dem Ausbleiben der Erfüllung der Grundbedürfnisse erklärt werden (vgl. Hagenauer, 2011; Hascher & Brandenberger, 2018).

In der Kontroll-Wert-Theorie von Pekrun (2006) werden die Wirkmechanismen von Emotionen und Motivation im kognitiv-motivationalen Modell (Pekrun, 1992, 2006, 2018b) aufgezeigt. Wie bereits im letzten Kapitel dargestellt, beschreibt dieses Teilmodell die Wirkung von Emotionen auf schulische Leistung in Lern- und Leistungssituationen. Dabei wirken sich Emotionen nicht unmittelbar auf die Leistung der SchülerInnen aus, sondern beeinflussen diese indirekt über Wirkung auf kognitive (vgl. Kapitel 2.1.4) und motivationale Prozesse (vgl. Pekrun, 1992). Die Auswirkungen von Emotionen auf die Motivation in Lern- und Leistungskontexten divergieren dabei je nach spezifischer emotionaler Ausprägung entsprechend ihrer Valenz und ihres Aktivierungspotentials.

Im Allgemeinen wird positiven Emotionen eine förderliche Wirkung auf kognitive und motivationale Ressourcen zugesprochen (vgl. Fredrickson, 1998; 2001). Hinsichtlich positiv-aktivierender Emotionen sprechen Pekrun und Kollegen (2002b) allgemein von einer Erhöhung der Motivation. Lernfreude hat beispielsweise einen positiven Einfluss sowohl auf intrinsische als auch auf extrinsische Motivation (vgl. Pekrun et al. 2010; Pekrun & Perry, 2014). Auch weitere positiv-aktivierende Emotionen wie Hoffnung auf Erfolg und Stolz auf Erreichtes korrelieren positiv mit intrinsischer Motivation sowie Interesse und können motiviertes Herantreten an Aufgaben und Leistungsstreben begünstigen (vgl. Pekrun et al. 2002b; Zeidner 1998). Darüber hinaus verweisen Eccles & Wigfield (2002) darauf, dass von positiven Emotionen begleitete Lernhandlungen Persistenz aufweisen und zukünftig eher ausgeführt werden.

Gegenteilige Effekte werden hingegen negativ-deaktivierenden Emotionen, wie Langeweile, durch eine Minderung von Lernhandlungsbestrebungen, und Hoffnungslosigkeit, bezüglich einer negativen Beeinträchtigung von wahrgenommener Kontrolle, zugesprochen (vgl. Turner & Schallert, 2001). Diese Emotionen haben eine negative Wirkung sowohl auf intrinsische als auch extrinsische Lernmotivation (vgl. Pekrun et al., 2010).

Die Wirkmuster von positiv-deaktivierenden und negativ-aktivierenden Emotionen auf Motivation sind wiederum komplexer, uneinheitlicher und differenzierter zu betrachten.

So können die positiv-deaktivierenden Lernemotionen wie Entspannung und Erleichterung nach einem Erfolg kurzfristig die Motivation sich weiterhin oder wieder mit den Unterrichtsinhalten zu befassen unterminieren. Langfristig können diese Emotionen allerdings die Motivation erhöhen, indem das Erreichen von Lern- und Leistungszielen durch persistente Befassung mit dem Lernmaterial gefördert wird (vgl. Sweeny & Vohs, 2012; Turner & Schallert, 2001).

Negativ-aktivierende Emotionen, wie Angst und Scham, können Interesse und intrinsischer Lernmotivation entgegenwirken. Im Hinblick auf die Vermeidung von Misserfolg können diese Emotionen hingegen positive Effekte auf extrinsische Motivation in Lern- und Leistungskontexten, durch eine Erhöhung der Anstrengungsbereitschaft, haben (vgl. Zeidner, 2014). Dieser Fall tritt insbesondere in Verbindung mit dem Optimismus ein, den Misserfolg auch tatsächlich abwenden zu können (vgl. Turner & Schallert, 2001).

2.4 Auswirkungen von emotionalen und motivationalen Faktoren auf schulische Leistung im Fach Mathematik

In diesem Abschnitt werden Effekte von Lern- und Leistungsemotionen auf die schulische Leistung betrachtet. Die Kontroll-Wert-Theorie (Pekrun, 2006; 2018b), welche als theoretische Rahmung dieser Studie fungiert, bezieht sich im *kognitiv-motivationalen Modell der Wirkung von Emotionen auf kognitive Leistung* auf diesen Zusammenhang.

In diesem Teilmodell der Kontroll-Wert-Theorie deutet Pekrun (2006, 2018b) auf einen indirekten Einfluss von Lern- und Leistungsemotionen auf schulische

Leistung über kognitive und motivationale Prozesse hin. Effekte durch Lern- und Leistungsemotionen auf die schulische Leistung werden demnach als emotionaler Einfluss auf ein komplexes Zusammenspiel dieser Wirkmechanismen und der Interaktion dieser Mechanismen mit schulischen Problem- und Aufgabenstellungen und deren Anforderungen verstanden (vgl. Pekrun, 2016). Die Auswirkungen spezifischer Lern- und Leistungsemotionen wurden in Bezug auf kognitive Prozesse des Lernens (Aufmerksamkeit, Gedächtnisprozesse, Lernstrategien und Selbstregulation) bereits in Kapitel 2.1.4 sowie bezüglich motivationalen Mechanismen in Kapitel 2.3 dargestellt. Inwieweit sich der emotionale Einfluss auf die beschriebenen Prozesse in der schulischen Leistung der einzelnen Schülerin bzw. des einzelnen Schülers niederschlägt, kann aufgrund individueller Merkmale variieren. Die Bandbreite individueller Ausprägungen bezieht sich dabei sowohl auf die kognitive, wie die Kapazität des Arbeitsgedächtnisses oder das Wissen über die Anwendung bestimmter Lernstrategien, als auch die affektive oder motivationale Ebene sowie die komplexe Interaktion dieser Faktoren (vgl. Pekrun & Perry, 2014; Seegers & Boekaerts, 1993).

Im folgenden Abschnitt werden Studien und Forschungsergebnisse aufgezeigt, die sich, unter Rücksichtnahme der genannten kognitiven Lernprozesse und motivationalen Faktoren, mit konkreten Zusammenhänge von spezifischen Lern- und Leistungsemotionen und schulischer Leistung befasst haben. Insbesondere werden dabei Ergebnisse zur Lernleistung im Fach Mathematik betrachtet und hinsichtlich ihrer Entwicklung im Laufe der Schulzeit diskutiert. Die fachspezifische Differenzierung des Einflusses von Lern- und Leistungsemotionen auf die schulische Leistungsentwicklung ist dabei in der fachspezifischen Ausprägung von Emotionen (vgl. Kapitel 2.1.3) begründet.

Als lernförderlich werden im Allgemeinen die positiv-aktivierenden Emotionen, wie (Lern-) Freude, Stolz und Hoffnung, angesehen (u. a. Pekrun & Linnenbrink-Garcia, 2014; Pekrun & Perry, 2014). Wie bereits in Kapitel 2.1.4 und 2.3 beschrieben, haben diese positiven Einfluss sowohl auf kognitive Prozesse des Lernens als auch die Entwicklung von Motivation und Interesse. Daraus resultiert ein flexibler Denkstil sowie eine höhere Wahrnehmungs- und Bearbeitungsgeschwindigkeit, die sich insbesondere bei herausfordernden Aufgaben positiv auf Lernergebnisse auswirkt (vgl. Edlinger & Hascher, 2008).

In einer Meta-Studie von Camacho-Morles und Kollegen (2021) wird die positive Korrelation von positiv-aktivierenden Emotionen und akademischer Leistung bestätigt. In ihrer Analyse wurden 68 Studien über diesen Zusammenhang in Bezug auf die tätigkeitsbezogenen Emotionen Freude, Ärger, Frustration und Langeweile zusammengefasst. Für die positiv-aktivierende Emotion Freude, welche in 57 Untersuchungen thematisiert wurde, konnte eine mittlere positive meta-analytische Korrelation mit Leistungsergebnissen ermittelt werden (vgl. Gignac & Szodorai, 2016). Vereinzelte Ergebnisse der Studien innerhalb der Meta-Analyse zeigten allerdings keine Signifikanz oder sogar negative Zusammenhänge (vgl. Ellis, Seibert & Varner, 1995; Ranellucci, Hall & Goetz, 2015; Trevors, Muis, Pekrun & Winne, 2016) und weisen somit daraufhin, dass (Lern-) Freude im Allgemeinen nicht in einem kausalen Verhältnis zu schulischen Leistungsergebnissen stehen. Gründe dafür könnten in Divergenzen in Bezug auf die ProbandInnen, wie das Alter, die Jahrgangsstufe, die Schulform oder den sozio-kulturellen Kontext, die Erhebungsmethoden und -instrumente, das schulische und unterrichtliche Setting oder in fachspezifischen Unterschieden liegen. So lassen sich hinsichtlich aktivitätsbezogener Emotionen im Fach Mathematik eindeutigere Befunde hinsichtlich Mathematikfreude und Leistungsergebnissen erkennen. Unter Verwendung des mathematikspezifischen Testinstruments *Achievement Emotions Questionnaire – Mathematics* (AEQ-M; Pekrun, Goetz, Frenzel, Barchfeld, & Perry, 2011), zur Erhebung von mathematikbezogenen Emotionen, wurden noch stärkere Zusammenhänge gemessen (vgl. Camacho-Morles, Slemp, Pekrun, Loderer, Hou & Oades, 2021).

Auch Götz (2004) bestätigt eine signifikante positive Korrelation zwischen Freude im Unterricht und Mathematikleistung. Gestützt wird dieser Befund durch positive Zusammenhänge von Freude mit der Verwendung flexibler Strategien, Anstrengung sowie negativer Korrelation von Freude mit aufgabenirrelevantem Denken. Die Auswirkungen von positiven tätigkeitsbezogenen Lern- und Leistungsemotionen auf kognitive Prozesse, wie Aufmerksamkeit bis hin zum Erleben von *Flow*, werden durch diese Ergebnisse verdeutlicht (vgl. Abschnitt 2.1.4).

In der Längsschnittstudie *„Projekt zur Analyse der Leistungsentwicklung in Mathematik"* (PALMA; Pekrun et al., 2007; Pekrun et al., 2017) wurden u. a. affektive Schülermerkmale und Kontextbedingungen in Bezug auf die Leistungsentwicklung im Fach Mathematik im Verlauf der Sekundarstufe I untersucht. Die Befunde zeigten positive Effekte dieser Emotionsgruppe auf kognitive und motivationale Faktoren und auf die Leistung von SchülerInnen im Laufe der Sekundarstufe I im Fach Mathematik. So korrelierten, in den jährlichen Messungen von der 5. bis zur 9. Klasse, (Lern-) Freude und Stolz im Fach Mathematik positiv mit den Zeugnisnoten der SchülerInnen (vgl. Pekrun et al., 2017).

Basierend auf den PALMA Daten untersuchten Murayama und Kollegen (2013) Faktoren, die entscheidend zur Leistungsentwicklung im Fach Mathematik beitragen. Ausgehend von zwei Untersuchungsphasen (Klassen 5–6; Klassen 7–10) wurden wahrgenommene Kontrolle, intrinsische und extrinsische Motivation sowie die Nutzung von Lernstrategien (*deep learning; surface learning*) als potentielle Prädiktoren betrachtet. Zu Beginn der beiden Untersuchungsphasen zeigten wahrgenommene Kontrolle und extrinsische Motivation sowie bezüglich der ersten Phase auch intrinsische Motivation signifikant prädiktive Zusammenhänge mit der Mathematikleistung. Hinsichtlich der langfristigen Entwicklung stellten sich insbesondere wahrgenommene Kontrolle im ersten Untersuchungsintervall und intrinsische Motivation sowie elaborierte Lernstrategien in der zweiten Untersuchungsphase als Anzeichen für eine positive Leistungsentwicklung heraus. Überraschenderweise zeigte sich Intelligenz nicht signifikant als voraussagender Faktor zur Leistungsentwicklung im Fach Mathematik über die erste und zweite Phase.

Im Hinblick auf negative Emotionen im Schulkontext zeigt sich ein leistungsmindernder Effekt (vgl. Linnenbrink & Pintrich, 2004; Pekrun, 2006). In ihrer Meta-Analyse stellten Camacho-Morles und Kollegen (2021) eine starke negative meta-analytische Korrelation zwischen Ärger und schulischer Leistung sowie mittlere negative Zusammenhänge zwischen Langeweile und akademischen Leistungsergebnissen heraus. In Bezug auf Frustration wurde keine signifikante Korrelation zu schulischer Leistung gefunden. Ähnlich wie bei den Befunden zur Freude, wurden auch hinsichtlich Ärger und Langeweile stärkere Korrelationen in Erhebungen im Rahmen des Mathematikunterrichts ermittelt (vgl. Camacho-Morles et al., 2021), was auf eine besondere Relevanz von Lern- und Leistungsemotionen im Fach Mathematik hindeutet.

Die in der PAMLA Langzeitstudie ermittelten Ergebnissen bestätigen die negativen Zusammenhänge von Ärger und Langeweile mit Leistungsergebnissen in Mathematik von der 5. bis zur 9. Jahrgangsstufe (vgl. Pekrun et al., 2017). Darüber hinaus wurden von Pekrun und Kollegen (2017) negative Korrelationen zwischen den negativ-aktivierenden Emotionen Angst und Scham und der Mathematikleistung über diesen Zeitraum gezeigt.

Auch Götz (2004) berichtet von einer negativen Korrelation der negativ-deaktivierenden Emotion Langeweile sowie den negativ-aktivierenden Emotionen Angst und Ärger im Mathematikunterricht mit der entsprechenden fachspezifischen Leistung. Gründe dafür könnten insbesondere hinsichtlich Ärger die Bindung von kognitiven Ressourcen, durch aufgabenirrelevantes Denken im Mathematikunterricht, sein.

Weitere mögliche Gründe für die gezeigten negativen Zusammenhänge wurden in der Untersuchung von Murayama und Kollegen (2013) dargestellt. Darin beschreiben die Autoren kognitive und motivationale Prozesse, die entscheidend für die Leistungsentwicklung im Fach Mathematik sind. Die Ergebnisse zeigten beispielsweise eine signifikante negative Korrelation zwischen oberflächlichen

Lernstrategien, welche im Zusammenhang mit negativen Lern- und Leistungsemotionen stehen (vgl. Abschnitt 2.1.4), und der Kompetenzentwicklung im Fach Mathematik im Verlauf der Jahrgangsstufen 5 und 6.

Die Befunde der dargestellten Studien stützen die Hypothese über einen positiven Einfluss von positiv-aktivierenden sowie eine leistungsmindernde Wirkung von negativen Emotionen auf das Lernen und auf die entsprechende Leistung, insbesondere im Mathematikunterricht (vgl. Camacho-Morles et al., 2021; Götz, 2004, Pekrun et al., 2007; Pekrun et al., 2017; Pekrun & Linnenbrink-Garcia, 2014; Pekrun & Perry, 2014). Dabei wirken sich die Lern- und Leistungsemotionen indirekt über kognitive und motivationale Prozesse auf das Lernen und die Leistung aus (vgl. u. a. Götz, 2004; Murayama et al., 2013; Pekrun, 2006; Pekrun et al., 2011; Zeidner, 2014).

2.5 Reziproke Wirkung von Emotionen und Leistung

In der Forschung zu Effekten von Emotionen in Lern- und Bildungskontexten werden allerdings nicht nur eine eindimensionale Wirkrichtung, also die Auswirkungen von Emotionen auf schulische Lernleistungen, sondern auch Rückkopplungseffekte von Leistungsergebnissen auf das emotionale Erleben von SchülerInnen untersucht. Im Kognitiv-motivationalen Modell (vgl. Pekrun, 2018b) wird ein reziprokes Wirkungssystem zwischen Lern- und Leistungsemotionen und schulischer Leistung beschrieben.

In verschiedenen Studien wurde dabei die multidirektionale Wirkrichtung von Emotionen im Schulkontext sowie Lern- und Leistungsergebnissen bestätigt. Gute Leistungsergebnisse prognostizierten dabei vermehrt positive und vermindert negative Emotionen. Unzureichende Leistungen hingegen zogen vermehrt negative Lern- und Leistungsemotionen nach sich. Es ist also davon auszugehen, dass sich die Leistung von SchülerInnen auf die Entstehung, insbesondere bezüglich wahrgenommener Kontrolle, und das Erleben von Emotionen, je nach Leistungsergebnis, auswirkt (vgl. Götz, Pekrun, Zirngibl, Jullien, Kleine, vom Hofe & Blum, 2004; Meece, Wigfield & Eccles, 1990; Pekrun, Lichtenfeld, Marsh, Murayama & Götz, 2017; Pekrun & Perry, 2014).

Für das Fach Mathematik zeigten Pekrun und Kollegen (2017) in ihrer Studie „*Achievement Emotions and Academic Performance: Longitudinal Models of Reciprocal Effects*" positive Zusammenhänge sowohl von den positiv-aktivierenden Emotionen Freude und Stolz auf die Mathematikleistung als auch Rückkopplungseffekte von Leistungsergebnissen auf diese Lern- und Leistungsemotionen.

Darüber hinaus wurden negative reziproke Zusammenhänge hinsichtlich der negativen Emotionen Ärger, Angst, Scham, Langeweile sowie Hoffnungslosigkeit und Mathematikleistung ermittelt (vgl. Pekrun et al., 2017). Diese Befunde werden von Ergebnissen der Untersuchung von Putwain und Kollegen (2017) in Bezug auf die Lern- und Leistungsemotionen Freude und Langeweile im Fach Mathematik gestützt.

Lernumgebung 3

Die im vorherigen Kapitel ausführlich dargestellten Bedingungen und Auswirkungen affektiver Faktoren für das Lernen im schulischen Kontext zeigen deren wesentliche Bedeutung für die Kompetenz- und Leistungsentwicklung von SchülerInnen. Doch Emotionen sind nicht nur Begleiterscheinungen oder Determinanten des Lernens, welche lediglich unter Bezug ihrer Funktionalität für den Lernerfolg oder die Leistungsoptimierung in der Schule zu betrachten sind. Helmke (1993) beschreibt diese sogar als eigenständiges Bildungsziel. Schule hat, im Sinne eines ganzheitlichen Bildungsauftrags, nicht nur die Funktion der Wissensvermittlung, sondern sollte die Betrachtung motivationaler Aspekte wie die Ausbildung von Interessen und die Förderung einer positiven affektiv-motivationalen Haltung der SchülerInnen gegenüber dem Lernen sowie der Leistung etablieren und festigen (vgl. Bieg & Mittag, 2011; Krapp & Hascher, 2014).

Angesichts dieser Schlüsselfunktion für den Kompetenzerwerb und das Lernverhalten, lässt sich für die Schule und insbesondere für den Unterricht eine konzeptionelle Ausrichtung ableiten, die eine Stärkung positiv-aktivierender Emotionen wie Lernfreude und eine Vorbeugung bzw. Minderung negativ-deaktivierender Lern- und Leistungsemotionen wie Langeweile unterstützt (vgl. Gläser-Zikuda, 2010; Pekrun, 2018b).

In verschiedenen Studien zeigte sich allerdings ein Rückgang der Lernfreude und Motivation sowie ein Anstieg von negativen Lern- und Leistungsemotionen im Verlauf der Schulzeit (vgl. Fend, 1997; Hagenauer, 2011). Diese ungünstige Entwicklung von Lern- und Leistungsemotionen, Motivation, Interesse und darüber hinaus des Lernverhaltens wurde auch in der PALMA Langzeitstudie für das Fach Mathematik von Pekrun und Kollegen (2017) bestätigt (vgl. Kapitel 2.4). Die Ergebnisse weisen auf ein reziprokes Bedingungsverhältnis hin. Konkret

© Der/die Autor(en) 2023
D. Barton, *Medienprojekte im Mathematikunterricht*, Bielefelder Schriften zur Didaktik der Mathematik 13, https://doi.org/10.1007/978-3-658-43598-1_3

wurde dabei die Rückwirkung von Leistung auf die individuelle Entwicklung
affektiver Merkmale (vgl. Kapitel 2.5) sowie die Bedeutung von Erfolgserleb-
nissen als wesentliche Voraussetzung für die Förderung positiver und Minderung
negativer Lern- und Leistungsemotionen aufgezeigt. Ein Ausbleiben von Erfolgs-
erlebnissen und eine damit verbundene Fortführung von negativen Tendenzen
innerhalb dieses Wirkungssystems kann zu einer Habitualisierung negativer Emotionen im Unterrichtskontext führen und eine Entfremdung vom Lernen sowie der
Institution Schule nach sich ziehen (vgl. Hascher & Hagenauer, 2010).

Um dieser Entwicklung entgegenzuwirken und eine möglichst optimale Förderung der SchülerInnen hinsichtlich des Kompetenzzuwachses und Lernverhaltens
sowie der damit verbundenen affektiven Bedingungsfaktoren zu gewährleisten, wurden Merkmale von Unterricht untersucht, welche in dieser Hinsicht
bedeutsam sein könnten. Götz, Frenzel und Haag (2006) führten bezüglich
der Ursachen von schulischer Langeweile eine Interviewstudie bei SchülerInnen der 9. Jahrgangsstufe durch. Am häufigsten wurden dabei u. a. Aspekte der
Unterrichtsgestaltung, wie abwechslungsarmer Unterricht, genannt. Eccles und
Kollegen (1993) sowie Midgley und Kollegen (1989) untersuchten Gründe für
den Rückgang von Lernfreude. Die Befunde wiesen auf eine mangelnde Passung zwischen den SchülerInnen und der Lernumgebung hin. Begründet wird
diese Entwicklung durch eine stärker werdende lehrerzentrierte Ausrichtung des
Unterrichts und entsprechend weniger Beteiligungs- und Wahlmöglichkeiten der
Lernenden im Laufe der Sekundarstufe. Demnach wirkt sich eine Lernumgebung, die durch ein hohes Maß an Fremdbestimmung geprägt ist, negativ auf die
Lernfreude aus (vgl. Hagenauer, 2011). Diese Studien zeigen, dass Merkmale
der Unterrichtsgestaltung bzw. der Lernumgebung maßgeblichen Einfluss auf
die Entstehung und Aufrechterhaltung bestimmter Emotionen sowie Motivation
haben.

Der Begriff der *Lernumgebung* wird in dieser Arbeit als das Lehr-Lernangebot
im Rahmen von schulischem Unterricht verstanden, bezüglich dessen es SchülerInnen ermöglicht wird mit verschiedenen Methoden, in unterschiedlichen
Interaktionsformen und Ausstattungen zu lernen. „*Eine durch Unterricht her-
gestellte Lernumgebung besteht aus einem Arrangement von Unterrichtsmethode,
Unterrichtstechnik, Lernmaterial [und] Medien*" (Reinmann-Rothmeier & Mandl,
2001, S. 615), wobei diese Kontextfaktoren „*in unterschiedlichem Ausmaß
planvoll gestaltet werden können*" (Reinmann-Rothmeier & Mandl, 2001, S. 615).

Verschiedene theoretische Modelle und empirische Studien haben sich mit
dem Einfluss bzw. der Auswirkung der Sozialumwelt auf affektive Parameter
im Lern- und Leistungskontext auseinandergesetzt, woraus konkrete Gestaltungsmerkmale für eine emotions- und motivationsfördernde Lernumgebung

abgeleitet werden können. Bevor diese im Folgenden zusammenfassend dargestellt werden, werden zunächst lerntheoretische Grundlagen zur Gestaltung einer Lernumgebung betrachtet.

3.1 Lehr-lerntheoretische Grundlagen zur Gestaltung von Lernprozessen

Die lerntheoretische Orientierung hat einen entscheidenden Einfluss darauf, wie Unterrichtsprozesse sinnvoll gestaltet und welche Anforderungen, bezüglich der spezifischen Lerngruppe, gestellt werden können. Im Hinblick auf die lerntheoretische Grundlegung kann zwischen einer *behavioristischen,* einer *kognitionstheoretischen* und einer *konstruktivistischen* Orientierung unterschieden werden (vgl. Tulodziecki, Herzig & Grafe, 2010).

Die *behavioristische Grundposition* beschreibt Lernen als einen Prozess, bei dem bestimmte Einflüsse das Verhalten eines Individuums beeinflussen und verändern können. Es wird angenommen, dass sich durch äußere Hinweisreize und Verstärkungen das Verhalten eines Individuums steuern lässt (vgl. Skinner, 1978). *„Demgemäß sollen vorgegebene Lehrziele dadurch erreicht werden, dass dem Lernenden bestimmte Informationen und Aufgaben in medialer Form als Hinweisreize präsentiert werden, die ein gewünschtes Lernverhalten nahe legen"* (Tulodziecki, Herzig & Grafe, 2010, S. 90). Innere, mentale Einflussfaktoren, wie Emotionen, Wissens-, Erfahrungsstand sowie Motivation und psychische Vorgänge, welche sich vor, zwischen oder nach Reiz und Reaktion abspielen, werden außer Acht gelassen oder nur durch ihre Operationalisierung als beobachtete Handlung in Betracht gezogen (vgl. Mietzel, 2001).

Im Gegensatz zum Behaviorismus liegt der Schwerpunkt der *kognitionstheoretischen* Grundposition auf inneren kognitiven Vorgängen des Lernenden. Dieser wird als Individuum angesehen, welches äußere Reize aktiv und selbstständig, auf Grundlage seines Entwicklungs- und Erfahrungsstandes, interpretiert und verarbeitet (vgl. Tulodziecki, Herzig & Grafe, 2010). Der Erfahrungs- und Entwicklungsstand drückt sich in diesem Zusammenhang in der Gesamtheit der Wahrnehmungs-, Verstehens- und Verarbeitungsschemata, welche dem Individuum zur Verfügung stehen, aus (vgl. Euler, 1994). Die Grundannahme dieser Lerntheorie besagt, dass in kognitiven Prozessen des Lernens neue Erfahrungen den bereits vorhandenen kognitiven Strukturen angepasst oder in die beschriebenen Schemata integriert werden (vgl. de Witt, 2008). Neben den internen Prozessen der Wahrnehmung, des Verstehens und der Interpretation sowie der damit einhergehenden Bildung von komplexen Wissensstrukturen integriert die kognitivistische lerntheoretische Ausrichtung die Möglichkeit einer Anregung, Unterstützung und Steuerung von Lernprozessen (vgl. de Witt & Czerwionka, 2007). Beim Kognitivismus steht demnach, die Frage, „*welche intern ablaufenden Prozesse in der Interaktion von Lehrmaterial (als externe Bedingung des Lernens) und kognitive Strukturen (als interne Bedingung des Lernens) entstehen können bzw. entstehen sollen*" (Tulodziecki, Herzig & Grafe, 2010, S. 92) im Mittelpunkt.

Eine weitere Lerntheorie, die der Idee des durch Instruktionen angeregten, unterstützten und gesteuerten Lernens jedoch skeptisch gegenübersteht, ist der *Konstruktivismus* (vgl. Tulodziecki & Herzig, 2004). Der individuellen Wahrnehmung und Verarbeitung von Erlebnissen kommt eine große Bedeutung in diesem lerntheoretischen Ansatz zu. Demnach befasst sich der Konstruktivismus mit internen, psychischen Vorgängen, wobei Lernen, im Gegensatz zum kognitionstheoretischen Ansatz, ausschließlich als ein selbstorganisierter Prozess betrachtet wird, welcher zwar durch Informationen unterstützt, jedoch nicht gesteuert oder angeleitet werden kann (vgl. Tulodziecki & Herzig, 2004).

> „*Im konstruktivistischen Verständnis strukturiert das Individuum Situationen, in denen es sich befindet, im Sinne einer ‚bedeutungstragenden Gestalt' und gestaltet zugleich die Situation in Wahrnehmung und Handeln mit. Erkenntnisse sind danach individuelle Konstruktionen von Wirklichkeit auf Basis subjektiver Erfahrungsstrukturen*" (Tulodziecki, Herzig & Grafe, 2010, S. 95).

Demzufolge steht ein Lernprozess im Mittelpunkt der konstruktivistischen Ausrichtung, welcher sich an keinem Standard orientierend vollzieht, sondern ein Ergebnis individueller Konstruktionen und Interpretationen von Wirklichkeit ist. Hinsichtlich der Einbindung von beispielsweise Medien in Lernprozesse werden diese lediglich als Informations- bzw. Werkzeugangebote und nicht zur Steuerung dieser Prozesse betrachtet (vgl. de Witt, 2008; Tulodziecki, Herzig & Grafe, 2010). De Witt (2008) fasst das Ziel dieser Lerntheorie als das Erwerben von Wissen durch Lösen komplexer Problemfälle in authentischen Situationen zusammen, indem solche Situationen geschaffen werden, die selbstgesteuert in der Auseinandersetzung mit dem Lerngegenstand bewältigt werden sollen.

Aus der Kritik an der konstruktivistischen Ausrichtung, es könnte aus fehlender Anleitung und Unterstützung zur Überforderung und Desorientierung bei den Lernenden kommen, entwickelte sich eine pragmatische Zwischenposition, welche zwischen einer konstruktivistischen und kognitionstheoretischen Grundlegung angesiedelt ist (vgl. Tulodziecki, Herzig & Grafe, 2010). Dieser Ansatz greift den konstruktivistischen Aspekt der „*Bedeutung von Lernen in Problem- bzw. Handlungszusammenhängen*" (Tulodziecki, Herzig & Grafe,

2010, S. 96) auf und verknüpft diesen mit der kognitionstheoretischen Auffassung *„der Sinnhaftigkeit eines Aufbaus kognitiver Strukturen bzw. mentaler Modelle durch geeignete Instruktionen"* (Tulodziecki, Herzig & Grafe, 2010, S. 96). Entsprechend dieser Ausrichtung sollen die Lernenden, in anwendungsorientierten, authentischen und unterstützten Situationen zu selbstgesteuertem, entdeckenden und problemorientierten Lernen befähigt werden (vgl. Tulodziecki, Herzig, 2004).

Die beschriebenen Aspekte dieser pragmatischen Zwischenposition manifestieren sich im Lernkonzept des *situierten Lernens*. Der Kern des situierten Lernens liegt in der Auffassung, dass Wissen von Lernenden selbstgesteuert aufgebaut wird und nicht einseitig weitergegeben werden kann sowie anwendungsbezogen und lebensweltlich ausgerichtet sein soll (vgl. de Haan, 2005; Tulodziecki & Herzig, 2004). *„Kompetenzen werden insbesondere dann erfolgreich erworben, wenn das Lernen kontextgebunden geschieht. Zudem sind weite Bereiche des Wissens und Handelns wiederum an Kontexte, also spezifische Situationen, Problemlagen, Handlungsfelder gebunden"* (de Haan, 2005, S. 1). Grundlage dieses Konzeptes ist es demnach, eine Lernumgebung zu schaffen, in der, entsprechend der Lebens- und Lernsituationen der Lernenden, authentische und komplexe Problemfälle verankert werden (vgl. Tulodziecki & Herzig, 2004). Lernen in einer solchen Lernumgebung wird als situativer Prozess angesehen, in welchem eine Wechselwirkung zwischen personeninternen Faktoren und personenexternen, situativen Einflüssen stattfindet (vgl. Mandl, Gruber & Renkel, 2002). Mandl, Gruber und Renkl (2002) verweisen auf fünf Merkmale, die für die Gestaltung einer Lernumgebung im Sinne des situierten Lernens zu beachten sind:

Die Forderung nach *komplexen Ausgangsproblemen* beinhaltet, dass die Grundlage des Lernens ein komplexes Problem mit einem intrinsisch motivierten Neuigkeitswert darstellt (vgl. de Witt & Czerwionka, 2007).

Ein weiteres Merkmal stellen die *Authentizität und Situiertheit* dar. Für das zu erwerbende Wissen soll, durch authentische und realistische Probleme, ein Rahmen und Anwendungskontext bereitgestellt werden (vgl. Tulodziecki, Herzig & Grafe, 2010).

Multiple Perspektiven verweisen auf die Einbettung des Lernenden in mehrere Kontexte, um eine flexible Übertragung auf neue Situationen zu gewährleisten (vgl. Tulodziecki, Herzig & Grafe, 2010).

Mit dem Merkmal der *Artikulation und Reflexion* wird gefordert, Problemlöseprozesse, bezüglich ihrer Bedeutung für verschiedene Zusammenhänge, verbal zu beschreiben und zu reflektieren (vgl. Tulodziecki & Herzig, 2004).

Anknüpfend an das vorherige Merkmal betont das Gestaltungsprinzip des *Lernens im sozialen Austausch* explizit das kooperative Lernen, welchem im sozialen

Kontext ein besonderer Stellenwert zugemessen wird (vgl. Tulodziecki, Herzig & Grafe, 2010).

3.2 Gestaltung eines emotions- und motivationsförderlichen Unterrichts

In diesem Abschnitt werden emotions- und motivationsförderliche Faktoren für den Unterricht dargestellt. Dahingehend werden die Kontroll-Wert-Theorie (Pekrun, 2006) und die Selbstbestimmungstheorie (Deci & Ryan, 1985), die theoretischen Rahmenmodelle dieser Arbeit, beleuchtet, Merkmale abgeleitet und in einen erweiterten wissenschaftlichen Kontext eingebettet. Zunächst werden die allgemeinen Ausrichtungen zur Unterrichtsgestaltung dieser Theorien erläutert und anschließend jeweils konkrete Kriterien genannt, die zum Teil Überschneidungen aufweisen und dementsprechend theorieübergreifende Merkmale darstellen. Die Darstellung dieser Kriterien erfolgt dabei unter besonderer Berücksichtigung der relevanten Aspekte hinsichtlich des dieser Arbeit zugrundeliegenden Projekts.

Die Grundlage für die Entstehung von Motivation ist nach der Selbstbestimmungstheorie die Erfüllung der drei psychologischen Grundbedürfnisse (*basic needs*): Dem Bedürfnis nach Autonomie, wahrgenommener Kompetenz sowie sozialer Bezogenheit (vgl. Kapitel 2.2). Laut dieser Theorie bilden die Grundbedürfnisse auch die Basis für die konzeptionelle Ausrichtung und Gestaltung einer motivationsfördernden Lernumgebung: *„Umwelten, in denen wichtige Bezugspersonen Anteil nehmen, die Befriedigung psychologischer Bedürfnisse ermöglichen, Autonomiebestrebungen des Lerners unterstützen und die Erfahrung individueller Kompetenz ermöglichen, fördern die Entwicklung einer auf Selbstbestimmung beruhenden Motivation"* (Deci & Ryan, 1993, S. 236). Lernumgebungen, die den psychologischen Grundbedürfnissen der SchülerInnen angepasst sind, können die Internalisierung extrinsisch motivierter Handlungen, im Sinne der Organismic Integration Theory (vgl. Kapitel 2.2.1), fördern. Demzufolge führen SchülerInnen Lernhandlungen nicht nur aufgrund von Anweisung der Lehrperson aus, sondern, weil sie einen persönlichen Wert in den Lernhandlungen sehen und somit eine Verknüpfung zu ihren eigenen Zielen und Interessen herstellen können (Deci & Ryan, 1985).

Der Rückgang der Lernfreude im Laufe der Sekundarstufe I, lässt sich in Anlehnung an die Selbstbestimmungstheorie demnach u. a. durch eine mangelnde Passung der schulischen Lernumgebung mit den Grundbedürfnissen der SchülerInnen erklären. In einer Studie von Hagenauer (2011) wurde der Verlauf der Lernfreude zwischen der 6. und 7. Jahrgangsstufe unter Berücksichtigung der Erfüllung der psychologischen Grundbedürfnisse untersucht. Die Ergebnisse bestätigen die Bedeutung der *basic needs* für die Entwicklung bzw. Minderung von Lernfreude in der Schule. So wurde ein Rückgang der Lernfreude von der 6. zur 7. Jahrgangsstufe ermittelt, während die SchülerInnen von einer verminderten Erfüllung des Kompetenzerlebens durch geringe Kompetenzsteigerung und Aufgabenbewältigung, des Autonomieerlebens durch wenig Mitentscheidungsmöglichkeiten sowie der sozialen Eingebundenheit bezüglich des Verhältnisses zur Lehrkraft, berichteten.

Die Entstehung von Emotionen wird gemäß der Kontroll-Wert Theorie vor allem durch subjektive Bewertungen, sogenannte Appraisals, in Beug auf die Sozialumwelt oder die eigenen Tätigkeiten und deren Folgen bedingt (vgl. Frenzel, Götz & Pekrun, 2020). Im unterrichtlichen Kontext sind insbesondere leistungsbezogene Kontroll- und Wertüberzeugungen von SchülerInnen, wie Selbstwirksamkeitserwartungen oder Leistungsvalenzen, entscheidend für die Bewertung und infolgedessen für das Entstehen und Erleben von Lern- und Leistungsemotionen (vgl. Kapitel 2.1.3). Interventionen sind entsprechend vor allem dann emotionswirksam, wenn diese die Kontroll- und Werteinschätzungen der SchülerInnen beeinflussen. *"Accordingly, treatments that aim to influence emotion are assumed to be powerful if they modify learners' control and value appraisals"* (Schukajlow et al., 2017, S. 315). Demzufolge können Änderungen unterrichtlicher Aspekte und Abläufe Einfluss auf die kognitiven Bewertungsprozesse haben und folglich Änderungen habitualisierter Emotionen bewirken. Es wird angenommen, dass ein Einfluss auf diese habitualisierten Emotionen, durch Umgestaltung unterrichtlicher Abläufe, bedeutend für die Verminderung negativer Lern- und Leistungsemotionen ist (vgl. Pekrun, 2006; Zeidner, 1998). Diese Annahme wird durch die Befunde von Götz und Kollegen (2006) hinsichtlich der Gründe für Langeweile im Unterricht gestützt.

Fünf Facetten der Sozialumwelt können, nach Pekrun (2006), wesentlichen Einfluss auf die Kontrolleinschätzung und die Überzeugung hinsichtlich der Bedeutsamkeit von Situationen und Tätigkeiten in Lern- und Leistungskontexten sein: Instruktion, Wertinduktion, Autonomiegewährung, Erwartungen und Zielstrukturen sowie Leistungsrückmeldungen und -konsequenzen.

3.3   Merkmale für einen emotions- und motivationsförderlichen Unterricht

In diesem Abschnitt werden konkrete Merkmale für einen emotions- und motivationsfördernden Unterricht dargestellt. Dabei werden insbesondere die Unterrichtseigenschaften zusammenfassend genannt, die sich aus der Selbstbestimmungstheorie sowie der Kontroll-Wert-Theorie ableiten lassen. Die folgenden Faktoren sind dabei nicht trennscharf voneinander zu unterscheiden und überschneiden sich zum Teil.

3.3.1   Autonomie

Eines der wesentlichen Merkmale für einen motivations- und emotionsförderlichen Unterricht ist eine autonomieunterstützende Lernumgebung. In der Selbstbestimmungstheorie wird Autonomie als ein psychologisches Grundbedürfnis beschrieben, welches vor allem im Kontext von Lernen und Leistung eine Grundlage für die Entstehung von intrinsischer Motivation bildet (vgl. Deci & Ryan, 1985, 1993; Skinner, Pitzer & Brule, 2014). Dieser Zusammenhang wurde hinsichtlich der Gestaltung von Unterricht in verschiedenen Studien gezeigt. SchülerInnen in autonomieunterstützenden Lernumgebungen und mit autonomieunterstützenden Lehrkräften wiesen dabei nicht nur ein größeres Engagement sowie eine tiefergehende Verarbeitung von Lerninhalten auf, sondern zeigten auch höhere akademische Leistungen und intrinsische Motivation (vgl. Guay, Ratelle & Chanal, 2008; Ryan & Grolnick, 1986; Reeve, Jang, Carrell, Barch & Jeon, 2004; Vansteenkiste, Simons, Lens, Sheldon & Deci, 2004). Darüber hinaus unterstützen autonomiefördernde Aufgaben und Lernumgebungen die wahrgenommene Kontrolle und den intrinsischen Wert leistungsbezogener Aktivitäten (vgl. Tsai, Kunter, Lüdtke, Trauwein & Ryan, 2008). Schlag (2013) betont in diesem Zusammenhang die Bedeutung handlungsorientierten Lernens: *„Eine handlungsorientierte Strukturierung von Lernprozessen schafft einen aktiven Bezug zum Lerngegenstand – das zu Erlernende macht Sinn"* (Schlag, 2013, S. 147).

Wesentlich dafür ist die Gewährung von alters- und leistungsangemessenen Aktivitätsspielräumen, in welchen die SchülerInnen ihre Lernhandlungen entwickeln und erproben können. *„Anzustreben ist hier ein sensibles Gleichgewicht zwischen Anleitung und Eigentätigkeit, zwischen innerer Motivation und äußerer Unterstützung, das in dem einen Fall vom Lehrer eine Zurücknahme seiner eigenen Handlungsimpulse und in dem anderen Fall eine stärkere Hilfe verlangt"* (Schlag, 2013, S. 147). Zu komplexe oder unpräzise Aufgaben und

Handlungsanweisungen können zu Überforderungen sowie einer Reduzierung der Kontrollüberzeugung führen und entsprechend negativen Einfluss auf das emotionale Erleben haben (vgl. Frenzel et al., 2020). Eine Unterrichtsgestaltung, die auf der anderen Seite auf zu kontrollierende Interaktionen und Anforderungen ausgerichtet ist, kann hingegen SchülerInnen unter Druck setzen und das Autonomieerleben mindern (vgl. Grolnick & Ryan, 1987; Reeve, 2009).

Bei der Gestaltung einer autonomieunterstützenden Lernumgebung sollten demzufolge Möglichkeiten angemessener Selbststeuerung des Lernens sowie Wahlfreiheit, welche die Eigeninitiative fördert, genutzt werden (vgl. Katz & Assor, 2007; Reeve, Nix & Hamm, 2003). Auch in der Kontroll-Wert-Theorie werden der positive Zusammenhang und die reziproken Wirkmechanismen zwischen positiv-aktivierenden Emotionen, wie Lernfreude, und kognitiven Prozessen der Selbstregulation dargestellt (vgl. auch Kapitel 2.1). Der Begriff des *selbstregulierten Lernens* lässt sich nicht eindeutig und allgemeingültig bestimmen. Weinert (1982) fasst das *selbstregulierte bzw. selbstgesteuerte Lernen* als eine bewusste, planmäßige und absichtliche Aktivität auf, um ein eigenständig gewähltes Ziel zu erreichen.

Eine Unterrichtsmethode, welche eine handlungsorientierte Struktur aufweist sowie die Möglichkeiten zum selbstregulierten Lernen bietet und somit das Erleben von Autonomie unterstützen kann, stellt das Unterrichtsprojekte dar (vgl. Götz & Nett, 2011; Schiefele & Streblow, 2006). Diese Organisationsform von Unterricht ist so konzipiert, dass es den SchülerInnen ermöglicht wird, sich über einen längeren Zeitraum mit einem Thema zu befassen, selbstgesteuert an einer Problemstellung zu arbeiten sowie Lerninhalte und deren Zusammenhänge zu erfassen und dabei die organisatorischen Abläufe zum Teil selber zu koordinieren (vgl. Ludwig, 2008, 2001). „*Das in der Projektmethode angelegte selbstbestimmte Lernen ermöglicht ein hohes Maß an Autonomie. Einwände und sachorientierte Korrekturen werden nicht als Kontrolle erlebt. Auf diese Weise wird die Bereitschaft, den Lernstoff tiefgehend zu bearbeiten, gefördert.*" (Wasmann-Frahm, 2008, S. 42). Ludwig (2001) berichtet von aktiven und zielgerichteten Lernhandlungen der SchülerInnen, Lernfreude und intrinsischer Motivation in verschiedenen Unterrichtsprojekten im mathematisch-naturwissenschaftlichen Unterricht sowie einem positiven Einfluss auf die Einstellung der SchülerInnen gegenüber dem regulären Unterricht. In einer Befragung von 15 Lehrperson wurde in Bezug auf die Projektmethode unter anderem folgende Kernaussage formuliert: „*Durch Projektunterricht erhält man hoch motivierte Lehrende und hoch motivierte Lernende*" (Ludwig, 2001, S. 169). Das selbstständige Arbeiten der SchülerInnen wurde dabei als eines der wichtigsten Elemente von Projekten im Unterricht genannt

(vgl. Ludwig, 2001). Eine umfassendere Betrachtung von Unterricht in Form von
Projekten folgt in Kapitel 4.2.

3.3.2 Wertinduktion

Die Wertinduktion beschreibt die Kommunikation der Bedeutsamkeit von Lernaktivität sowie Lern- und Leistungsergebnissen. Nach Pekrun (2006) können
direkte, wiederholte und verbale Bedeutungszuweisungen sowie indirekt das Verhalten von Lehrkräften oder MitschülerInnen hinsichtlich der Bedeutung von
beispielsweise guten Leistungen mit der Zeit dazu führen, generalisierte Über-
zeugungen bei SchülerInnen zu entwickeln. Die Wertinduktion soll demnach
positiven Einfluss auf die Wertüberzeugung der SchülerInnen nehmen, welche
nach der Kontroll-Wert-Theorie positive Effekte auf die Entstehung von Lern-
und Leistungsemotionen haben (vgl. Frenzel et al., 2020).
    Subjektive Werteinschätzungen stehen auch in engem Bezug zur Motivation.
Selbstbestimmung, welche nach der Selbstbestimmungstheorie eine Voraussetzung von Motivation darstellt, wird in einer Lernhandlung insbesondere anhand
des Grades individueller Relevanz erfahren (vgl. Reeve, 2012).
    Eine Möglichkeit der indirekten Wertinduktion und demnach der positiven
Einflussnahme auf die Wertüberzeugung von SchülerInnen im Unterricht ergibt
sich durch die Wahl der Aufgaben. Diese sollten so konzipiert sein, dass die
Bearbeitung subjektive Bedeutsamkeit für die Lernenden aufweist (vgl. Ames,
1992). Die Verwendung von Aufgabenstellungen, die der Lebenswelt der SchülerInnen entnommen werden, stellt eine Möglichkeit dar (vgl. Frenzel & Stephens,
2011; Krapp, 2005). Insbesondere bei mathematischen Aufgabenstellungen muss
allerdings, hinsichtlich der sogenannten Authentizität von Realitätsbezügen (vgl.
Kaiser, Schwarz & Buchholtz, 2011), darauf geachtet werden, dass subjektive
Authentizität, im Sinne individueller Relevanz, hergestellt wird (vgl. Eichler,
2015). Vos (2015) definiert Aufgaben als authentisch, wenn diese aus dem außer-
schulischen Leben kommen und nicht für den Unterricht konzipiert wurden
sowie ein überprüfbarer Aufgabenkontext vorliegt. Neben der Aufgabe an sich
kann allerdings auch die Lernsituation Einfluss auf die subjektive Relevanz und
entsprechend auf motivationale Faktoren des Lernens haben:

*„Motivation und Interesse kann vor allem dann aufgebaut werden, wenn sich Lernen
in situierten Kontexten abspielt. Damit dies gelingt, sollten authentische Lernsituationen angeboten werden, da ein Transfer von Wissen auf neue und komplexe Probleme
auch ein Lernen in komplexen Situationen erfordert"* (Traub, 2012, S. 44).

Auch die Einbettung von Bildungstechnologien im Unterricht kann hinsichtlich der starken Verflechtung von digitalen und sozialen Medien mit der Alltagswelt von SchülerInnen eine indirekte Wertinduktion und damit eine Steigerung der Motivation herbeiführen (vgl. Karpinnen, 2005; Medienpädagogischer Forschungsverbund Südwest [MPFS], 2021, 2020). *„Digitale Technologien eröffnen auch spezifische Potenziale für die Erhöhung der Authentizität und persönlichen Relevanz in Lernprozessen"* (Irion & Scheiter, 2018, S. 9). Die Möglichkeiten des Einsatzes von digitalen Medien im Unterricht sind dabei sehr vielfältig und dessen affektive Wirkung wird durch verschiedene Faktoren bestimmt. Allein die Art, die Ausgestaltung sowie die Einbettung der genutzten Medien im Unterricht kann bei unterschiedlichen SchülerInnen, mit deren individuellen Vorerfahrungen und Kompetenzen, unterschiedliche Emotionen hervorrufen (vgl. Loderer, Pekrun & Frenzel, 2018; Loderer, Pekrun & Lester, 2020; Karppinen, 2005). Der Einsatz kann somit nicht per se als positive Wertinduktion und damit als emotions- und motivationsförderlich angesehen werden. Es bedarf daher einer differenzierten und auf konkretere Lehr-Lernarrangements ausgerichteten Beurteilung der emotionalen und motivationalen Wirkung (vgl. Petko, 2014). Die allgemeinen Wirkmechanismen von Emotionen im Unterricht (vgl. Kapitel 2) ändern sich hinsichtlich technologiebezogener Lernumgebungen allerdings nicht (vgl. Daniels & Stupnisky, 2012; Loderer, Pekrun & Lester, 2020).

Der Einsatz von digitalen Medien im Unterricht, lässt sich mit weiteren Merkmalen für einen emotions- und motivationsförderlichen Unterricht kombinieren. Gewährung von Autonomie im Unterricht (vgl. Kapitel 3.3.1) kann hinsichtlich des selbstregulierten Lernens effektiv durch die Einbindung von digitalen Bildungsmedien unterstützt werden (vgl. Perels & Dörrenbächer, 2020). Auch das kooperative Lernen (vgl. Kapitel 3.3.4) lässt sich beispielsweise mithilfe von computergestützten Lernumgebungen fördern (vgl. Vogel & Fischer, 2020; Weinberger, Hartmann, Kataja & Rummel, 2020). Loderer und Kollegen (2018) haben auf Grundlage der Kontroll-Wert-Theorie ein Rahmenmodell zu Ursachen und Wirkung von Emotionen in technologiebasierten Lernumgebungen entwickelt. In diesem Rahmenmodell stellt Mediennutzung nicht nur ein weiteres Gestaltungsmerkmal dar, sondern bestimmt die Lernumgebung, in welche die Merkmale der Sozialumwelt (vgl. Kapitel 3.1, Abb. 5.2) übertragen und um die Merkmale *Nutzungs- und ästhetische Qualität* und *soziale Interaktion* ergänzt werden, grundlegend (vgl. Loderer et al., 2018, S. 6). Digitale Bildungstechnologien können demnach ein positives emotionales Empfinden hinsichtlich der Gestaltungsmerkmale zusätzlich fördern oder sogar hervorrufen, wie beispielsweise Induktion subjektiven Werts oder durch Entstehung von Kompetenzerleben. In einer Meta-Analyse von 186 Studien fassen Loderer und Kollegen (2018) die Wirkung

von technologiebasierenden Lernumgebungen auf affektive Merkmale allgemein
zusammen. In die Analyse gingen Untersuchungen zu Lernumgebungen wie
*content-management platforms, hypermedia systems, virtual realitie*s und *intel-
ligent tutoring systems* ein. Dabei wurde ein leichter positiver Zusammenhang in
diesen Lernszenarien zwischen Freude und Lernergebnissen festgestellt. Des Weiteren wiesen Lernleistungen in technologiebasierten Lernumgebungen statistisch
keine signifikanten Zusammenhänge mit den negativen Lern- und Leistungsemotionen Angst, Frustration und Langeweile auf. Ein auffälliger Befund dieser
Meta-Studie ist dabei die starke Korrelation zwischen der positiv-aktivierenden
Emotion Freude mit den Appraisals wahrgenommener Wert und wahrgenommene
Kontrolle bezüglich dieser Lernumgebungen (vgl. Loderer et al., 2018).

Neben der Einbindung von komplexeren technologiebasierten Lernumgebungen lassen sich auch einzelne mediale Komponenten in den Unterricht integrieren.
Insbesondere der Einsatz von Videos gewinnt in den letzten Jahren immer mehr
an Bedeutung in Bildungskontexten (vgl. Findeisen, Horn & Seifried, 2019; Persike, 2020). Dabei gibt es eine Vielzahl an verschiedenen Darstellungsformen
sowie Verwendungs- und Einsatzmöglichkeiten bedingt durch das intendierte
Ziel, welches der Nutzung von Videos zugrundliegt (vgl. Obermoser, 2018; Persike, 2020; Schön, 2013). Der Rezeption von Videos mit schulischem Bezug
kann im Allgemeinen neben der Lernförderlichkeit (vgl. Fey, 2002; Lloyd &
Robertson, 2012; Zierer, 2018) in Abhängigkeit von der Gestaltungsform und
zugrundeliegender Ausrichtung sowie individuell subjektiven Präferenzen und
Bedeutungszuweisung ein positiver Einfluss auf affektive Merkmale wie Emotionen und Lernmotivation zugeschrieben werden (vgl. Findeisen, Horn & Seifried,
2019; Karppinen, 2005; Zander, Behrens, Mehlhorn, 2020). Eine mögliche Erklärung für diesen positiven Zusammenhang stellt die große Präsenz von Videos und
entsprechend die Bedeutsamkeit in der alltäglichen Welt der Heranwachsenden
dar (vgl. MPFS, 2020, 2021). *„Ein wesentliches Potenzial digitaler Technologien
in Repräsentationen ist die Anbindung des schulischen Lernens an die außerschu-
lische Lebenswelt der Kinder"* (Irion & Scheiter, 2018, S. 9). Videos können
allerdings nicht nur durch Rezeption in Lernprozesse integriert werden. Auch die
Erstellung von Videos mit spezifischen fachlichen Inhaltsbezügen lässt sich in den
Unterrichtskontext einbetten. Die Produktion von Videos der SchülerInnen selbst,
erweist sich im Zusammenhang mit hoher persönlicher Bedeutsamkeit durch den
Bezug zur Alltagswelt als emotions- und motivationsförderlich (vgl. Asensio &
Young, 2002; Hakkarainen, 2011; Irion & Scheiter, 2018; Karppinen, 2005; Slopinski, 2016; Smith, 2016). Die Bedeutung der Erstellung von Fotos und Videos
in der alltäglichen Mediennutzung von Heranwachsenden wird in den KIM-

(Kindheit, Internet und Medien) Studien deutlich. Dabei gaben 34 % der 6 bis 13-Jährigen an, ein- oder mehrmals in der Woche Fotos oder Videos zu erstellen. An jedem oder fast jedem Tag machen 19 % der Befragten dieser Altersgruppe Fotos oder Videos (vgl. MPFS, 2020). Einen weiteren wertinduzierenden Faktor stellt die Videoproduktion durch Lernende im Sinne des *Peer Tutoring* dar (vgl. Wolf & Kulgemeyer, 2016). In diesem Zusammenhang werden die Videos von Lernenden für Lernende mit dem Ziel der adressatengerechten Vermittlung fachlicher Inhalte oder Zusammenhänge erstellt. Die Produktion erfüllt demnach für die produzierenden SchülerInnen einen spezifischen Zweck und kann somit positiven Einfluss auf die subjektiven Wertüberzeugungen hinsichtlich der Produktionsaktivitäten haben.

Hakkarainen (2011) betont in einer Studie zum bedeutungsvollen Lernen in einem Problem-Based Learning Kurs den Einfluss von Merkmalen bedeutungsvollen Lernens wie Kollaboration, Kooperation sowie eine Emotionen einbindende, experimentelle und multiperspektivisch orientierte Ausrichtung. Die Methode der Produktion von Videos durch die Lernenden lässt sich demnach mit weiteren affektunterstützenden Gestaltungsmerkmalen wie dem Projektunterricht und entsprechend dem selbstregulierten (vgl. Kapitel 3.3.1) und kooperativen (vgl. Kapitel 3.3.4) Lernen verbinden und kann somit zusätzlich das Erleben von Autonomie und Motivation fördern (vgl. Slopinski, 2016).

Trotz vieler Befunde kann allerdings keine pauschale Aussage zur Emotions- und Motivationswirksamkeit von digitalen Bildungsmedien und -technologien im Kontext von Schule und Unterricht gemacht werden. Motivationale Effekte können sich zeitlich bedingt verändern und anfänglich hohe Motivation kann etwa im Zusammenhang mit digitalen Medien mit der Zeit abflachen (vgl. Herzig, 2014). Darüber hinaus kann der Einsatz digitaler Medien unter spezifischen Umständen auch negative Effekte haben. Die kognitive Überforderung kann beispielsweise durch ein zu komplexes Instruktionsdesign oder zu hoher Selbstregulationsanforderungen in technologiebasierten Lernumgebungen motivationsmindernd wirken (vgl. Horz, 2020, Loderer et al., 2018).

Eine nähere Betrachtung und Ausdifferenzierung von Videos im Unterrichtskontext folgt in Kapitel 4.3.

3.3.3 Struktur und Erwartung

Durch Unterricht, der eine klare Struktur ausweist, kann gemäß der Selbstbestimmungstheorie das Kompetenzerleben unterstützt werden (vgl. Skinner, Pitzer & Brule, 2014). In der unterrichtlichen Umsetzung beinhaltet eine klare Struktur insbesondere angemessene Verhaltens- und Leistungsstandards sowie konsistente und ersichtliche Erwartungen und Anforderungen an die SchülerInnen (vgl. Jang, Reeve & Deci, 2010). SchülerInnen sollen dabei Unterstützungsmöglichkeiten bekommen, um herauszufinden wie sie sich verbessern und die angegebenen Erwartungen und Anforderungen erfüllen können. Unvorhersehbares sowie Inkonsistenz und Willkür der Lehrperson, insbesondere bei der Notengebung, kann das Erleben von Kompetenz und folglich die Motivation reduzieren (vgl. Skinner et al., 2014).

Johnson und Johnson (1974) betonen die bedeutsame Funktion von Zielstrukturen in Bezug auf die Entstehung von Emotionen im Unterricht. Der Umfang und die Art dieser Strukturen beeinflussen individuelle Leistungsziele und entsprechend einhergehende Emotionen (vgl. Kaplan & Maehr, 1999; Murayama & Elliot, 2009). In diesem Zusammenhang sind hinsichtlich der in der Kontroll-Wert-Theorie entscheidenden subjektiven Bewertungen insbesondere Erwartungen bedeutsam. Ob ein Leistungsergebnis subjektiv als Erfolg oder Misserfolg bewertet wird, hängt wesentlich von den individuellen Erwartungen ab. Angemessene Erwartungen können die Kontrollüberzeugung und das Kompetenzerleben positiv beeinflussen. Im Gegensatz dazu können zu hohe Erwartungen, insbesondere wenn diese mit einer Form der Bestrafung bei Nichterfüllung verbunden sind, zu einer Fokussierung auf Misserfolg führen, wodurch eine negative Emotionsentwicklung begünstigt werden kann (vgl. Frenzel et al., 2020).

Variationen in den Zielstrukturen bieten den SchülerInnen unterschiedliche Möglichkeiten Lernerfolg zu erfahren, was die wahrgenommene Kontrolle und entsprechend die Emotionen bezüglich der Leistungsergebnisse beeinflussen kann (vgl. Pekrun, 2006). Neben individuellen Zielstrukturen, bei denen die individuelle Leistung unabhängig von anderen SchülerInnen bewertet wird, können Zielstrukturen auch kompetitiv oder kooperativ ausgerichtet sein (vgl. Johnson & Johnson, 1974). Kompetitive Zielstrukturen orientieren sich dabei an normativ-sozialen Vergleichsstandards. Dies bedeutet allerdings, dass Erfolg von SchülerInnen mit Misserfolg von andern SchülerInnen einhergeht (vgl. Pekrun & Perry, 2014). Hinsichtlich der emotionalen Auswirkung zeigen Studien einen Zusammenhang von der negativen Emotion Angst und wettbewerbsgeprägten Lernumgebungen (vgl. Götz, 2004; Zeidner, 1998). Mit kooperativen Zielstrukturen ist hingegen der eigene Erfolg an die kollektive Zielerreichung der Gruppe oder des Partners geknüpft und ist somit, neben individuellen Zielstrukturen, mit Rücksicht auf die Emotionsentwicklung im Unterricht zu bevorzugen (vgl. Frenzel et al., 2020).

3.3.4 Kooperation

Im Vergleich zu Lernumgebungen, die kompetitiv ausgerichtet sind, bieten Settings mit kooperativer Zielstruktur höhere subjektive Kontrolle (vgl. Pekrun, 2006). Auch im Vergleich zu Frontalunterricht im Fach Mathematik berichten Bieg und Kollegen (2017) in kooperativen Lernumgebungen von stärkeren Zusammenhängen mit positiven Emotionen, wie Freude und Stolz, sowie einer geringeren Relation zu Langeweile, was für eine erhöhte subjektive Kontrollüberzeugung bei den SchülerInnen spricht. Studien zur Selbstregulation mit Elementen kooperativen Lernens im Fach Mathematik bestätigen größtenteils die positiven Effekte, wie beispielsweise zur Wertüberzeugung den Aufgaben gegenüber (vgl. Marcou and Lerman, 2007; Schukajlow, Leiss, Pekrun, Blum, Müller & Messner, 2012). In einer weiteren Untersuchung zu Selbstregulation und Problemlösen im Mathematikunterricht von Perels und Kollegen (2005), in welcher die SchülerInnen der Interventionsgruppe über einen wesentlichen Zeitraum zusammen in Gruppen arbeiteten, wurden positive Effekte auf Selbstreflexion, -wirksamkeit, -regulation und Motivation ermittelt. Obwohl in dieser Untersuchung der direkte Einfluss kooperativen Lernens auf die Motivation nicht kausal gezeigt wurde, weisen die Befunde auf einen Zusammenhang hin.

In der Selbstbestimmungstheorie bildet soziale Eingebundenheit als psychologisches Grundbedürfnis eine Grundlage für die Entstehung von intrinsischer Motivation und Lernfreude (vgl. Deci & Ryan, 1985; Ryan & Deci, 2002). Kooperative Lernumgebungen können die Erfüllung dieses Bedürfnisses unterstützen (vgl. Pekrun & Perry, 2014). *"Cooperative learning has the additional advantage of serving students' social needs, thus possibly also contributing to their appreciation of academic engagement"* (Pekrun, 2006, S. 335). SchülerInnen können aus dem sozialen Zusammenhalt und Interaktionen Motivation schöpfen und sind eher zu kooperativem Arbeiten bereit (vgl. Cohen, 1994, Linnenbrink-Garcia, Rogat & Koskey, 2010). Bei dieser Perspektive der sozialen Kohäsion wird die Effektivität kooperativen Lernens durch die gegenseitige Unterstützung der Mitglieder einer Lerngruppe aus gegenseitigem und gruppenbezogenem Wohlwollen erklärt (vgl. Slavin, 1993). *„Bei Kooperation werden in aller Regel Potentiale der Gruppe in günstiger Weise genutzt: der Leistungsschwächere profitiert unter Umständen besonders von der Erklärung durch Mitschüler, und Leistungsstärkere ziehen Gewinn aus der Gelegenheit, anderen etwas vermitteln zu können"* (Schlag, 2013, S. 142).

Wie im Hinblick auf das Gestaltungsmerkmal Autonomie im Unterricht (vgl. Kapitel 3.3.1), stellt auch zur Unterstützung von kooperativen Lernhandlungen der Projektunterricht in Kleingruppen eine geeignete Methode dar (vgl.

Wasmann-Frahm, 2008). Die Gruppenmitglieder arbeiten in dieser Unterrichtsform gemeinsam an einer Problemstellung, dessen erfolgreiche Bewältigung und
entsprechend der individuelle Erfolg der Gruppenmitglieder vom Gruppenerfolg
abhängig ist (vgl. Frenzel et al., 2020; Pekrun, 2006). Um dieses förderliche
Bedingungsverhältnis zu unterstützen empfiehlt Slavin (1995) eine Belohnungs-
struktur, welche sich aus Gruppenbelohnung und individueller Verantwortlichkeit
zusammensetzt. Auf diese Weise können sowohl die Lernmotivation als auch
die Motivation zum kooperativen Arbeiten gefördert werden. Selbstwirksam-
keitserfahrungen für die Gruppe können dabei, ausgehend von einer Stärkung
individueller Verantwortung, ermöglicht werden (vgl. Huber, 2000).

Ein weiterer bedeutsamer Faktor für das Gelingen kooperativen Lernens
hinsichtlich einer emotions- und motivationsförderlichen Ausrichtung sind die
Aufgaben bzw. die Problemstellungen selbst. Diese sollten so gestaltet sein, dass
Interesse bei den SchülerInnen geweckt und somit die Motivation gesteigert wird,
sich mit dem Lerngegenstand auseinanderzusetzen. Gelingt dies nicht, verweisen Renkl und Mandl (1995) auf die Gefahr, dass sich die Lernenden lediglich
mit minimalem Aufwand mit der Bearbeitung befassen, wodurch lern- und motivationsfördernde Interaktionen innerhalb der Gruppe ausbleiben könnten. Diese
Gefahr kann zum einen durch Wertinduktion (vgl. Kapitel 3.3.2) und zum anderen durch Verwendung von wirklichen *Gruppenaufgaben* (vgl. Cohen, 1994),
welche nur im Kollektiv befriedigend bewältigt werden können, gemindert werden. In diesem Zusammenhang soll es allen Gruppenmitgliedern möglich sein,
einen eigenständigen Beitrag zur Gruppenlösung beizutragen und dabei unterschiedliche individuelle Fähigkeiten und Kompetenzen einbringen zu können
(vgl. Berger & Walpuski, 2018; Schiefele, 2004). Die Erfüllung der psychologischen Grundbedürfnisse der sozialen Bezogenheit und des Kompetenzerlebens
wird dahingehend unterstützt (vgl. Ryan & Deci, 2000).

3.3.5   Instruktionsqualität und Aufgabenanforderung

Instruktionen, die hinsichtlich der Präsentation von Lerninhalten und Aufforderung zu Lernaktivitäten in klar strukturierter und verständlicher Weise formuliert sind, tragen einerseits zu einem realen Wissens- und Kompetenzzuwachs und andererseits zu positiven subjektiven Kontrollüberzeugungen, im Sinne der Kontroll-Wert-Theorie, bei (vgl. Loderer et al., 2018; Pekrun, 2006). *„Für Kontroll-Appraisals in Lern- und Leistungssituationen ist somit die kognitive Qualität während des Instruktionsprozesses von großer Bedeutung"* (Frenzel et al., 2020, S. 225).

Neben der Instruktionsqualität hat die Auswahl der Anforderung und Art von Aufgaben Einfluss auf situative Appraisals. Hinsichtlich ihrer Struktur, Eindeutigkeit und dem Potenzial für kognitive Aktivierung können Aufgaben positive Auswirkungen auf den wahrgenommenen Wert sowie die wahrgenommene Kontrolle von SchülerInnen und demzufolge auf Lern- und Leistungsemotionen haben (vgl. Cordova & Lepper, 1996). Dabei liegt eine besondere Herausforderung in der Auswahl oder Gestaltung von Aufgaben, deren Anforderungen in einem ausgewogenen Verhältnis zu den Fähigkeiten der SchülerInnen stehen sollten. Dadurch kann der intrinsische Anreiz hinsichtlich des wahrgenommenen Werts hochgehalten und zugleich eine Unter- und Überforderung, welche negativen Einfluss auf die Wert- und Kontrollüberzeugung und folglich auch auf die Entstehung von Emotionen in Lern- und Leistungskontexten haben kann, vermieden werden (vgl. Loderer et al., 2018; Pekrun & Perry, 2014). Darüber hinaus wird durch eine strukturierte und verständnisorientierte Instruktion sowie durch die Anpassung der Schwierigkeitsgrade an den Kenntnisstand der SchülerInnen die Erfüllung des psychologischen Grundbedürfnisses nach Kompetenzerleben, im Sinne der Selbstbestimmungstheorie, gefördert (vgl. Schiefele, 2004).

3.3.6   Rückmeldung

Die reziproken Wirkmechanismen von Leistung und affektiven bzw. motivationalen Merkmalen werden maßgeblich von Rückmeldungen bedingt. Für SchülerInnen gelten diese als wesentliche Referenz bezüglich der eigenen Leistungsentwicklung und sind demnach bedeutsam für die Entstehung von Kompetenzüberzeugungen, welche in enger Verbindung zur wahrgenommenen Kontrolle stehen (vgl. Loderer et al., 2018). Häufiger Erfolg und positive Rückmeldungen können die wahrgenommene Kontrolle bestärken, während häufige Misserfolge und negative Rückmeldungen Kontrollüberzeugungen von Lernenden reduzieren können. Leistungsrückmeldungen sind demnach entscheidend für die Entwicklung von lern- und leistungsbezogenen Emotionen (vgl. Hascher & Hagenauer, 2010; Pekrun & Perry, 2014). Unabhängig davon, ob diese positiv oder negativ sind, sollten Rückmeldungen lernzielorientiert ausgerichtet sein und die Kontrollierbarkeit von Lernen sowie die Bedeutsamkeit von Anstrengungen unterstreichen (vgl. Perry, Chipperfield, Hladkyj, Pekrun & Hamm, 2014). Dadurch kann Angst oder Frustration bei den SchülerInnen verringert und positiver Einfluss auf das emotionale Erleben im Unterricht genommen werden. Insbesondere negative Rückmeldungen haben negative Auswirkungen auf Affekt und Motivation und sollten daher nicht wiederholt auf unzureichende Leistungen zielen, sondern Misserfolg als veränderbar darstellen und Lern- und Verbesserungsmöglichkeit aufzeigen (vgl. Zeidner, 1998). Im Rahmen der *Cognitive evaluation theory* wurde die Wirkung von Interaktionsereignissen (*social-contextual events*), wie Rückmeldungen und Belohnungen, auf die intrinsische Motivation untersucht: *"The theory argues, first, that social-contextual events (e.g., feedback, communications, rewards) that conduce toward feelings of competence during action can enhance intrinsic motivation for that action. Accordingly, optimal challenges, effectance-promoting feedback, and freedom from demeaning evaluations were all found to facilitate intrinsic motivation"* (Ryan & Deci, 2000, S. 70).

Neben den Rückmeldungen bedingen deren Konsequenzen die Entstehung von Lern- und Leistungsemotionen. Diese haben besonders Einfluss auf den subjektiv wahrgenommenen Wert von Leistungsergebnissen. Die persönliche Relevanz dieser Konsequenzen (bei Erfolg: z. B. die Qualifikation für einen bestimmten Beruf; bei Misserfolg: z. B. keine Zulassung für Abiturprüfungen) intensiviert positives, gleichermaßen wie negatives emotionales Erleben (vgl. Frenzel et al., 2020; Pekrun & Perry, 2014). Negative Konsequenzen nach Misserfolg, wie Bestrafungen, sollten im Sinne einer emotionsfördernden Lernumgebung vermieden werden, da diese etwa zur Entwicklung von Prüfungsangst beitragen können (vgl. Zeidner, 1998).

3.4 Zusammenfassung

Die dargestellten Gestaltungsmerkmale und die in deren Zusammenhang durchgeführten Studien zeigen, dass durch gezielte Unterrichtsmaßnahmen positiv auf das affektive und motivationale Erleben von SchülerInnen im Unterricht Einfluss genommen werden kann.

Insbesondere die Gewährung von Aktivitätsspielräumen innerhalb der Lernprozesse, in welchen die SchülerInnen Lernhandlungen selbstgesteuert organisieren, erproben und durchführen und der Einbezug kooperativer Lernarrangements sind effektive Maßnahmen zur Förderung positiver Lern- und Leistungsemotionen sowie der Motivation. Eine Möglichkeit diese Aspekte effektiv in den Unterricht zu integrieren biete der Projektunterricht (vgl. Kapitel 3.3.1; 3.3.4).

Eine Grundlage für die Entstehung und das Erleben positiver Emotionen sowie motiviertem Verhalten in Bildungskontexten ist die subjektive Bedeutsamkeit. SchülerInnen führen Lernhandlungen mit größerer Motivation aus, wenn diese einen subjektiven Wert besitzen. Die Verwendung von authentischen Aufgabenstellungen, welche Bezüge zur Alltagswelt der SchülerInnen aufweisen, kann das Bedeutsamkeitsempfinden der SchülerInnen dahingehend beeinflussen. In diesem Zusammenhang ist die Nutzung von digitalen Medien und insbesondere Videos, sowohl rezipierend als auch produzierend, als mögliche Unterrichtsmaßnahme zu nennen (vgl. Kapitel 3.3.2).

Ein weiterer entscheidender Faktor für eine emotions- und motivationsförderliche Lernumgebung stellt die Kommunikation zwischen Lehrperson und Lerngruppe dar. Die Lehrperson sollte dabei eine klare Unterrichts- und Instruktionsstruktur mit ersichtlichen und angemessenen Anforderungen und Erwartung kommunizieren sowie lernzielorientierte Rückmeldungen formulieren. Auch die Anforderungen von Aufgaben im Unterrichtskontext sollte in Bezug auf das Leistungsniveau der Lerngruppe angemessen gewählt werden, um Über- und Unterforderungen und entsprechend negative Effekte auf Wert- und Kontrollüberzeugungen sowie das Kompetenzerleben der SchülerInnen zu vermeiden (vgl. Kapitel 3.3.3; 3.3.5; 3.3.6).

In Tabelle 3.1 sind die Gestaltungsmerkmale und wie diese umgesetzt werden können sowie die Auswirkungen auf Emotionen und Motivation im Unterrichtskontext zusammengefasst.

Tabelle 3.1 Zusammenfassung der emotions- und motivationsfördernden Gestaltungselemente

Gestaltungsmerkmal	Umsetzung	Wirkung auf Emotionen und Motivation
Autonomie (vgl. Kapitel 3.3.1)	– Aktivitäts- und Handlungsspielräume sowie Wahlmöglichkeiten bzgl. Anweisungen und Aufgaben zulassen → sensibles Gleichgewicht zwischen Anleitung und Eigentätigkeit – Förderung selbstregulierten Lernens – Projekte im Unterricht	• Erfüllung des psychologischen Grundbedürfnisses Autonomie → Entstehung intrinsischer Motivation • Unterstützung von wahrgenommene(r) Kontrolle und Wert leistungsbezogener Aktivitäten • Zusammenhang mit positiv-aktivierenden Emotionen (z. B. Lernfreude)
Wertinduktion (vgl. Kapitel 3.3.2)	– Steigerung subjektiver Bedeutsamkeit – Direkte verbale Bedeutungszuweisung – Verhalten von Lehrkräften bzgl. der Bedeutung von (Lern-)Ergebnissen – Aufgaben mit Alltagsbezug (authentisch) – Nutzung von digitalen Medien, z. B. Videos rezipieren oder produzieren (Alltagsbezug vieler SchülerInnen) – Projekte im Unterricht	• positiver Einfluss auf die Wertüberzeugung • Selbstbestimmung wird durch Grad individueller Relevanz erfahren → Steigerung der Motivation → positiver Einfluss auf Affekt → Entstehung von Kompetenzerleben

(Fortsetzung)

Tabelle 3.1 (Fortsetzung)

Gestaltungsmerkmal	Umsetzung	Wirkung auf Emotionen und Motivation
Struktur & Erwartung (vgl. Kapitel 3.3.3)	– Klare Struktur – Angemessene Verhaltens- und Leistungsstandards – Konsistente und ersichtliche Erwartungen und Anforderungen – Unterstützungsmöglichkeiten – Variation der Zielstruktur (individuell, kooperativ)	• Unterstützung von Kompetenzerleben → positiver Einfluss auf Kontrollüberzeugung → positiver Einfluss auf Emotionen
Kooperation (vgl. Kapitel 3.3.4)	– Gegenseitige Unterstützung – Wirkliche Gruppenaufgaben – Einbringen individueller Fähigkeiten – Beitrag zur Gruppenlösung leisten können – Kooperative Zielstruktur – Projekte im Unterricht	• Höhere subjektive Kontrolle • Förderung positiver Emotionen (z. B. Freude, Stolz) • Erfüllung des psychologischen Grundbedürfnisses Kompetenzerleben und sozialer Eingebundenheit → Entstehung von Motivation

(Fortsetzung)

Tabelle 3.1 (Fortsetzung)

Gestaltungsmerkmal	Umsetzung	Wirkung auf Emotionen und Motivation
Instruktionsqualität & Aufgabenanforderung (vgl. Kapitel 3.3.5)	– Klar und verständliche Formulierung von Instruktionen – Aufgabenanforderungen in ausgewogenem Verhältnis zu Fähigkeiten der SchülerInnen → Vermeidung von Über- und Unterforderung	• positive Auswirkungen auf wahrgenommene(n) Kontrolle und Wert → positiver Einfluss auf Emotionen • Erfüllung des psychologischen Grundbedürfnisses Kompetenzerleben
Rückmeldung (vgl. Kapitel 3.3.6)	– Lernzielorientierte Rückmeldung → unterstreicht die Kontrollierbarkeit von Lernen und Bedeutsamkeit von Anstrengung – Misserfolg als veränderbar darstellen – Lern- und Verbesserungsmöglichkeiten aufzeigen – Bestrafungen vermeiden	• Einfluss auf Kompetenzüberzeugungen sowie wahrgenommene(r) Kontrolle und Wert → Verringerung negativer Emotionen

Didaktisch-methodische Aspekte der Projektentwicklung

4

In diesem Kapitel werden bedeutsame didaktisch-methodische Aspekte des geplanten Projektes theoretisch aufgearbeitet und dargestellt. Zunächst wird der mathematische Inhaltsbereich unter Bezugnahme der Bildungsstandards für das Fach Mathematik beschrieben. An den in den Bildungsstandards erläuterten fachbezogenen Kompetenzen orientiert sich die konzeptionelle Ausrichtung des geplanten Unterrichtsvorhabens. Danach wird die rahmengebende Unterrichtsmethode, das Unterrichtsprojekt, unter besonderer Berücksichtigung der Merkmale des kooperativen und selbstregulierten Lernens erläutert. Anschließend wird auf Besonderheiten im Hinblick auf Projekte im Mathematikunterricht eingegangen. Zum Abschluss dieses Kapitels werden Videos im Unterricht als weiteres grundlegendes Element des Unterrichtsprojekts thematisiert. Dazu werden sowohl die Rezeption als auch die Erstellung von Videos in Bezug auf deren Lernwirksamkeit im Bildungskontext dargestellt.

4.1 Mathematischer Inhalt – Kompetenzorientierung

Unterricht sollte „*in Wechselbeziehung von Ziel-, und Inhalts- und Methodenentscheidungen geplant und bewertet werden*" (Weigand, 2018, S. 1). Ausgehend von dieser Prämisse werden Lernziele in der aktuellen Lehr- und Lernausrichtung unter besonderer Berücksichtigung des Lernens (Output-Steuerung) und weniger hinsichtlich des Lehrens (Input-Steuerung), wie bis vor der Jahrtausendwende, formuliert. Die Kompetenzorientierung leitet sich aus dieser Sichtweise ab und bezieht sich dabei auf eine unterrichtliche Ausrichtung im Hinblick auf die Kenntnisse, Fähigkeiten und Fertigkeiten, welche von einzelnen SchülerInnen bezüglich

D. Barton, *Medienprojekte im Mathematikunterricht*, Bielefelder Schriften zur Didaktik der Mathematik 13, https://doi.org/10.1007/978-3-658-43598-1_4

eines fachlichen Inhaltsbereichs und fachbezogenen Handlungen sowie in Abhängigkeit von der Jahrgangsstufe entwickelt werden sollen (vgl. Weigand, 2018). Diese Kompetenzorientierung findet sich in Bildungsstandards und entsprechend in den Lehrplänen der Bundesländer wieder.

Im Beschluss der Kultusministerkonferenz vom 04.12.2003 werden spezifische Bildungsstandards für das Fach Mathematik für den Mittleren Abschluss der Sekundarstufe I herausgestellt. Im Mittelpunkt dieser Bildungsstandards stehen mathematische Bildungsziele, die sich aus allgemeinen fachbezogenen Kompetenzen zusammensetzen und im Verbund mit zentralen mathematischen Inhalten, den sogenannten Leitideen, und abgestuften Anforderungsbereichen formuliert sind (vgl. Sekretariat der Ständigen Konferenz der Kultusminister der Länder in der Bundesrepublik Deutschland, 2004)[1]. Die Bildungsstandards bilden damit eine allgemeingültige, fachbezogene Grundlage für eine differenzierte Ausformulierung der Kernlehrpläne auf Länderebene.

Im Fach Mathematik soll der Allgemeinbildungsauftrag des Unterrichts der Sekundarstufe I, durch folgende Grunderfahrungen ermöglicht werden (KMK, 2004, S. 6):

- *Technische, natürliche, soziale und kulturelle Erscheinungen und Vorgänge mit Hilfe der Mathematik wahrnehmen, verstehen und unter Nutzung mathematischer Gesichtspunkte beurteilen (G1),*
- *Mathematik mit ihrer Sprache, ihren Symbolen, Bildern und Formeln in der Bedeutung für die Beschreibung und Bearbeitung von Aufgaben und Problemen inner- und außerhalb der Mathematik kennen und begreifen (G2),*
- *in Bearbeitung von Fragen und Problemen mit mathematischen Mitteln allgemeine Problemlösefähigkeit erwerben (G3).*

Im Kernlehrplan Mathematik für die Sekundarstufe I in NRW werden diese Grunderfahrungen aufgegriffen und spezifiziert. Die Schülerinnen und Schüler sollen demnach die Fähigkeiten zur *„Bewältigung der Anforderungen in der digitalen Welt, in Wirtschaft und Politik und des gesellschaftlichen Alltags"* (MfSB, 2019, S. 8 f.) erlangen und die Mathematik als *„kulturelle Errungenschaft"* (MfSB, 2019, S. 9) und *„globales Kulturgut"* (MfSB, 2019, S. 9) erfahren.

Mathematische Kompetenzen, Leitideen und Anforderungsbereiche
In diesem Abschnitt werden die allgemeinen mathematischen sowie inhaltsbezogenen Kompetenzen, die Leitideen und entsprechende Anforderungsbereiche, an

---

[1] Im Folgenden mit KMK abgekürzt.

denen sich die konzeptionelle Ausrichtung des geplanten Unterrichtsvorhabens orientiert, dargestellt.

(1) Allgemeine (prozessbezogene) mathematische Kompetenzen

Die allgemeinen prozessbezogenen Kompetenzen im Fach Mathematik sind im Hinblick auf alle Ebenen mathematischen Arbeitens relevant. Sie sind in sechs Kompetenzbereiche unterteilt (KMK, 2004, S. 8 f.).

(K1) *Mathematisch argumentieren*

- Fragen stellen, die für die Mathematik charakteristisch sind („Gibt es…?", „Wie verändert sich…?", „Ist das immer so…?") und Vermutungen begründet äußern,
- mathematische Argumentationen entwickeln (wie Erläuterungen, Begründungen, Beweise),
- Lösungswege beschreiben und begründen.

(K2) *Probleme mathematisch lösen*

- vorgegebene und selbst formulierte Probleme bearbeiten,
- geeignete heuristische Hilfsmittel, Strategien und Prinzipien zum Problemlösen auswählen und anwenden,
- die Plausibilität der Ergebnisse überprüfen sowie das Finden von Lösungsideen und die Lösungswege reflektieren.

(K3) *Mathematisch modellieren*

- den Bereich oder die Situation, die modelliert werden soll, in mathematische Begriffe, Strukturen und Relationen übersetzen,
- in dem jeweiligen mathematischen Modell arbeiten,
- Ergebnisse in dem entsprechenden Bereich oder der entsprechenden Situation interpretieren und prüfen.

(K4) *Mathematische Darstellungen verwenden*

- verschiedene Formen der Darstellung von mathematischen Objekten und Situationen anwenden, interpretieren und unterscheiden,
- Beziehungen zwischen Darstellungsformen erkennen,

- unterschiedliche Darstellungsformen je nach Situation und Zweck auswählen und zwischen ihnen wechseln.

(K5) *Mit symbolischen, formalen und technischen Elementen der Mathematik umgehen*

- mit Variablen, Termen, Gleichungen, Funktionen, Diagrammen, Tabellen arbeiten,
- symbolische und formale Sprache in natürliche Sprache übersetzen und umgekehrt,
- Lösungs- und Kontrollverfahren ausführen,
- mathematische Werkzeuge (wie Formelsammlungen, Taschenrechner, Software) sinnvoll und verständig einsetzen.

(K6) *Kommunizieren*

- Überlegungen, Lösungswege bzw. Ergebnisse dokumentieren, verständlich darstellen und präsentieren, auch unter Nutzung geeigneter Medien,
- die Fachsprache adressatengerecht verwenden,
- Äußerungen von anderen und Texte zu mathematischen Inhalten verstehen und überprüfen.

(2) Inhaltsbezogene mathematische Kompetenzen – Leitideen

Die Entwicklung der allgemeinen mathematischen Kompetenzen erfolgt stets in Auseinandersetzung mit fachlichen Inhalten. In den Bildungsstandards sind die Inhalte in die Leitideen *Zahl, Messen, Raum und Form, Funktionaler Zusammenhang* sowie *Daten und Zufall* unterteilt (KMK, 2004, S. 9). Für diese Arbeit relevant sind die Leitideen *Raum und Form* sowie *Messen*. Im Folgenden werden die inhaltsbezogenen mathematischen Kompetenzen dieser Leitideen dargestellt (KMK, 2004, S. 10 f.):

(L 2) Leitidee Messen. Die Schülerinnen und Schüler…

- nutzen das Grundprinzip des Messens, insbesondere bei der Längen-, Flächen- und Volumenmessung, auch in Naturwissenschaften und in anderen Bereichen,
- wählen Einheiten von Größen situationsgerecht aus (insbesondere für Zeit, Masse, Geld, Länge, Fläche, Volumen und Winkel),
- schätzen Größen mit Hilfe von Vorstellungen über geeignete Repräsentanten,

- berechnen Flächeninhalt und Umfang von Rechteck, Dreieck und Kreis sowie daraus zusammengesetzten Figuren,
- berechnen Volumen und Oberflächeninhalt von Prisma, Pyramide, Zylinder, Kegel und Kugel sowie daraus zusammengesetzten Körpern,
- berechnen Streckenlängen und Winkelgrößen, auch unter Nutzung von trigonometrischen Beziehungen und Ähnlichkeitsbeziehungen,
- nehmen in ihrer Umwelt gezielt Messungen vor, entnehmen Maßangaben aus Quellenmaterial, führen damit Berechnungen durch und bewerten die Ergebnisse sowie den gewählten Weg in Bezug auf die Sachsituation.

(L 3) Leitidee Raum und Form. Die Schülerinnen und Schüler...

- erkennen und beschreiben geometrische Strukturen in der Umwelt,
- operieren gedanklich mit Strecken, Flächen und Körpern,
- stellen geometrische Figuren im kartesischen Koordinatensystem dar,
- stellen Körper (z. B. als Netz, Schrägbild oder Modell) dar und erkennen Körper aus ihren entsprechenden Darstellungen,
- analysieren und klassifizieren geometrische Objekte der Ebene und des Raumes,
- beschreiben und begründen Eigenschaften und Beziehungen geometrischer Objekte (wie Symmetrie, Kongruenz, Ähnlichkeit, Lagebeziehungen) und nutzen diese im Rahmen des Problemlösens zur Analyse von Sachzusammenhängen,
- wenden Sätze der ebenen Geometrie bei Konstruktionen, Berechnungen und Beweisen an, insbesondere den Satz des Pythagoras und den Satz des Thales,
- zeichnen und konstruieren geometrische Figuren unter Verwendung angemessener Hilfsmittel wie Zirkel, Lineal, Geodreieck oder dynamische Geometriesoftware,
- untersuchen Fragen der Lösbarkeit und Lösungsvielfalt von Konstruktionsaufgaben und formulieren diesbezüglich Aussagen,
- setzen geeignete Hilfsmittel beim explorativen Arbeiten und Problemlösen ein.

(3) Anforderungsbereiche

Im Hinblick auf den Anspruch und die kognitive Komplexität lassen sich die allgemeinen mathematischen Kompetenzen in drei Ausprägungen entsprechend der Anforderungen der jeweiligen mathematischen Aufgabe bzw. Aktivität einstufen:

Reproduzieren, Zusammenhänge herstellen sowie *Verallgemeinern und Reflektieren.* Diese Anforderungsbereiche beziehen sich auf alle allgemeinen mathematischen Kompetenzen und sind in den Bildungsstandards folgendermaßen definiert (KMK, 2004, S. 13):

Anforderungsbereich I: Reproduzieren
Dieser Anforderungsbereich umfasst die Wiedergabe und direkte Anwendung von grundlegenden Begriffen, Sätzen und Verfahren in einem abgegrenzten Gebiet und einem wiederholenden Zusammenhang.

Anforderungsbereich II: Zusammenhänge herstellen
Dieser Anforderungsbereich umfasst das Bearbeiten bekannter Sachverhalte, indem Kenntnisse, Fertigkeiten und Fähigkeiten verknüpft werden, die in der Auseinandersetzung mit Mathematik auf verschiedenen Gebieten erworben wurden.

Anforderungsbereich III: Verallgemeinern und Reflektieren
Dieser Anforderungsbereich umfasst das Bearbeiten komplexer Gegebenheiten u. a. mit dem Ziel, zu eigenen Problemformulierungen, Lösungen, Begründungen, Folgerungen, Interpretationen oder Wertungen zu gelangen.
    Eine differenzierte Darstellung der Anforderungsbereiche hinsichtlich der allgemeinen mathematischen Kompetenzen wird in den Bildungsstandards (KMK, 2004, S. 16 ff) aufgeführt.

4.2   Projekte im Unterricht

In diesem Abschnitt werden *Projekte* im Unterricht als theoretisches Rahmenkonzept des dieser Arbeit zugrundeliegenden Unterrichtsarrangements näher beleuchtet. Zunächst werden der Projektbegriff unter Bezugnahme seiner unterschiedlichen Ausrichtungen und grundlegenden Strukturen erläutert und verschiedene Phasenmodelle zur Gliederung von Unterrichtsprojekten vorgestellt. Anschließend werden bedeutsame Aspekte von Projekten im Unterricht hinsichtlich ihrer Lernwirksamkeit aufgezeigt und speziell auf Projekte im Fach Mathematik eingegangen.

4.2.1 Begriffserklärung

In dieser Arbeit werden *Unterrichtsprojekte* als Unterrichtsform aufgefasst, in welcher SchülerInnen über einen definierten Zeitraum eine Aufgabenstellung gemeinschaftlich, selbstständig und handlungsorientiert bearbeiten, wobei die Handlungen auf ein sichtbares Produkt ausgerichtet sind. Diese Arbeitsdefinition setzt sich aus verschiedenen theoriebasierten Ansätzen zur Unterrichtsform *Projekt* zusammen. Der begriffliche Ursprung vom Lateinischen proiectum (substantiviertes 2. Partizip von: proicere), auf Deutsch *„das nach vorn Geworfene"* (Dudenredaktion, o. D.), deutet auf die zielgerichtete Planung als konstituierendes Merkmal von Projekten hin. Frey (2010) beschreibt diesbezüglich: *„Es geht um die Planung eines in Aussicht genommenen Unterrichts. Oder genauer: um die Entwicklung von Unterricht durch die Beteiligten"* (Frey, 2010, S. 14).

Der Begriff *Projekt* lässt sich aufgrund seiner facettenreichen Konzeptansätze schwer allgemein definieren. Projekte im Unterricht werden, je nach AutorIn, beispielsweise als *Projektunterricht, Projektarbeit* oder *Projektmethode* bezeichnet. Diese begriffliche Unschärfe folgt aus der Komplexität der zugrundeliegenden Lernhandlungen, dem weiten Spektrum an Anwendungskontexten und den unterschiedlichen Untersuchungs- und Anwendungsschwerpunkten (vgl. Wasmann-Frahm, 2008). Verschiedene AutorInnen haben die Begrifflichkeiten hinsichtlich historisch gewachsener, den Begriffen zugrundeliegenden Philosophien und den entsprechend unterschiedlichen Schwerpunktsetzungen expliziert.

Der Begriff *Projektunterricht*, der oftmals auch mit Projektpädagogik und -didaktik gleichgesetzt wird, betont, insbesondere aus historischer Perspektive, die gesellschaftlich-politische Grundintention einer demokratischen Handlungsweise, in welcher Lernen nicht durch Belehrung, sondern durch Erfahrung geprägt ist (vgl. Zapf, 2015). Für Frey (2010) ist dieser Begriff eng mit dem institutionell organisierten Unterricht verknüpft und grenzt diesen dahingehend vom Begriff der *Projektmethode* ab.

Frey (2010) sieht sich der amerikanischen Tradition verbunden und verwendet den Begriff *Projektmethode* als methodische Grundform. Er meint damit *„den Weg, den Lehrende und Lernende gehen, wenn sie sich bilden wollen"* (Frey, 2010, S. 15). Das Konzept der Projektmethode kann mit beliebigen Inhalten kombiniert werden. *„Die Projektmethode ist ein Weg zur Bildung. Sie ist eine Form der lernenden Betätigung, die bildend wirkt"* (Frey, 2010, S. 14). Die Lernenden befassen sich demnach mit einem Betätigungsgebiet, verständigen sich in Bezug auf ihre Handlungen bzw. Betätigungen und führen diese Handlungen dann aus, wobei abschließend ein Produkt entsteht. Die Projektmethode ist dabei im Sinne eines allgemeinen Bildungsverständnisses nicht auf schulischen

Unterricht beschränkt, sondern findet darüber hinaus beispielsweise im Kontext außerschulischer Jugendarbeit oder beruflicher Weiterbildung Anwendung.

4.2.2   Phasenmodelle von Unterrichtsprojekten

Um Unterrichtsprojekte konkret zu beschreiben, werden oftmals Phasenmodelle genutzt. Der Verlauf eines Projekts setzt sich demnach meist aus mehreren Phasen des Planens, Durchführens und Bewertens zusammen (vgl. Wasmann-Frahm, 2008). Diese Verlaufsstruktur lässt sich, in Anlehnung an Deweys *„Methode des Denkens"* (Dewey, 1993, S. 218), beispielsweise bei Gudjons (2014) und Frey (2010), erkennen.

> *„Es sind folgende: erstens, daß* [sic] *der Schüler eine wirkliche, für den Erwerb von Erfahrung geeignete Sachlage vor sich hat – daß* [sic] *eine zusammenhängende Tätigkeit vorhanden ist, an der er um ihrer selbst willen interessiert ist; zweitens: daß* [sic] *in dieser Sachlage ein echtes Problem erwächst und damit eine Anregung zum Denken; drittens: daß* [sic] *er das nötige Wissen besitzt und die notwendigen Beobachtungen anstellt, um das Problem zu behandeln; viertens: daß* [sic] *er auf mögliche Lösungen verfällt und verpflichtet ist, sie in geordneter Weise zu entwickeln; fünftens: daß* [sic] *er die Möglichkeit und die Gelegenheit hat, seine Gedanken durch praktische Anwendung zu erproben, ihren Sinn zu klären und ihren Wert selbständig zu entdecken"* (Dewey, 1993, S. 218).

Die Stufen des Denkvorgangs werden als eine sinnvolle Schrittfolge von bildenden Erfahrungen im Unterricht aufgefasst und geben nach Zapf (2015) in gegenwärtigen Projektkonzeptionen oftmals grob die Phasen des Projektverlaufs vor. Gudjons (2014) orientiert sich in seiner Projektkonzeption an diesem Verlauf. Projektarbeit wird dabei als handlungsorientiertes Unterrichtskonzept aufgefasst. Im Projektverlauf werden dabei vier Phasen von den Lernenden durchschritten (Gudjons, 2014, S. 79 ff):

Projektschritt 1	Eine für den Erwerb von Erfahrungen geeignete, problemhaltige Sachlage auswählen.
Projektschritt 2	Gemeinsam einen Plan zur Problemlösung entwickeln.
Projektschritt 3	Sich mit dem Problem handlungsorientiert auseinandersetzen.
Projektschritt 4	Die erarbeitete Problemlösung an der Wirklichkeit überprüfen.

Das Konzept der Projektmethode nach Frey (2010) setzt sich hingegen aus sieben Komponenten zusammen, welche den Projektverlauf gliedern, wobei fünf dieser Komponenten (*1–5*) chronologisch angeordnet und zwei Komponenten (*6, 7*) flexibel in das Projekt einzubetten sind. Im Folgenden werden diese Projektkomponenten, an denen sich das zu untersuchende Projektvorhaben orientiert, kurz aufgeführt (Frey, 2010, S. 64 ff).

Komponente 1	*Projektinitiative:* Eine Projektidee wird von einem Mitglied der Lerngruppe geäußert.
Komponente 2	*Auseinandersetzung mit der Projektinitiative in einem vorher vereinbarten Rahmen:* Diese resultiert in einer *Projektskizze*. Ein Betätigungsvorschlag wird auf Grundlage der ersten Idee diskutiert und konkretisiert.
Komponente 3	*Gemeinsame Entwicklung des Betätigungsgebietes:* Diese mündet in der Erstellung eines *Projektplans*. Konkretisierung der Vorschläge und Festlegung des konkreten Vorgehens.
Komponente 4	*Verstärkte Aktivitäten im Betätigungsgebiet: Projektdurchführung.* Umsetzung des Projektplans.
Komponente 5	*Abschluss des Projekts.* Dieser kann als ein bewusster Abschluss (Veröffentlichung), Evaluation (Rückkopplung zur Projektinitiative) oder ein Auslaufenlassen initiiert werden.
Komponente 6	*Fixpunkte* dienen als Schaltstelle des gegenseitigen Informationsaustauschs hinsichtlich der Organisation der Arbeitsschritte.
Komponente 7	*Metainteraktionen* oder *Zwischengespräche* dienen der Reflexion von Gruppenprozessen vor dem Hintergrund gemeinsamer Vereinbarungen oder gruppeninterner Probleme.

4.2.3 Projektmerkmale – kooperatives und selbstreguliertes Lernen

Wie bereits im vorherigen Abschnitt beschrieben, wird ein Projekt in dieser Arbeit als Unterrichtsform aufgefasst, in welcher die Lernenden gemeinschaftlich, selbstständig und handlungsorientiert arbeiten (vgl. Wasmann-Frahm, 2008). In diesem Abschnitt wird diese Arbeitsdefinition näher betrachtet, indem konstituierende Elemente des Lernens in und mit Projekten dargestellt und in Beziehung gesetzt werden. Hinsichtlich eines so komplexen Unterrichtsvorhabens können allerdings nicht alle Aspekte und lerntheoretischen Interaktionseffekte aufgezeigt werden, sodass sich in der folgenden Analyse auf zwei für diese Arbeit zentrale Merkmale beschränkt wird, das *kooperative* und das *selbstregulierte Lernen*.

Kooperatives Lernen

Projekte im schulischen Rahmen sind zumeist durch gemeinschaftliche Lernarrangements geprägt (vgl. Wasmann-Frahm, 2008). Dahingehend bildet das *kooperative Lernen* ein bedeutsames Element dieser Unterrichtsmethode.

Der Begriff des kooperativen Lernens beschreibt eine Organisation von Unterricht und fasst verschiedene Formen des Zusammenarbeitens zur Entwicklung von Wissen und Fähigkeiten von SchülerInnen zusammen (vgl. Berger & Walpuski, 2018). Zentrale Merkmale dieser Lernform sind dabei kleine Gruppen, die im hohen Maß interagieren, gegenseitige Unterstützung der Gruppenmitglieder und das Verfolgen eines gemeinsamen Ziels (vgl. Renkl & Beisiegel, 2003). Befördert der individuelle Erfolg der einzelnen Gruppenmitglieder den Gruppenerfolg, wird dieses als positive Interdependenz bezeichnet. Wenn die Gruppenmitglieder jedoch in einem Konkurrenzverhältnis zueinanderstehen, handelt es sich zwar um arbeitsteilige Gruppenarbeit, ein zentrales Merkmal des kooperativen Lernens, die gegenseitige Unterstützung, bleibt allerdings aus. In diesem Fall wird von negativer Interdependenz gesprochen (vgl. Deutsch, 1949).

Für die erfolgreiche Umsetzung von kooperativem Lernen sind, neben den zentralen Merkmalen, auch die Rahmenbedingungen entscheidend. Die Lehrkraft hat dahingehend eine bedeutsame Funktion. Sie organisiert die Gestaltung des Lernarrangements und stellt somit den unterrichtlichen Rahmen bereit, möglichst ohne die Gruppen jedoch direkt zu beaufsichtigen oder Gruppenprozesse zu lenken (vgl. Krammer, 2009; Röllecke, 2006). Auch die Gruppengröße hat Einfluss auf die Lernprozesse in kooperativen Lernarrangements. So sollen die Gruppen möglichst klein sein, um allen Gruppenmitgliedern die Möglichkeit zu geben, sich an der kollaborativen Bearbeitung der Aufgaben zu beteiligen (vgl. Cohen, 1994; Röllecke, 2006).

Kooperative Lernarrangements wirken im Vergleich zum individuellen Lernen, insbesondere in Unterrichtssituationen mit komplexen und offenen Aufgabenstellungen sowie anspruchsvollen Lernzielen, wie der Vernetzung von Wissen oder dem Erwerb von Transferfähigkeiten, lernförderlich (vgl. Berger & Walpuski, 2018; Springer, Stanne & Donovan, 1999; Wodzinski, 2004). Die SchülerInnen werden dazu veranlasst, in Auseinandersetzung mit dem Thema Gedanken verständlich zu versprachlichen und inhaltsbezogen zu argumentieren. Auf Grundlage dieser gruppeninternen kognitiv aktivierenden Fragen und Erklärungen wird Elaboration sowohl bezüglich der Fragenden als auch der erklärenden Gruppenmitglieder gefördert (vgl. Springer et al., 1999). Darüber hinaus wird das soziale Lernen im Sinne von gruppenbezogenen Auseinandersetzungen, Konfliktmanagement, konstruktivem Feedback und dem Einnehmen neuer Perspektiven gefördert (vgl. Wasman-Frahm, 2008).

Neben den sozialen und fachlichen Lernprozessen innerhalb der Lerngruppen beinhalten Unterrichtsprojekte in kooperativen Lernarrangements auch Austausch zwischen den Gruppen und entsprechend Lernen von anderen Gruppen. *„Die Gruppen müssen eine Präsentation ihrer Lernergebnisse bieten, die interesse-auslösend, verständlich und der Wissensintegration förderlich auf die anderen Projektteilnehmer wirkt"* (Wasmann-Frahm, 2008, S. 45).

Die Wirksamkeit von kooperativen Lernarrangements bezieht sich jedoch nicht nur auf kognitive und metakognitive Prozesse des Lernens, sondern auch auf motivational-affektive. In Kapitel 3.2.4 wurde bereits hinsichtlich einer emotions- und motivationsförderlichen Gestaltung der Lernumgebung näher auf die Wirkung kooperativen Lernens eingegangen.

Selbstreguliertes Lernen

Das *selbstregulierte Lernen* wurde im Hinblick auf affektive und motivationale Wirkmechanismen und entsprechend dessen enger Verbindung zum psychologischen Grundbedürfnis der Selbstbestimmung bzw. Autonomie (vgl. Deci & Ryan, 1985, 1993) in Kapitel 3.2.1 beschrieben. In diesem Abschnitt werden charakteristische Eigenschaften des selbstregulierten Lernens und dessen Lernwirksamkeit näher erläutert sowie Fördermöglichkeiten durch die Einbettung dieser Lernform in Projekten dargestellt.

In einer Gesellschaft, die durch beschleunigte Entwicklungsprozesse geprägt ist, kann die Fähigkeit zum eigenverantwortlichen und selbstregulierten Lernen als eine Schlüsselqualifikation betrachtet werden. Daraus abgeleitet bildet die Förderung des selbstregulierten Lernens eine zentrale Aufgabe von Bildung und Erziehung (vgl. Deing, 2019). Ein Blick in die Fachliteratur eröffnet eine Vielzahl verwandter Begriffe wie selbstgesteuertes Lernen, selbstbestimmtes Lernen, selbstorganisiertes oder autonomes Lernen, die oftmals synonym, je nach Schwerpunktsetzung allerdings auch sehr unterschiedlich, genutzt werden. Diese Begrifflichkeiten beschreiben im Allgemeinen die eigenständige Steuerung bzw. Regulierung des eigenen Lernverhaltens mithilfe verschiedener Lernstrategien (vgl. Perels, Dörrenbächer-Ulrich, Landmann, Otto, Schnick-Vollmer, & Schmit, 2020). In der Definition von Schiefele und Pekrun (1996), die insbesondere die eigenständige Initiierung von Selbststeuerungsmaßnahmen und den motivationalen Einfluss betont, wird selbstreguliertes Lernen folgendermaßen aufgefasst:

> *„Selbstreguliertes Lernen ist eine Form des Lernens, bei der die Person in Abhängigkeit*
> *von der Art ihrer Lernmotivation selbstbestimmt eine oder mehrere Selbststeuerungs-*
> *maßnahmen (kognitiver, metakognitiver, volitionaler oder verhaltensmäßiger Art)*

ergreift und den Fortgang des Lernprozesses selbst überwacht" (Schiefele & Pekrun, 1996, S. 258).

Aus einer Vielzahl an verschiedenen Definitionen und unterschiedlichen Charakterisierungen selbstregulierten Lernens können nach Perels und Kollegen (2020) drei elementare Komponenten abgeleitet werden. Die *kognitive Komponente* bezieht sich auf konzeptionelles und strategisches (Vor-)Wissen sowie die Fähigkeit, kognitive, metakognitive und ressourcenorientierte Lernstrategien anzuwenden (vgl. Friedrich und Mandl, 1997; Perels et al., 2020). Die *metakognitive* Komponente umfasst die Planung und Überwachung der Lernhandlung sowie die Regulation bzw. adaptive Anpassung des Lernverhaltens auf Grundlage der Ergebnisse aus Planung und Überwachung (vgl. Perels et al., 2020, Wild & Schiefele, 1994). *Die motivationale Komponente* beinhaltet Merkmale und Aktivitäten, die der Lernmotivation in Bezug auf die Initiierung und Aufrechterhaltung der Lernprozesse dienlich sind, sowie die Selbstwirksamkeit und lernförderliche Attributionen von positiven und negativen Lernergebnissen (vgl. Perels et al., 2020).

Um Lernprozesse im selbstregulierten Lernen zu beschreiben, werden oftmals Phasen- oder Prozessmodelle genutzt. Diese beschreiben Selbstregulation im Bildungskontext zumeist als einen iterativen und dynamischen Prozess, welcher in mehrere Phasen gegliedert ist (vgl. Zimmerman, 2000). Im Modell von Schmitz und Wiese (2006), welches auf Zimmermans (2000) Phasenmodell aufbaut, werden drei Phasen des selbstregulierten Lernens in einem zeitlichen Ablauf dargestellt. Die *Präaktionale Phase* dient der Vorbereitung der Lernhandlung. Dabei werden Ziele der Lernhandlung unter Berücksichtigung situativer, persönlicher und aufgabenbezogener Faktoren, wie Affekt, Motivation und Selbstwirksamkeit, gesetzt. In der *Aktionalen Phase* werden Lernstrategien (kognitive, metakognitive und ressourcenorientierte) ausgewählt, umgesetzt und ausgerichtet an der Zielsetzung überwacht. Der Selbstüberwachung kommt dabei eine entscheidende Funktion hinsichtlich der Regulation der Lernhandlung zu. Abschließend werden in der *Postaktionalen Phase* die Lernhandlungsergebnisse aus der vorherigen Phase bewertet und mit dem gesetzten Ziel abgeglichen. Aus dieser Evaluation werden Strategie- und Zieladaptionen für nachfolgende Sequenzen abgeleitet (Schmitz & Wiese, 2006, S. 67 f.).

Selbstreguliertes Lernen kann sowohl als Methode, um ein Lernziel zu erreichen, als auch als Ziel selbst hinsichtlich der Fähigkeit des eigenständigen und zielgerichteten Lernens angesehen werden (vgl. Deing, 2019). Für die Initiierung und Aufrechterhaltung selbstgesteuerten Lernens sind, insbesondere im Hinblick auf die genannten Komponenten (kognitiv, metakognitiv und motivational), spezifische Kompetenzen nötig. Götz und Nett (2011) nennen in diesem Zusammenhang die Kompetenz der eigenständigen und angemessenen Zielsetzung bzw. Planung von Lernhandlungen, diagnostische Fähigkeiten, um Lernhandlungen zu überwachen bzw. Lernprozesse hinsichtlich des Lernziels beurteilen zu können, und die Fertigkeiten, die Lernhandlungen durch ein Repertoire an Lernstrategien und die entsprechend angemessene Auswahl zu regulieren (vgl. Götz & Nett, 2011). Der Aufbau und die Entwicklung dieser Kompetenzen kann durch Projektarbeit gefördert werden, da die Lernprozesse in dieser Unterrichtsform durch eigenständig gewählte Lernwege und -ziele sowie Phasen der Selbstkontrolle und Reflexion geprägt sind (vgl. Wasmann-Frahm, 2008). Projektphasen weisen demnach Parallelen zu den Phasen des selbstregulierten Lernens auf, wodurch diese sinnvoll in Projekte integriert werden können. Dabei sollten den Lernenden innerhalb des Projektablaufs Wahlmöglichkeiten und Handlungsspielräume zur Verfügung stehen, um eigenständiges Planen, Handeln und Reflektieren zu ermöglichen (vgl. Otto, 2007). Im Unterschied zu instruktionsbasiertem Unterricht, in welchem die SchülerInnen zumeist geringe Handlungsspielräume haben und vorrangig Handlungsanweisungen ausführen, werden in Unterrichtsprojekten zahlreiche SchülerInnenhandlungen individuell organisiert und durchgeführt. Diese kognitive Aktivierung stellt eine fundamentale Handlung der Lernenden im Hinblick auf das selbstregulierte Lernen innerhalb der Projektarbeit dar (vgl. Wasmann-Frahm, 2008).

Die Lernwirksamkeit selbstregulierten Lernens und der entsprechenden Trainingsprogramme lassen sich aufgrund unterschiedlicher Schwerpunktsetzungen sowie der komplexen Verflechtung verschiedener affektiver, kognitiver oder metakognitiver Prozesse schwer erfassen. Ergebnisse der Meta-Analyse von Dignath und Büttner (2008) deuten allerdings darauf hin, dass Fördermaßnahmen selbstregulierten Lernens positiven Einfluss sowohl auf die Fähigkeit der Selbstregulation von Lernverhalten als auch auf die akademische Leistung von SchülerInnen haben, wobei größere Effekte bezüglich des Fachs Mathematik im Vergleich zu Sprachen ermittelt wurden. So zeigten beispielsweise Perels und Kollegen (2005) im Rahmen eines Trainingsprogramms hinsichtlich des mathematischen Problemlösens in Verbindung mit selbstreguliertem Lernen, dass insbesondere die Verknüpfung von Problemlöse- und Selbstregulierungsstrategien positive Lerneffekte hervorruft. Eine mögliche Begründung könnte in der Kongruenz der übergeordneten Ziele des Mathematiklernens mit den Zielen des selbstregulierten Lernens liegen: „*In other words, self-regulation constitutes a major characteristic of productive mathematics learning*" (De Corte, Mason, Depaepe und Verschaffel, 2011, S. 155). Mit den übergeordneten Zielen des Mathematiklernens meinen De

Corte und Kollegen (2011) die Fähigkeiten, erlernte Kenntnisse und Fertigkeiten flexibel und kreativ in einer Vielzahl von Kontexten und Situationen sinnvoll anwenden zu können. Studien von Cleary, Velardi und Schnaidman (2017) sowie Desoete, Roeyers und De Clercq (2003) bestätigen die leistungsförderliche Wirkung auf die mathematische Kompetenzentwicklung durch Förderprogramme selbstregulierten Lernens.

4.2.4   Projekte im Mathematikunterricht

In diesem Abschnitt werden Projekte im Rahmen des mathematischen Fachunterrichts betrachtet. Dabei wird insbesondere auf die organisatorischen sowie inhalts- und themenbezogenen Besonderheiten der Unterrichtsform unter Bezugnahme relevanter Kompetenzen im Fach Mathematik eingegangen.

Projekte im Mathematikunterricht bieten die Möglichkeit, den *„Prozesscharakter der Mathematik"* und die *„Dimension der Anwendung"* (Ludwig, 2008, S. 6) für die Lernenden erfahrbar zu machen. Mathematische Inhalte können in einem neuen Kontext betrachtet und eingefahrene Lehrschemata durch beispielsweise selbstregulierende Lernarrangements verlassen werden. Projekte im Mathematikunterricht bieten zudem die Möglichkeit, kooperative Lernformen (vgl. Kapitel 4.2.3) zu integrieren, in denen kommuniziert und mathematisch argumentiert werden muss, um ein gemeinsames Ergebnis präsentieren zu können (vgl. Ludwig, 2008). Diese Lernform soll den Lernenden durch aufgabenorientierte Teamarbeit ein *„tieferes Verständnis der Inhalte"* (Hepp, 2006, S. 3) ermöglichen. Darüber hinaus erlangen SchülerInnen durch kooperatives Arbeiten grundlegende soziale Fähigkeiten hinsichtlich Kommunikation und Argumentation. Fachliches und soziales Lernen werden in diesem Zusammenhang gleichermaßen gefördert (vgl. Hepp, 2006).

> *„Die Schülerinnen und Schüler erwerben im wechselseitigen Austausch Wissen und Kompetenz, es findet eine aktive Aufnahme im Gegensatz zu einer reinen Wissensübernahme statt (konstruktivistisches Lernen)"* (Hepp & Miehe, 2006, S. 4).

Hinsichtlich eines Projektthemas müssen sowohl auf inhaltlicher als auch auf organisatorischer Ebene verschiedene Entscheidungen getroffen werden. Wenn aus vorhandenem Mathematikwissen Querverbindungen erarbeitet werden, spricht man von einer *reflexiven Struktur*. Entsteht ‚neue' Mathematik und werden Inhalte in der Auseinandersetzung mit dem Projektthema ausgearbeitet, liegt eine *projektive Struktur* vor (vgl. Ludwig, 2008). Bei einem Mathematikprojekt werden nach Ludwig (2008) meistens zwei Grundmodi, der Magnet- sowie der Sternmodus, verwendet. Beim *Magnetmodus* sind zur Bearbeitung der Projektaufgabe mehrere fächerübergreifende Inhalte notwendig. Diese Inhalte bauen in den meisten Fällen aufeinander auf, wodurch eine gegenseitige inhaltliche und arbeitstechnische Abhängigkeit zwischen den Gruppen entsteht. Beim *Sternmodus* beinhaltet das Projektthema einen spezifischen mathematischen Sachverhalt oder Gegenstandsbereich. Diese Sachverhalte versucht man mit anderen Fächern oder Begriffen der Umwelt in Bezug zu setzen. Ein solcher Modus besitzt den Vorteil, dass die einzelnen Gruppen unabhängig voneinander arbeiten können und nicht aufeinander angewiesen sind. Demzufolge müssen keine Absprachen zwischen den Gruppen getroffen werden, was die Projektorganisation vereinfacht.

Um ein Thema für ein Projektvorhaben zu finden, können außermathematische Gegenstandsbereiche als Projektschwerpunkte im Mathematikunterricht genutzt werden. So können beispielsweise Verpackungsgrößen berechnet, das Bevölkerungswachstum untersucht oder Bauwerke der Stadt aus mathematischer Sicht betrachtet werden. Aber auch innermathematische Begriffe können inhaltlicher Schwerpunkt eines Mathematikprojekts sein. Ludwig (2008, S. 7) nennt unter anderem „*Experimente zu funktionalen Zusammenhängen*" und „*geometrische Körper untersuchen und bauen*" als Beispiele für Projektarbeiten mit innermathematischem Bezug. Er bezieht auch produktorientierte Projektideen in seine Überlegungen mit ein und verweist dabei auf eine kreative Produktion von Kurzvorträgen, Rollenspielen, Bilderreihen oder Videos.

An diese Überlegung anknüpfend wird im folgenden Abschnitt auf einen weiteren Aspekt des geplanten Unterrichtsprojekts, die Nutzung bzw. Erstellung von Videos, eingegangen.

4.3 Videos im Unterricht

Videos gewinnen seit den letzten Jahren immer mehr an Bedeutung in Lehr- und Lernkontexten (vgl. MPFS, 2021). Auch in dieser Studie stellen Videos ein wesentliches Merkmal des zu untersuchenden Unterrichtsvorhabens dar. Aus diesem Grund wird in diesem Kapitel der Begriff des Erklärvideos näher definiert, hinsichtlich seiner spezifischen Ausrichtungen eingeordnet und das Lernen mithilfe von Erklärvideos erläutert. Dazu werden zwei Möglichkeiten für die unterrichtliche Anwendung, die Rezeption von Videos zur Unterstützung von schulischen Lehr- und Lernprozessen und die Erstellung von Videos als mögliche Unterrichtsmethode, betrachtet und deren Lernwirksamkeit beleuchtet.

Die Nutzung von Videos zur Initiierung und Unterstützung von Lernprozessen hat seinen Ursprung im sogenannten Bildungsfernsehen der 1960er-Jahre (vgl. Wolf, 2015a). Wurden früher jedoch noch aufwendige Filmproduktionen durchgeführt und vereinzelte Videos, allerdings wenig erfolgreich, für das Fernsehen produziert (vgl. Meyer, 1997), hat sich die Nutzung und Produktion des Mediums Film zu Bildungszwecken inzwischen grundlegend geändert. Heute können die Videos ohne großen Aufwand hergestellt und auf verschiedenen Plattformen im Internet zur Verfügung gestellt werden. Nicht die institutionellen Akteure des Bildungssektors, sondern vielmehr Initiativen, kommerzielle Anbieter und insbesondere Privatpersonen produzieren diese Videos und nutzen die neuen Möglichkeiten kommerzieller Plattformen, wie z.B. YouTube, welche eine große Reichweite und Allverfügbarkeit aufweisen, für die Verbreitung (vgl. Fey, 2021). Mit dieser Entwicklung, welche durch das Voranschreiten der Medientechnologie bedingt ist, entstand eine neue Dynamik. Lernende haben nun zeit- und ortsunabhängig Zugriff auf eine Vielzahl von Videos zu verschiedenen bildungsspezifischen Themen, was zu einer Individualisierung und Flexibilisierung des Bildungsangebots führte. Dorgerloh und Wolf (2020) beschreiben diese Entwicklung als eine nachhaltige Veränderung der Ausgestaltung von Bildungsprozessen.

Diese Tendenz lässt sich auch am alltäglichen Medienkonsumverhalten von Heranwachsenden ablesen. Im Alltag vieler Kinder und Jugendlicher stellt das Rezipieren von Videos insbesondere auf Plattformen wie YouTube mit steigender Tendenz eine regelmäßige Freizeitbeschäftigung dar (vgl. MPFS, 2021). Aus der KIM-Studie von 2020 geht hervor, dass 31 % der 6 bis 13-Jährigen einmal oder mehrmals pro Woche und 18 % jeden oder fast jeden Tag Videos im Internet ansahen (vgl. MPFS, 2020). Bei den Jugendlichen im Alter von 12 bis 19 Jahren wurden Online-Videos von 33 % mehrmals pro Woche und von 47 % täglich konsumiert. Dabei nutzten 18 % der Mädchen und 19 % der Jungen täglich oder mehrmals pro Woche die Videoplattform YouTube, um sich Erklärvideos für die Schule oder Ausbildung anzusehen (vgl. MPFS, 2021).

Wenn heute über Videos zu Bildungszwecken gesprochen wird, sind oftmals Erklärvideos gemeint. *„Die Art und Weise der Darstellung, die inhaltliche und mediale Gestaltung, wenn man so will das 'Format des Erklärens' ist im Vergleich zum klassischen Bildungsfernsehen jedoch verändert, womit Erklärvideos quasi als eigene mediale 'Gattung' in Erscheinung treten"* (Fey, 2021, S. 17).

Aufgrund der Vielzahl und Varianz im Hinblick auf die lernspezifische Ausrichtung bedarf es jedoch einer definitorischen Einordnung. Mit Blick in die Literatur fällt auf, dass es keine allgemeingültige Definition von Videos im Bildungskontext oder Erklärvideos gibt. Folgt man der Definition von Wolf

(2015b) so sind *Erklärvideos* eigenproduzierte Filme, in denen abstrakte Konzepte und Zusammenhänge erklärt werden bzw. in denen vermittelt wird, wie etwas funktioniert oder wie etwas durchzuführen ist. Eine Unterkategorie von Erklärvideos sind *Videotutorials*, welche auf die Vermittlung von beobachtbaren Fertigkeiten oder Fähigkeiten ausgerichtet sind (vgl. Wolf, 2015b). Dabei werden Handlungen explizit vor dem Hintergrund des Nachmachens durch die Rezipierenden demonstriert. Typische Formate von Videotutorials sind demnach beispielsweise Back- bzw. Kochanleitungen oder Schminktutorials. Erklärvideos und Videotutorials haben entsprechend einen didaktischen Schwerpunkt und grenzen sich dahingehend von *Performanzvideos* ab, deren Fokus eher auf Unterhaltung liegt und Fertigkeiten oder Handlungen entsprechend ohne didaktische Aufarbeitung, wie u. a. Videos zu Kunst- oder Tanzvorstellungen, präsentiert werden (vgl. Findeisen et al., 2019). Auf der anderen Seite des didaktischen Spektrums befinden sich *Lehrfilme*. Diese zeichnen sich durch einen hohen didaktischen und medialen Gestaltungscharakter aus und werden, wie das damalige Bildungsfernsehen, zumeist in professionellen Kontexten produziert (vgl. Wolf, 2015b). Videos, die in nicht-professionellen Kontexten produziert werden, weisen oftmals Erklärstrukturen auf, die an persönlichen Instruktionserfahrungen aus der Schule, anderweitigen Ausbildungskontexten oder bekannten Fernseherklärformaten orientiert sind (vgl. Wolf & Kratzer, 2015).

Während Wolf (2015b) Erklärvideos auf Grundlage ihrer Erklär- und Darstellungsstruktur charakterisiert und einordnet, bezieht sich Kropp (2015) eher auf die Funktion und technische Umsetzung:

> „*Erklärvideos können komplexe Sachverhalte innerhalb kürzester Zeit effektiv einer Zielgruppe vermitteln. Kennzeichnende Elemente sind das Storytelling und die Multisensorik. Die zumeist ein- bis dreiminütigen Videos erschöpfen Themen nicht, sondern zeigen die relevanten Zusammenhänge effizient auf. Die Visualisierung erfolgt über animierte Illustrationen, Grafiken oder Fotos. Verschiedene Formen wie der Papierlegetrick, der Live-Scribble oder die Animation werden auch den Erklärvideos zugeordnet*" (Kropp, 2015).

Wie in der Definition von Kropp (2015) beschrieben wird, können Erklärvideos auf unterschiedliche Weise gestaltet werden. Eine einfach umzusetzende Gestaltungsmöglichkeit für Erklärvideos ist die *Schiebe- oder (Papier-) Legetechnik*. Dabei werden ausgeschnittene Abbildungen mit den Händen positioniert, ggf. verschoben sowie Erklärungen gegeben und währenddessen gefilmt (vgl. Schön & Ebner, 2014). Aufgrund ihrer simplen Visualisierung eignet sich diese Technik insbesondere zur Darstellung einfacher Inhalte oder Sachzusammenhänge. Eine weitere Gestaltungsart von Erklärvideos stellen Aufzeichnungen des Computer-bildschirms, sogenannte *Screencasts*, dar. Über eine Software werden dabei die Abläufe und Handlungen auf dem Bildschirm aufgenommen und kommentiert. Mithilfe von Screencasts lassen sich Graphiken oder Abbildungen im Moment der Aufnahme erstellen, wodurch die Rezipierenden in die Denk- und Ent-wicklungsprozesse eingebunden werden und somit die Genese oder Anwendung beispielsweise einer Formel in naturwissenschaftlichen Fachbereichen leichter verfolgen und nachvollziehen können. Ähnliche Vorteile bieten auch Aufnah-men von *Erklärungen am Whiteborad* oder *an der Tafel*. Die auf diese Weise dargestellte Interaktion kommt einer Unterrichtssituation am nächsten und wird daher insbesondere zur Einführung in neue Themen genutzt. Bei Erklärvideos, die als *Web-Vortrag* gestaltet sind, befindet sich der Sprecher bzw. die Spre-cherin vor dem Computer und wird beim Vortragen gefilmt. Oftmals wird der verbale Beitrag durch Präsentationen oder Graphiken visuell unterstützt. Die-ses Format bietet die Möglichkeit orts- und zeitunabhängig Lehre zu betreiben und wird daher häufig in Online-Kursen oder Online-Konferenzen eingesetzt. Eine aufwändigere Möglichkeit, Inhalte in einem Erklärvideo darzustellen, bie-ten *2D-* oder *3D-Animationen* in Form von *Infographic* oder *Animated Shortfilms* (vgl. Ullmann, 2018). Mithilfe dieser Formate können beispielsweise dynamische Prozesse und sogar komplexere Sachzusammenhänge durch animierte Grafiken, Piktogramme und Icons anschaulich und realitätsnah dargestellt und erklärt wer-den. Unter Bezugnahme von visuellen und auditiven Elementen kann darüber hinaus die Aufmerksamkeit der RezipientInnen aufrechterhalten werden (vgl. Koch 2016; Schön & Ebner, 2013). Die Einbindung von fiktiven Akteuren in einem Erklärvideo, welche sich in einer spezifischen, für die zu vermittelnden Inhalten relevanten Situation befinden, kann das Video informativ und zugleich lebendig wirken lassen. Auch die Einbindung einer Handlung im Sinne des Storytellings kann die Aufmerksamkeit steigern und Emotionen mit Erinnerun-gen verbinden, wodurch Informationen besser verarbeitet und verstanden werden können (vgl. Kleine Wieskamp, 2016). Informationseinheiten in Geschichten zu verarbeiten, beschreibt Fuchs (2021) sogar als die effizienteste Methode der Datenverarbeitung. Die Verbindung von einem konkreten Kontext (Situie-rung) mit fachbezogenen Fakten kann lern- und auch motivationswirksam sein (vgl. Slopinski, 2016). In diesem Rahmen können Erklärvideos beispielsweise szenisch-theatralische Darstellungen beinhalten, als dokumentarische Kurzfilme, bekannte TV Formate oder Videos-Blogs gestaltet sein (Fey, 2021).

4.3.1 Rezeption von Videos im unterrichtlichen Kontext

Der Frage nachgehend, wie durch die Rezeption von Videos gelernt werden kann, beschreibt Rummler (2017) zwei Prinzipien. Beim *Lernen am Modell* liegt der Fokus auf dem Prozess des Nachahmens. Eine Handlung oder ein Vorgehen wird im Video dargestellt und kann somit wiederholt betrachtet und erarbeitet werden. Eine tiefergehende Auseinandersetzung mit dem Lerngegenstand im Video wird durch das *Lernen durch Reflexion und Analyse* erreicht. Diese Herangehensweise geht über das reine Nachahmen hinaus und umfasst nach Krammer und Reusser (2005) sechs Bereiche: Wissen erweitern, Wissen flexibler machen, Theorie und Praxis verbinden, Erfassen der Komplexität von Realität, Fachsprache aufbauen und Perspektivwechsel.

Um Lernwirksamkeit durch die Rezeption von Erklärvideos im Unterricht sicherzustellen, verweisen Wolf und Kulgemeyer (2016) auf eine didaktisch sinnvolle unterrichtlich begleitete Rahmung. *„Bei der Einbettung der Videos in den Unterricht sollte das Video also nie allein stehen, sondern – wie auch Lehrererklärungen – immer durch Transfer- und Übungsphasen ergänzt werden"* (Wolf & Kulgemeyer, 2016, S. 40). Konkret sollen Erklärvideos, welche direkt im Unterricht eingesetzt werden, durch eine Fragerunde, in der die Lernenden Unklarheiten zu den Inhalten des Videos vorbringen können, und vertiefende Transferaufgaben, mit deren Hilfe beispielsweise die behandelten Inhalte oder dargestellte abstrakte Prinzipien auf anderen Kontexte transferiert werden, ergänzt werden (vgl. Wolf und Kulgemeyer, 2016). Das Konzept des Flipped-Classroom stellt dahingehend eine sinnvolle Möglichkeit der Einbettung von Erklärvideos in unterrichtliche Lernprozesse dar. Dabei werden Lerninhalte mithilfe von Erklärvideos von den Lernenden zunächst zu Hause erarbeitet. Die Anwendung und Vertiefung geschieht anschließend im Unterricht (vgl. Frei, Asen-Molz, Hilbert & Schilcher, 2020).

4.3.2 Erstellung von Videos im unterrichtlichen Kontext

Die technische Entwicklung begünstigt heute die Möglichkeit, audiovisuelle Medien schnell und einfach herzustellen und zu gestalten, wodurch auch Laien zu VideoproduzentInnen werden können. Auch im Bildungskontext wurde diese Möglichkeit erkannt und von vielen Lehrkräften und Bildungseinrichtungen hinsichtlich der Er- und Bereitstellung von Erklärvideos genutzt (vgl. Fey, 2021;

Morgan, 2013; Pea & Lindgren, 2008). Dabei wird jedoch nicht nur die Produktion von Videos durch die Lehrpersonen, sondern zunehmend auch das selbstständige Erstellen von Videos durch die Lernenden in den unterrichtlichen Rahmen eingebunden (vgl. u. a. Multisilta, 2014; Wollmann, 2021). Diese Methode kann die Lernenden sowohl bei der Aneignung und Präsentation von fachspezifischen Inhalten unterstützen, da dieser eine intensive Auseinandersetzung mit den darzustellenden Inhalten sowie deren didaktische Aufbereitung zugrunde liegt, als auch den Aufbau von Medienkompetenz fördern (vgl. Adams & Hamm, 2000; Hakkarainen, 2009; Mayberry, Hargis, Boles, Dugas, O'Neill, Rivera & Meler, 2012; Wollmann, 2021). Lernende werden dabei nicht mehr nur als KonsumentInnen, sondern als aktive ProduzentInnen von Inhalten angesehen, wodurch ihnen eine aktive und produktive Rolle innerhalb ihrer Lernprozesse ermöglicht wird (vgl. Lee & McLoughlin, 2007).

Wolf und Kulgemeyer (2016) schlagen für die Einbettung von Videoproduktionen in den naturwissenschaftlichen Unterricht drei didaktisch sinnvolle Varianten vor. Zum einen kann die Videoproduktion als *Themenabschluss* eingesetzt werden. Dabei bekommen die SchülerInnen unterschiedliche Themen aus der zurückliegenden Unterrichtseinheit zugewiesen. Die Themen müssen dann zunächst von den Lernenden aufgearbeitet und anschließend in einem verständlichen Video dargestellt werden. *„Der zurückliegende Stoff wird vertieft und den Schülerinnen und Schülern werden noch bestehende Unklarheiten deutlich"* (Wolf & Kulgemeyer, 2016, S. 40). Eine weitere Variante bildet die Einbindung der Videoproduktion im Rahmen eines *Projekts* (vgl. auch Abschnitt 3.2.2). Wolf und Kulgemeyer (2016) betonen dabei einerseits die Förderung der Kommunikationskompetenz und andererseits die Erarbeitung fachspezifischer Inhalte, welche sachgerecht und adressatengemäß dargestellt werden müssen. *„Hier können Selbsterklärungen von Schülerinnen und Schülern in Erklärvideos für andere münden: Die Lernenden recherchieren unter Anleitung ein Themengebiet und erstellen mit ihren Ergebnissen Videos"* (Wolf & Kulgemeyer, 2016, S. 40). Videoproduktion als eine Methode des *Peer Tutoring* stellt die dritte Möglichkeit der didaktisch sinnvollen Einbettung dar. Diese Variante kann mit den beiden anderen kombiniert werden und bietet den Vorteil, dass den SchülerInnen der Sinn der Videoproduktion bewusst ist und adressatengerechte Erklärungen eingesetzt werden können (vgl. Wolf & Kulgemeyer, 2016).

Die Lernwirksamkeit der Erstellung von Videos durch Lernende wurde in unterschiedlichen Studien untersucht. In einer Untersuchung von Kearny und Schuck (2005) wurden an australischen Schulen im Elementar- und Sekundarbereich fünf Projekte, in welchen SchülerInnen Videos selbstständig produzierten, analysiert. Die Befunde zeigten positive Auswirkungen der Projekte auf Lese-

und Schreib- sowie Kommunikations- und Präsentationsfähigkeiten der TeilnehmerInnen. Auch Henderson und Kollegen (2010) bestätigten in ihrer Studie positive Effekte auf Lernergebnisse, insbesondere hinsichtlich der Reflexion und Metakognition von SchülerInnen bei der Videoproduktion im Schulkontext. Eine mögliche Begründung für die positiven Lerneffekte durch die Videoerstellung sehen Rodriguez und Kollegen (2012) in übergeordneten kognitiven Prozessen durch die Erklärung von Inhalten an Mitlernende. Auch Findeisen und Kollegen (2019) deuten den Prozess des Erklärens als eine Möglichkeit elaborierten Lernens: *„Beim Erklären geht es also nicht um die Präsentation von Fachinhalten, sondern um deren Verständlichkeit. Verstehen ist damit gleichzeitig das Maß für den Erfolg sowie für die Qualität einer Erklärung"* (Findeisen et al., 2019, S. 18). Effekte von Erklärungen einer Thematik auf Lern- bzw. Verstehensprozesse wurden bereits in unterschiedlichen Untersuchungen aufgezeigt (vgl. u. a. Dunlosky, Rawson, Marsh, Nathan & Willingham, 2013; Lombrozo, 2012; Ploetzner, Dillenbourg, Preier & Traum, 1999). In einer Studie von Fiorella und Mayer (2013) wurden die StudienteilnehmerInnen hinsichtlich ihrer Lernleistung unter verschiedenen Voraussetzungen geprüft. Die Kontrollgruppe befasste sich mit den Inhalten und wurde anschließend getestet. Die Interventionsgruppe erarbeitete sich dieselben Inhalte, hatte allerdings den Auftrag diese in Form eines kurzen Videos als Lehrsequenz darzustellen. Die Befunde zeigten signifikant bessere Testergebnisse der Interventionsgruppe, welche sich mit den Inhalten vor dem Hintergrund der anschließenden Erklärung bzw. des Unterrichtens befassten und diese in Videos präsentiert hat. Diese Ergebnisse wurden durch einen weiteren Test, der eine Woche später durchgeführt wurde, bestätigt und deuteten auf ein elaboriertes Verständnis hin (vgl. Fiorella & Mayer, 2013). Renkl (1995) untersuchte Lernprozesse in Erwartung einer anschließenden Erklärung, konnte allerdings keine Verbesserung der Lernergebnisse nachweisen, obwohl eine Reduzierung oberflächlichen Lernens festgestellt wurde. In einer Studie von Hoogerheide, Loyens und van Gog (2014) wurden hingegen Lerneffekte nachgewiesen. Die Interventionsgruppe, welche die gelernten Inhalte anschließend in einem Video erklären musste, erzielte insbesondere bezüglich Transferleistung signifikant bessere Resultate als die Kontrollgruppe, die lediglich für einen Test lernte, und als eine weitere Gruppe, welche die Inhalte mit einer Erklärungserwartung, ohne Videoproduktion, erarbeitete (vgl. Hoogerheide et al., 2014). Diese Studie deutet insbesondere auf einen positiven Effekt durch das tatsächliche Erklären und nicht nur durch die bloße Erwartung, die Inhalte zu erklären, hin. In einer weiteren Studie von Hoogerheide und Kollegen (2016) wurde dieser mögliche Effekt näher untersucht. Die StudienteilnehmerInnen wurden dabei erneut in Gruppen unterteilt. Eine Gruppe befasste sich mit einem Text in Erwartung eines Tests (Kontrollgruppe), eine weitere Gruppe in Erwartung einer schriftlichen Erklärung und eine dritte Gruppe produzierte nach der Erarbeitungsphase ein Video, in welchem die Inhalte des Textes erklärt werden sollten. Dabei wurde lediglich bei der Gruppe, die Erklärungen auf Videos vornahmen, Lernverbesserungen im Vergleich zur Kontrollgruppe verzeichnet. Eine mögliche Erklärung für die verbesserten Lernergebnisse der Videogruppe sehen die Autoren in der Empfindung sozialer Präsenz der Rezipierenden ihrer Videos, auch wenn die Personen im Moment der Produktion nicht anwesend waren. *„Increased feelings of social presence could be beneficial for learning. Students may, for instance, monitor whether the (imagined) audience will be able to understand the explanation, [...]"* (Hoogerheide, Deijkers, Loyens, Heijltjes & van Gog, 2016, S. 103).

4.4   Sondierung und Eingrenzung des Forschungsfeldes

In Kapitel 3 wurden die aus der Kontroll-Wert-Theorie und Selbstbestimmungstheorie abgeleiteten Gestaltungsmerkmale für einen emotions- und motivationsförderlichen Unterricht dargestellt und konkrete Umsetzungsmöglichkeiten beschrieben (vgl. Kapitel 3.3). Das Merkmal der Autonomiegewährung kann beispielsweise in Form von selbstreguliertem Lernen in Unterrichtsprojekten gefördert werden. Auch Kooperation kann durch die Unterrichtsform Projekt angeregt werden. Wertinduktion kann hingegen durch den Alltagsbezug der SchülerInnen wie beispielsweise die Produktion von Videos mithilfe von digitalen Werkzeugen konkret erreicht werden. In vielen Studien wurden Unterrichtsmaßnahmen, die sich mit einem oder mehreren Gestaltungsmerkmalen und deren konkreter Umsetzung befasst haben, untersucht (vgl. Kapitel 3.3).

Die Erforschung der emotionalen und motivationalen Wirkung bestimmter unterrichtlicher Maßnahmen ist von vielen Faktoren abhängig. Goetz und Kollegen (2007) verweisen beispielsweise auf eine domainspezifische Ausprägung hinsichtlich der Entstehung und des Erlebens von Lern- und Leistungsemotionen. Emotionales Empfinden wie Lernfreude oder Prüfungsangst lassen sich folglich nur eingeschränkt verallgemeinern, sondern beziehen sich auf bestimmte Fächer, in denen SchülerInnen bestimmte Emotionen erleben. Schukajlow (2015) geht in Bezug auf diese Differenzierung noch weiter und beschreibt sogar Unterschiede im emotionalen Erleben hinsichtlich verschiedener Tätigkeiten oder Aufgaben innerhalb eines Fachs. Bong (2001) fand heraus, dass die akademische Motivation von älteren SchülerInnen in der 10. bis 12. Klasse differenzierter ausgeprägt ist als von SchülerInnen in der 7. bis 9. Klasse. Demzufolge hat auch das Alter oder die Schulform Einfluss auf affektive und motivationale Faktoren von Heranwachsenden im Schulkontext, insbesondere im Hinblick auf die motivationale Differenzierung (vgl. Goetz et al., 2007).

Befunde zur emotionalen und motivationalen Wirkung von spezifischen Unterrichtsmaßnahmen können demnach lediglich Hinweise geben, haben allerdings nur bedingte Allgemeingültigkeit. Untersuchungen in Bezug auf emotions- und motivationsfördernde Unterrichtsgestaltung sollten daher am konkreten Unterrichtsvorhaben durchgeführt werden.

In der vorliegenden Studie soll dementsprechend eine konkrete Unterrichtsmaßnahme im Fach Mathematik untersucht werden. In diesem Vorhaben sollen insbesondere die grundlegenden emotions- und motivationsunterstützenden Gestaltungsmerkmale des Projektunterrichts mit seinen Facetten des selbstregulierten und kooperativen Lernens und die Produktion von Videos durch die SchülerInnen eingebettet werden. Die weiteren Gestaltungsmerkmale, die in Kapitel 3 beschreiben werden, sollen implizit durch die konzeptionelle Ausrichtung des Unterrichtsvorhabens erfüllt werden. Bezüglich Struktur und Erwartung (vgl. Kapitel 3.3.3) soll eine kooperative Zielstruktur durch im Unterrichtsprojekt angewendete Gruppenarbeiten angeregt werden. Auch die Kommunikation von Erwartungen, Anforderungen (vgl. Kapitel 3.3.5) und Rückmeldungen (vgl. Kapitel 3.3.6) sollen im geplanten Unterrichtsvorhaben integriert werden, nehmen allerdings eine vergleichsweise untergeordnete Rolle ein.

Studien, in denen so spezifische Formen von Unterricht, die durch multifaktorielle Einflussgrößen geprägt sind, untersucht werden, sind dementsprechend selten. Im Folgenden werden ausgewählte Untersuchungen vorgestellt, die einen Großteil der Gestaltungsmerkmale der Lernumgebung abdecken, jedoch Unterschiede bezüglich organisatorischer Rahmenbedingungen sowie fachlicher und kultureller Kontexte aufweisen.

Slopinski (2016) untersuchte in einem Hochschulseminar zum Thema *„Digitale Medien in der beruflichen Bildung"* die motivationale Wirkung der Videoproduktion von Studierenden auf Grundlage der drei psychologischen Grundbedürfnisse nach Deci und Ryan (1985). Die ProbandInnen arbeiteten in Gruppen an Erklärvideos mit Legetechnik und berichteten, dass sie sich als *„kompetent, autonom und sozial eingebunden"* (Slopinski, 2016, S. 13) empfanden, wodurch die Voraussetzungen für Lernmotivation bzw. für selbstbestimmt motiviertes Lernen gegeben waren. Diese Befunde können Hinweise auf die motivationale Wirkung der Videoproduktion in Bildungskontexten geben. Diese Untersuchung wurde allerdings im Rahmen eines Hochschulseminars, ohne mathematischen Bezug, durchgeführt, wodurch die Befunde nur bedingt auf SchülerInnen hinsichtlich des Fachs Mathematik übertragen werden können.

Wollmann (2021) untersuchte die Möglichkeit, Videoproduktion in den Sachunterricht der Grundschule in Form eines Projekts am Beispiel „Schwimmen und Sinken" zu implementieren. Dabei wurden die Aufmerksamkeitsverläufe sowie die Effekte auf die Motivation und die Selbstwirksamkeit der SchülerInnen erfasst. Vor allem zu Beginn des Projekts wurde eine erhöhte Aufmerksamkeit beobachtet, die jedoch im Laufe des Projekts abnahm. In SchülerInnen-Interviews zeigte sich eine hohe motivationale Wirkung mit einem hohen Maß an Selbstwirksamkeit. Die SchülerInnen gaben an, auch zu anderen Inhalten Erklärvideos anfertigen zu wollen, woraus auf Freude bei der Erstellung der Erklärvideos geschlossen werden kann. Die behandelten Inhalte spielten dabei eine eher untergeordnete Rolle. Diese Ergebnisse untermauern die Befunde von Bong (2001) sowie Goetz und Kollegen (2007), die SchülerInnen im Grundschulalter eine undifferenzierte motivationale Ausprägung hinsichtlich verschiedener Fächer attestieren.

Einblicke in die Wirkung von Videoproduktion im Rahmen des Mathematikunterrichts auf SchülerInnen im Sekundarstufenalter gibt eine Studie von Huang und Kollegen (2020). Dabei wurden Effekte auf affektive Merkmale und die Problemlösefähigkeit von SchülerInnen einer fünften Klasse durch „interest-driven video creation" (Huang, Chou, Wu, Shih, Yeh, Lao, Fong, Lin & Chan, 2020, S. 395) im Rahmen des Mathematikunterrichts untersucht. Die Befunde zeigten eine signifikante Verbesserung der Mathematikleistung sowie ein erhöhtes Engagement und größere Beteiligung im Vergleich zu traditionellen Lehrmethoden im Mathematikunterricht. „Students also agree that they enjoy and engage in the video creation activity and that the activity helps them to learn mathematics better and improves their communication skills, teamwork skills, and filmmaking techniques" (Huang et al., 2020, S. 395). Diese Studie gibt Hinweise auf die Wirkung von Videoproduktion von SchülerInnen im Mathematikunterricht, speziell in Bezug auf das Problemlösen.

Die Entstehung und das Erleben lernförderlicher Emotionen von SchülerInnen, wie Lernfreude und Stolz, weist im Laufe der Sekundarstufe I, nach Pekrun und Kollegen (2007), eine ungünstige Entwicklung im Fach Mathematik auf. Untersuchungen zur Wirkung unterrichtlicher Maßnahmen, wie die Produktion von Erklärvideos, auf affektive und motivationale Parameter im Schulkontext sind demzufolge insbesondere zum Ende der Sekundarstufe I sinnvoll und notwendig, um dieser Entwicklung entgegenwirken zu können. Studien dieser Art im Fach Mathematik zum Ende der Sekundarstufe I wurden bisher noch nicht durchgeführt und stellen somit ein Forschungsdesiderat dar.

Im folgenden Kapitel wird das Unterrichtsprojekt vorgestellt, welches den Forschungsschwerpunkt dieser Studie bildet.

Das Unterrichtsprojekt

5

In diesem Kapitel wird das Unterrichtsvorhaben, welches in dieser Studie untersucht wird, vorgestellt. Das geplante Lernarrangement wird in Form eines Projekts im Fach Mathematik in der 9. Jahrgangsstufe am Gymnasium umgesetzt und beinhaltet den übergeordneten Arbeitsauftrag der Produktion eines Erklärvideos in Gruppen zum Thema Raumgeometrie bzw. geometrische Körper der Sekundarstufe I. Durch das Unterrichtsprojekt sollen folgende übergeordnete Ziele von den ProjektteilnehmerInnen erreicht werden:

- Vertiefung mathematischer Inhalte/ Kompetenzen
  (*Insbesondere bzgl. des Inhaltsfelds Geometrie*)
- Entwicklung und Vertiefung von Medienkompetenz
  (*Anwendung digitaler Technologien und Produktion audiovisueller Medienprodukte*)
- Entwicklung von Lehrmaterial
  (*Produktion des Erklärvideos, das als Lehrmittel zum spezifischen Thema genutzt werden kann*)

Dazu wird im Folgenden Bezug auf die theoretisch aufgearbeiteten didaktisch-methodischen Aspekte (vgl. Kapitel 4) sowie die Gestaltungsmerkmale emotions- und motivationsförderlichen Unterrichts (vgl. Kapitel 3) genommen.

Zunächst wird die Projektdurchführung beschrieben und anschließend den Komponenten von Frey (2010) zugeordnet. Danach werden die organisatorischen

---

Ergänzende Information Die elektronische Version dieses Kapitels enthält Zusatzmaterial, auf das über folgenden Link zugegriffen werden kann https://doi.org/10.1007/978-3-658-43598-1_5.

© Der/die Autor(en) 2023
D. Barton, *Medienprojekte im Mathematikunterricht*, Bielefelder Schriften zur Didaktik der Mathematik 13, https://doi.org/10.1007/978-3-658-43598-1_5

Rahmenbedingungen der Projektplanung und -durchführung erläutert. Die intendierte Affekt-, Motivations- und Lernwirksamkeit wird anschließend in Bezug auf übergeordnete didaktische Entscheidungen und die konzeptionelle Ausrichtung sowie hinsichtlich der SchülerInnenaktivitäten in den einzelnen Projektphasen dargestellt.

5.1   Ablauf des Projekts

Im folgenden Abschnitt wird der Ablauf des Projekts beschrieben. Dazu werden die einzelnen Phasen und die jeweiligen Unterrichtsziele dieser Projektabschnitte dargestellt und anschließend mit den Projektkomponenten von Frey (2010) verknüpft. Der zeitliche Umfang des Projekts beträgt zehn Unterrichtsstunden, welche auf zwei Projekttage zu jeweils fünf Unterrichtsstunden aufgeteilt werden.

5.1.1   Phase 1 – Einführung

In der Einführungsphase stellt die Lehrkraft den ProjektteilnehmerInnen das Projekt vor und gibt eine Einführung in die Nutzung des iPads zur Videoaufnahme und die Anwendung der Nachbearbeitungssoftware. Am Ende dieser Projektphase bekommen die SchülerInnen eine Mappe mit allen grundlegenden Informationen zum Projekt und dessen Ablauf.

Durchführung
Zu Beginn der Einführung wird zunächst der Arbeitsauftrag vorgestellt, der sich in zwei Teilarbeitsaufträge gliedert, welche an zwei Gruppenarbeitsphasen gekoppelt sind, und zum Erreichen der übergeordneten Projektziele führen soll. Danach werden die drei übergeordneten Ziele des Projekts genannt.

Anschließend werden die Gruppenthemen präsentiert. Diese behandeln die geometrischen Körper, die in der Sekundarstufe I am Gymnasium thematisiert werden. Jede Gruppe befasst sich mit einem der folgenden geometrischen Körper:

- Würfel und Quader
- Prisma
- Pyramide
- Zylinder
- Kegel
- Kugel

Nachdem der thematische Rahmen gesetzt wurde, wird die Produktion der Erklär-videos hinsichtlich der darzustellenden mathematischen Inhalte erläutert. Die Erklärvideos sollen vier mathematische Schwerpunkte (i-iv) in Bezug auf das jeweilige Gruppenthema beinhalten:

i. Geometrischen Körper beschreiben
   – *Schrägbild und Netz skizzieren*
   – *Seiten und Flächen benennen*
   – *Charakteristische Eigenschaften des geometrischen Körpers herausstellen*
ii. Formeln nennen und begründen
   – *Formel zur Berechnung des Oberflächeninhalts*
   – *Formel zur Berechnung des Volumens*
   – *Formeln und Variablen erklären (Beweisideen/ Herleitung)*
iii. Anwendung der Formel (innermathematisch)
   – *Beispielaufgabe*
iv. Anwendung der Formel (außermathematisch)
   – *Realistische Anwendungsaufgabe entwickeln und ggf. in das Erklärvideo integrieren*

Danach werden Gestaltungshinweise für die Produktion der Erklärvideos gege-ben. Die Erklärvideos sollen ungefähr drei Minuten lang sein. Die Gruppen-mitglieder sollen sich bei der Planung und Umsetzung des Erklärvideos in die Lage der RezipientInnen versetzen. Demzufolge sollen die Inhalte verständlich präsentiert werden, sodass auch RezipientInnen mit nur wenig mathematischem Vorwissen den Ausführungen folgen und die zu vermittelnden Inhalte verstehen können. Mögliche Schwierigkeiten oder Probleme im Verstehensprozess sollen dabei beachtet und ggf. explizit im Erklärvideo thematisiert werden. Abgesehen von der Darstellung der mathematischen Inhalte soll das Erklärvideo möglichst kreativ und interessant gestaltet werden. Das heißt, es soll eine Geschichte, die sogenannte Story, erzählt und somit spannende Bezüge zur realen Welt hergestellt werden, in welcher die Inhalte unterhaltsam präsentiert werden.

Anschließend werden die organisatorischen Rahmenbedingungen hinsichtlich des zeitlichen Ablaufs des Projekts bekanntgegeben. Die ProjektteilnehmerIn-nen erhalten dazu, wie von Frey (2010) empfohlen, konkrete zeitliche Vorgaben sowohl in Bezug auf Beginn, Pausen und Ende des Gesamtprojekts als auch auf die jeweiligen Projektphasen und die damit verbundenen Arbeits- und Sozialfor-men. Der Zeitplan wird in tabellarischer Form im Unterrichtsraum ausgehängt, sodass sich die SchülerInnen zu jedem Zeitpunkt im Projekt daran orientieren können.

Im Anschluss daran werden die Gruppeneinteilung und die Zuweisung der jeweiligen Themen verkündet. Die Mathematiklehrkraft der Klasse hat die Einteilung bereits vor Beginn des Projekts vorgenommen. Dabei folgt sie der Empfehlung von Röllecke (2006) und teilt, je nach Gesamtanzahl der TeilnehmerInnen, jeweils fünf bis sechs SchülerInnen einer Gruppe zu. Die Gruppeneinteilung soll möglichst eine Leistungshomogenität zwischen den Gruppen bzw. Leistungsheterogenität innerhalb der Gruppen abbilden (vgl. Kerres, 2012; Schlag, 2013).

Nach der allgemeinen Projekteinführung werden die ProjektteilnehmerInnen in die Anwendung der zu nutzenden Technologien eingewiesen. Zunächst werden der Aufbau des Stativs sowie die Befestigung des Tablets am Stativ demonstriert, um den sicheren Umgang mit der Hardware zu gewährleisten. Danach wird die Bedienung der Aufnahmesoftware hinsichtlich der nötigen Einstellungen und Funktionen gezeigt. Darauf wird die Nutzung der Software Filmmaker Pro zur Postproduktion eingeführt. Dabei werden zunächst eine Übersicht sowie allgemeine Einstellungen besprochen, bevor die konkreten Anwendungen, wie Videos importieren, Videoschnitt, -bearbeitung und -übergänge sowie der Import, die Nutzung und Bearbeitung von Musik und das Einfügen und Bearbeiten von Texten erklärt werden.

Zum Abschluss der Einführungsphase erhalten die Projektgruppen eine Arbeitsmappe, in der alle Informationen aus dieser Phase, vom allgemeinen Arbeitsauftrag über den Zeitplan bis hin zum Aufbau des Stativs und Anwendung der Aufnahme- sowie Bearbeitungssoftware, nachgeschlagen werden können. Darüber hinaus werden Hilfsmaterialen zur Gestaltung des Erklärvideos hinsichtlich der Darstellung der mathematischen Inhalte, wie Plastikmodelle der geometrischen Körper, DIN-A3-Plakate, verschiedene Filzstifte und Alltagsgegenstände von der Form der relevanten geometrischen Körper gezeigt und bei Bedarf ausgehändigt (vgl. Kapitel 5.2).

Unterrichtliche Ziele der ersten Projektphase
Die Schülerinnen und Schüler...

- kennen den Arbeitsauftrag,
- kennen den zeitlichen Ablauf und können sich an der Struktur orientieren,
- sind in themenspezifischen Gruppen eingeteilt,
- können selbstständig das Kamerastativ aufbauen,
- haben Kenntnisse über die Anwendung der Aufnahme- und Nachbearbeitung-App.

5.1.2   Phase 2 – Erste Gruppenarbeitsphase

In der zweiten Projektphase finden sich die SchülerInnen erstmals in ihren Gruppen zusammen. Sie erarbeiten den mathematischen Inhalt und entwickeln den thematischen Kontext mit Bezug zu realen Situationen in Form der Story. Der konkrete Arbeitsauftrag dieser Projektphase lautet: *„Informiert euch mithilfe des Lernmaterial über euren geometrischen Körper und füllt dazu den Steckbrief aus"*.

Durchführung
Im Unterrichtsraum werden die Tische zu Gruppenarbeitsplätzen zusammengestellt und die SchülerInnen versammeln sich an den jeweiligen Gruppentischen. Den Gruppen werden Lernmaterialien (vgl. Kapitel 5.2) zum jeweiligen Gruppenthema bereitgestellt. Aus diesem Material sollen die Informationen bezüglich der genannten Schwerpunkte (*Geometrischen Körper beschreiben, Formeln nennen und begründen, Formeln anwenden (innermathematisch)* und *Anwendung der Formel in den Alltag/Umwelt*) gesammelt werden. Als Strukturierungshilfe bezüglich der Erarbeitung der genannten Schwerpunkte und Grundlage für die filmische Umsetzung erhält jede bzw. jeder SchülerIn einen unausgefüllten Steckbrief (vgl. Anhang 1.6 im elektronischen Zusatzmaterial). Dieser wird hinsichtlich der genannten Schwerpunkte mithilfe des bereitgestellten Lernmaterials von jedem Schüler bzw. jeder Schülerin ausgefüllt. Damit soll sichergestellt werden, dass die relevanten Informationen bezüglich des jeweiligen geometrischen Körpers im Erklärvideo genannt werden. Neben den Schwerpunkten (i-iv) entwickeln die Gruppenmitglieder in dieser Phase eine Story. Innermathematische Sachverhalte sollen dabei mit außermathematischen Situationen in Zusammenhang gebracht werden. Die Gruppen können dabei die Aufgabe *(iv) Formeln anwenden (außermathematisch)* für die Entwicklung der Story nutzen, wobei die darin beschriebene Auseinandersetzung mit den Formeln zum Oberflächeninhalt und Volumen hinsichtlich des anzustrebenden Alltagsbezug als erzählerischer Kontext des Erklärvideos dienen kann.

Unterrichtliche Ziele der Projektphase
Die Schülerinnen und Schüler…

- ermitteln relevante Informationen bezüglich ihres Themas aus den vorbereiteten Lernmaterialen,
- nutzen die Informationen, um den Steckbrief (vgl. Anhang 1.6 im elektronischen Zusatzmaterial) auszufüllen,
- finden inner- und außermathematische Anwendungsbeispiele für ihr Thema,

- entwickeln eine anwendungsbezogene Story, in welche die erarbeiteten mathematischen Inhalte eingebettet werden können.

5.1.3   Phase 3 – Zwischensicherung

In der Zwischensicherung stellen die Gruppen die Ergebnisse der vorherigen Projektphase im Plenum vor.

Durchführung
In dieser Projektphase beschreiben und erläutern die Gruppenmitglieder im Plenum die erarbeiteten Schwerpunkte ihres geometrischen Körpers auf Grundlage des Steckbriefs. Dabei nutzen sie die Tafel, indem sie Schrägbild und Körpernetz für alle sichtbar skizzieren und daran charakteristische Eigenschaften des Körpers und die Formeln für den Oberflächeninhalt und das Volumen erklären. Zudem sollen sie die genannten Formeln in selbsterstellten inner- und außermathematischen Aufgabenstellungen vorstellen und den Zusammenhang zwischen Formeln und Aufgaben erklären. Darüber hinaus beschreiben die Gruppen ihre entwickelte Story, in die diese Schwerpunkte integriert werden sollen, und zeigen somit den Bezug zur realen Welt bzw. zu alltäglichen Situationen auf. Die Projektphase *Zwischensicherung* dient daher der Reflexion und Sicherung der ersten Gruppenarbeitsphase, indem einerseits die anderen Projektgruppen und die Lehrperson überprüfen können, ob die mathematischen Inhalte korrekt ausgearbeitet wurden und somit keine Fehler in das Erklärvideo übertragen werden. Andererseits hilft es den anderen ProjektteilnehmerInnen die mathematischen Inhalte der anderen Gruppen zu erfassen und Querverbindungen zum eigenen Gruppenthema herzustellen.

Unterrichtliche Ziele der Projektphase
Die Schülerinnen und Schüler…

- beschreiben ihren geometrischen Körper,
- erklären die Formeln zur Berechnung des Volumens und des Oberflächeninhalts,
- stellen inner- und außermathematischen Anwendungsaufgaben vor,
- präsentieren ihre Story, in welche der mathematische Inhalt eingebettet werden soll,
- erhalten Informationen über die geometrischen Körper der anderen Gruppen und können Querverbindungen zu ihrem geometrischen Körper herstellen,

- werden ggf. von der Lehrkraft oder MitschülerInnen auf fehlerhafte oder unklare Formulierungen hingewiesen und korrigieren diese.

5.1.4 Phase 4 – Zweite Gruppenarbeitsphase

Die vierte Projektphase bildet den Kern des Projekts, die Produktion der Erklärvideos. Der konkrete Arbeitsauftrag in dieser Phase lautet: *„Produziert ein Erklärvideo über euren geometrischen Körper. Nutzt dazu die Informationen über euren geometrischen Körper, die ihr auf dem Steckbrief gesammelt habt und stellt dazu die Geschichte (Story), die ihr euch in eurer Gruppe ausgedacht habt, dar.“*

Durchführung

Die Gruppen planen selbstständig die Produktion des Erklärvideos. Dabei können verschiedene Drehorte auf dem Schulgelände, wie Klassenzimmer, Schulhof oder Medienraum für die Szenen genutzt werden (nähere Erläuterungen dazu in Kapitel 5.2). Sie verteilen die Aufgaben unter den Gruppenmitgliedern, entscheiden welche bereitgestellten oder noch zu erstellenden Materialien, wie Plakate oder Tafelbilder, für die Produktion genutzt werden können, wie diese ggf. gestaltet werden sollen und erstellen diese. Die vorher erarbeiteten mathematischen Inhaltsschwerpunkte werden nun in die entwickelte Story integriert. Während der Aufnahme der einzelnen Szenen werden die charakteristischen Merkmale des jeweiligen geometrischen Körpers beschrieben und die Zusammenhänge mit den Formeln sowie inner- und außermathematischen Anwendungen erklärt. Die Gruppen sollen dabei insbesondere auf Aspekte eingehen, die ihnen selbst Verständnisprobleme bereitet haben, da davon auszugehen ist, dass genau diese Aspekte auch den RezipientInnen Schwierigkeiten bereiten könnten. Alle Gruppenmitglieder sollen darauf achten, dass keine Fehler auf den Plakaten bzw. der Tafel gezeigt oder unklare, unverständliche oder sogar fehlerhafte Formulierungen im Erklärvideo verwendet werden. Nachdem alle geplanten Szenen erprobt und gefilmt wurden, schneiden die Gruppenmitglieder die Szenen zusammen und unterlegen diese ggf. mit Musik und Text. Neben der Darstellung oder Moderation vor der Kamera gibt es in dieser Projektphase demnach vielfältige weitere Möglichkeiten, zur Produktion des Erklärvideos beizutragen, wie die Bedienung der Kamera, Vorbereitung von Materialien zur Präsentation der mathematischen Inhalte und Nachbearbeitungen. Für die technische Umsetzung mit Aufnahme und Nachbearbeitung der Szenen nutzen die ProjektteilnehmerInnen die zur Verfügung gestellten Tablets (nähere Erläuterungen dazu in Kapitel 5.2). Insbesondere für die Nachbearbeitung, welche aus dem Schneiden und Zusammenfügen von aufgenommenen Szenen sowie ggf. dem Einfügen von bereitgestellter Musik oder von Text, wie beispielsweise der Formeln, besteht, nutzen die SchülerInnen das in der Einführung vermittelte Anwendungswissen. Zusätzlich können sie auf die Projektmappe (vgl. Anhang 1.7 im elektronischen Zusatzmaterial) zurückgreifen, in welcher die Nutzung der Nachbearbeitungssoftware nochmals beschrieben ist.

Unterrichtliche Ziele der Projektphase
Die Schülerinnen und Schüler...

- planen selbstständig die Produktion des Erklärfilms bezüglich der Rollenverteilung, Drehorte sowie Nutzung von bereitgestelltem bzw. Erstellung von eigenem Material,
- formulieren die zu vermittelnden Inhalte verbal und schriftlich in angemessener und korrekter Form,
- nutzen die erworbenen Kenntnisse hinsichtlich der Verwendung des Tablets und des Stativs sowie der Anwendung der Aufnahme- und Nachbearbeitungs-App aus der Einführungsphase, um die relevanten Informationen und Aufgaben aus dem Steckbrief in der entwickelten Story audiovisuell darzustellen.

5.1.5 Phase 5 – Präsentation

In der Präsentationsphase werden alle Erklärvideos im Plenum vorgestellt.

Durchführung
Die ProjektteilnehmInnen finden sich in der letzten Projektphase wieder im Plenum ein. Die erstellten Erklärvideos werden nacheinander gezeigt. Durch das Rezipieren aller Erklärvideos werden die ProjektteilnehmerInnen über die mathematischen Inhalte der anderen Gruppen informiert. Die SchülerInnen können während der Präsentation der Erklärvideos Querverbindungen zum eigenen geometrischen Körper und zur realen Welt herstellen und ggf. Fragen stellen. Zudem erhalten die Gruppen in einer Reflexionsrunde Rückmeldung von der Lehrkraft und den anderen SchülerInnen.

Unterrichtliche Ziele der Projektphase
Die Schülerinnen und Schüler...

- erhalten Informationen über die geometrischen Körper aller Gruppen durch das Rezipieren der Erklärvideos.

5.1.6 Projektkomponenten

Der Ablaufplan des Projekts orientiert sich strukturell an den Komponenten der Projektmethode nach Frey (2010), wobei nicht alle Komponenten in den eigentlichen Projektablauf integriert sind. Die Komponenten *Projektinitiative* (1), *Auseinandersetzung mit der Projektinitiative in einem vorher vereinbarten Rahmen* mit dem Ergebnis einer Projektskizze (2) und *gemeinsame Entwicklung des Betätigungsgebiets* mit dem Ergebnis eines Projektplans (3) werden vor Projektbeginn durch die Projektleitung entwickelt und umgesetzt. Dies hat zum einen organisatorische Gründe, da für die Projektdurchführung lediglich ein begrenzter, zeitlicher Rahmen von zwei Projekttagen zur Verfügung steht. Ludwig (2008) beschreibt in diesem Zusammenhang, dass es SchülerInnen oftmals schwerfällt, ein geeignetes Thema zu finden, wodurch viel Zeit dafür aufgewendet werden müsste. Zum anderen soll vermieden werden, dass eine zu offene Ausgangssituation zu Überforderungen und somit zu einer Reduzierung der Kontrollüberzeugung bei den ProjektteilnehmerInnen führt, wodurch das emotionale Erleben negativ beeinflusst werden kann (vgl. Frenzel et al., 2020). In Abbildung 5.1 ist der Ablaufplan des Projekts mit den einzelnen Projektphasen dargestellt.

In der ersten Projektphase werden die Komponenten *Projektinitiative* (1), *Auseinandersetzung mit der Projektinitiative* (2) und *gemeinsame Entwicklung des Betätigungsgebiets* (3) zusammengefasst und entsprechend der Rahmenbedingungen des Unterrichtsprojekts adaptiert. In dieser Phase werden die Ausgangssituation des Projekts sowie der weitere Projektverlauf beschrieben. Frey (2010) betont, dass insbesondere bei unerfahrenen Projektgruppen nicht alle Komponenten Bestandteil des Projekts sein müssen und die Methode zunächst in wiederholter Anwendung allmählich aufgebaut werden kann. Die zweite Projektphase stellt mit der ersten Gruppenarbeit, die Komponente *verstärkte Aktivität im Betätigungsgebiet* (4) dar, wobei auch Aspekte der *Entwicklung zum Betätigungsgebiet* (3) hinsichtlich der gruppeninternen Planung der Videoproduktion Anwendung finden. Die Zwischensicherungsphase bildet einen *Fixpunkt* (6) nach der Projektmethode (Frey, 2010). In dieser Phase werden alle ProjektteilnehmerInnen über die Tätigkeiten in den Gruppen aus der vorherigen Projektphase informiert. Somit können sich die SchülerInnen den Stand ihrer Arbeit in Bezug auf das Gesamtvorhaben vergegenwärtigen. Der vierten Projektphase kann

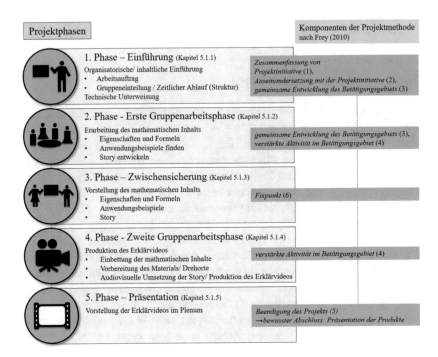

Abbildung 5.1   Projektphasen und zugeordnete Komponenten der Projektmethode

ebenfalls die vierte Komponente, *verstärkte Aktivität im Betätigungsgebiet* (4),
zugeordnet werden, da diese lediglich durch den *Fixpunkt* (6), die Zwischensicherung, unterbrochen wird. Die Präsentationsphase bildet die fünfte Komponente,
die *Beendigung des Projekts*, wobei diese einen bewussten Abschluss mit dem
Hervorbringen bzw. Präsentieren des Produkts darstellt.

5.2   Rahmenbedingungen

In diesem Abschnitt werden organisatorische und rechtliche Rahmenbedingungen
sowie Materialien, die für die Durchführung verwendet werden, beschrieben.
    Zeitlicher Rahmen. Für die Dauer des Unterrichtsprojekts werden insgesamt
zehn Unterrichtsstunden an zwei Projekttagen zu jeweils fünf Unterrichtsstunden

angesetzt. Diese zeitliche Rahmung entspricht nach Frey (2010) einem Mittelprojekt, welches den Normalfall in Bildungseinrichtungen darstellt. Tabelle 5.1 zeigt den Projektablauf mit entsprechender zeitlicher Rahmung[1]:

Tabelle 5.1 Projektablauf

Zeit	Erster Projekttag
8:00	Begrüßung und Einführung
8:30	Einführung in die Bedienung des iPads und des Videobearbeitungsprogramms
9:00	*Pause*
9:30	Gruppenarbeit (Erstellung des Steckbriefs zum mathematischen Inhalt)
11:00	Vorstellung der mathematischen Inhalte und des Konzepts für die Story
11:45	Gruppenarbeit (Produktion der Erklärvideos/ Umsetzung der Story)
13:00	Ende des ersten Projekttags
Zeit	**Zweiter Projekttag**
8:00	Fortführung der Gruppenarbeit (Produktion der Erklärvideos)
10:45	Abgabe der Erklärvideos
11:00	Vorstellung der Erklärvideos
13:00	Ende des Projekts

Lernorte. Das Projekt wird nicht ausschließlich im Unterrichtsraum der teilnehmenden Klasse durchgeführt. Während der zweiten Gruppenarbeitsphase (vgl. Kapitel 5.1.4) können sich die Gruppen in Absprache mit der Lehrkraft auf dem Schulgelände oder auch in nicht besetzten Fach- oder Klassenräumen aufhalten, um die Szenen für das Erklärvideo aufzuzeichnen. Die Gruppen sind dabei unter sich, können ihre Arbeitsschritte zur Produktion des Erklärvideos selbstständig organisieren und umsetzen, ohne dabei von anderen Gruppen etwa bei den Aufnahmen der Szenen gestört zu werden. Dazu können sie beispielsweise die Tafeln in den Räumen oder Gebäude und Gegenstände auf dem Schulgelände verwenden, um an diesen Berechnungen beispielhaft darzustellen. Die variable Nutzung von Lernorten ist nach Frey (2010) gut mit den Lernprozessen in Unterrichtsprojekten im Sinne des situierten Lernens zu vereinbaren. Die SchülerInnen erhalten somit die Möglichkeit Objekte außerhalb des Klassenraums zu entdecken und als

---

[1] In der Durchführung der Studie wurden die einzelnen Projektphasen noch durch Phasen der Datenerhebungen ergänzt, wodurch sich der zeitliche Ablauf nach hinten verschoben hat.

Gestaltungsobjekte für das Erklärvideo oder für Bezüge zu den mathematischen Inhalten zu nutzen.

Rechtlicher Rahmen. Der rechtliche Rahmen hinsichtlich des Datenschutzes und Urheberrechts ist bei der Nutzung von Medien und der Erstellung von Medienprodukten durch SchülerInnen von elementarer Bedeutung. Vor Beginn des Projekts erhalten die Erziehungsberechtigten der teilnehmenden SchülerInnen einen Brief, in welchem sie über die rechtlichen Rahmenbedingungen bezüglich personenbezogener Daten, dazu gehören auch Bild- und Tonaufnahmen, im und nach dem Projekt informiert werden. Die Erziehungsberechtigten müssen, unter den rechtlichen Bedingungen hinsichtlich des Rechts auf Widerruf der Einwilligung (Art. 7 Abs. 3 DSGVO), Auskunft (Art. 15 DSGVO), Berichtigung (Art. 16 DSGVO), Löschung (Art. 17 DSGVO), Einschränkung der Verarbeitung (Art. 18 DSGVO), Datenübertragbarkeit (Art. 20 DSGVO), Widerspruch (Art. 21 DSGVO) und das Recht auf Beschwerde bei einer Aufsichtsbehörde (Art. 77 DSGVO), ihre explizite und freiwillige Einwilligung geben, damit der bzw. die SchülerIn uneingeschränkt am Unterrichtsprojekt teilnehmen kann.

Technologische Ausstattung. Zur Durchführung des Unterrichtsprojekts werden je nach Anzahl der Gruppen Tablets, iPad Air Wi-Fi Modellnummer A1474 mit der IOS Version 10.3.3 und einer Speicherkapazität von 16 GB sowie Stative des Typs Manfrotto 190SH/128LP genutzt. Zur Postproduktion des gedrehten Filmmaterials wird die IOS App Filmmaker Pro in der kostenlosen Version verwendet, welche bereits auf den genannten Tablets installiert wurde. Zudem wurden vor Beginn des Projekts 16 Musikdateien (CC-BY 4.0)[2] auf die Tablets geladen, welche zur Untermalung der Erklärvideos genutzt werden können. Die allgemeine sowie technische Einführung in das Projekt (vgl. Kapitel 5.1.1) wird mithilfe von Präsentationen mit Microsoft PowerPoint über einen Beamer und eine Leinwand durchgeführt.

Lern-, Gestaltungsmaterial, und Alltagsgegenstände. Für die Erarbeitung der mathematischen Schwerpunkte wird Lernmaterial in Form von Auszügen aus verschiedenen Lehrwerken für die Sekundarstufe I zu den einzelnen Gruppenthemen bereitgestellt. Diese Auszüge beziehen sich jeweils auf die für jede Gruppe relevanten Inhalte mit allen Informationen, die für das Ausfüllen des Steckbriefs und für die Darstellung der mathematischen Inhalte im Erklärvideo benötigt werden. Für die Gestaltung des Erklärvideos werden DIN-A3-Plakate, unterschiedliche Filzstifte, verschiedene 3D-Plastikmodelle der geometrischen Körper und Alltagsgegenstände von der Form der darzustellenden geometrischen Körper wie

---

[2] Lizenz CC-BY 4.0: Der Namen des Urhebers muss genannt werden.

Bälle oder verschiedene Verpackungen zur Verfügung gestellt. Diese Materialien können von den ProjektteilnehmerInnen für die anschauliche Darstellung ihres geometrischen Körpers im Erklärvideo genutzt werden. Für die Zwischensicherung (vgl. Kapitel 5.1.3) und ggf. zur Präsentation der mathematischen Inhalte in den Erklärvideos (vgl. Kapitel 5.1.4) werden zudem Tafel und Kreide in den Klassenräumen bereitgestellt. Darüber hinaus werden die Einführungspräsentationen ausgedruckt und stehen den Gruppen in Projektmappen über die gesamte Zeit des Projekts zur Verfügung (vgl. Anhang 1.7 im elektronischen Zusatzmaterial).

5.3 Intendierte Affekt-, Motivations- und Lernwirksamkeit

In diesem Abschnitt werden die intendierten Effekte des geplanten Unterrichtsprojekts auf die Emotionen, Motivation und Lernleistung beschrieben. Dabei wird zu Beginn die konzeptionelle Ausrichtung hinsichtlich übergeordneter Entscheidungen erläutert und diese unter Bezugnahme auf ihre lern-, -affekt und motivationsfördernden Ausprägung begründet. Danach wird das Projekt im Sinne kompetenzförderlichen Unterrichts in den Bildungsstandards hinsichtlich der Grunderfahrungen im Mathematikunterricht sowie des Inhaltsfelds Geometrie verortet. Anschließend werden die einzelnen Projektphasen konkret hinsichtlich ihrer potenzielle Lern-, Affekt- und Motivationswirksamkeit in Bezug auf die intendierten Aktivitäten der ProjektteilnehmerInnen erläutert.

5.3.1 Übergeordnete konzeptionelle Ausrichtung

Die übergeordnete konzeptionelle Ausrichtung umfasst Entscheidungen, die für die Planung, Gestaltung und Durchführung des Unterrichtsprojekts im Hinblick auf die Emotions-, Motivations- und Lernförderlichkeit wegweisend sind.

Emotions- und motivationsfördernde Gestaltung der Lernumgebung
Bei der Planung des Unterrichtsvorhabens wurden Aspekte für einen emotions- und motivationsförderlichen Unterricht berücksichtigt. Dabei wurden Entscheidungen in Bezug auf die Gestaltung der Lernumgebung an den Merkmalen aus Kapitel 3.3 ausgerichtet, welche sich aus den Modellen der Kontroll-Wert-Theorie (Pekrun, 2006), mit einer Fokussierung auf Kontroll- und Wertüberzeugungen (vgl. Kapitel 3.2) sowie der Selbstbestimmungstheorie (Deci & Ryan, 1985),

unter Berücksichtigung der Erfüllung der psychologischen Grundbedürfnisse (vgl. Kapitel 3.2), ableiten lassen.

Projekt. Als strukturgebendes Rahmenkonzept wurde die Unterrichtsform Projekt (vgl. Kapitel 4.2.1; 3.3.1; 3.3.4) mit seiner lern- und insbesondere auch affekt- und motivationsfördernden Wirkung (vgl. Schiefele & Streblow, 2006; Ludwig, 2008) gewählt. Die beschriebene pragmatische Zwischenposition des situierten Lernens wird dabei, wie von Tulodziecki und Herzig (2004) beschrieben, als die ideale lerntheoretische Ausrichtung angesehen (vgl. Kapitel 3.1). Im Rahmen des Projekts werden die ProjektteilnehmerInnen durch die Erstellung des Erklärvideos mit einer komplexen Aufgabenstellung betraut, welche im konstruktivistischen Sinne selbstständig handlungsorientiert bearbeitet werden soll.

Kooperatives Lernen. Im Rahmen der Projektdurchführung werden die zentralen Merkmale kooperativen Lernens, kleine Gruppen, die im hohen Maß interagieren, gegenseitige Unterstützung der Gruppenmitglieder und das Verfolgen eines gemeinsamen Ziels (vgl. Renkl & Beisiegel, 2003), explizit berücksichtigt. Die Gruppen umfassen demnach maximal fünf bis sechs Mitglieder und der Arbeitsauftrag kann, wie von Cohen (1994) empfohlen, lediglich unter Einbezug aller Mitglieder bewältigt werden. Berger und Walpuski (2018) verweisen in diesem Zusammenhang darauf, es auf diese Weise jedem Gruppenmitglied zu ermöglichen einen Beitrag zur Gruppenlösung leisten zu können. Dahingehend soll die Erfüllung der psychologischen Grundbedürfnisse Kompetenzerleben und soziale Bezogenheit unterstützt werden, welche nach der Selbstbestimmungstheorie (vgl. Deci & Ryan, 1985) wiederum grundlegende Entstehungsmerkmale für intrinsische Motivation darstellen.

Selbstreguliertes Lernen. Die Lehrkraft nimmt eine unterstützende und in der ersten Projektphase (vgl. Kapitel 5.1.1) auch anleitende Rolle ein. In den weiteren Projektphasen zieht sich die Lehrkraft zurück, um den SchülerInnen, wie von Otto (2007) empfohlen, Handlungsspielräume im Sinne des selbstregulierten Lernens zu offerieren. Diese Strukturierung bezieht sich auf das *„sensible[s] Gleichgewicht zwischen Anleitung und Eigentätigkeit"*, welches Schlag (2013, S. 147) in Bezug auf angemessene Aktivitätsspielräume in einer autonomieunterstützenden Lernumgebung beschreibt. Diese Gewährung von Handlungsspielräumen und Wahlmöglichkeiten (ausführlich beschrieben in Kapitel 3.3.1) sowie angemessenen Anforderungen (ausführlich beschrieben in Kapitel 3.3.1; 3.3.5) mit der entsprechenden Möglichkeit, selbstbestimmt zu handeln, bilden dabei wesentliche Kriterien des Unterrichtsvorhabens. Diese Aspekte sind zugleich unterrichtliche

Merkmale für die Förderung intrinsischer Motivation und Entwicklung wahrgenommener Kontrolle sowie subjektiver Bedeutsamkeit (vgl. Deci & Ryan, 1985, 1993; Skinner, Pitzer & Brule, 2014; Tsai, Kunter, Lüdtke, Trauwein & Ryan, 2008).
Die Verknüpfung von *selbstregulierten Lernhandlungen* mit einem *kooperativen Lernarrangement* führt dabei nach Marcou und Lerman (2007) sowie Schukajlow, Leiss, Pekrun, Blum, Müller und Messner (2012) zu keinen negativen Effekten. Schukajlow und Kollegen (2012) berichten sogar von positiven Auswirkungen auf Lernfreude und Interesse sowie geringerer Langeweile im Vergleich zu instruktionsbasiertem Unterricht oder Einzelarbeit.

Wertinduktion. Der Bezug zur Lebenswelt der SchülerInnen stellt einen weiteren bedeutsamen Aspekt des Projektvorhabens dar und soll somit nach Frenzel und Stephens (2011) sowie Krapp (2005) einen positiven Einfluss auf die subjektive Wertüberzeugung haben. Ein besonderes Merkmal des Unterrichtsprojekts ist die Verknüpfung von inhaltsbezogenen Informationen mit einer Geschichte. Um den mathematischen Kern soll demnach eine Story bzw. Geschichte im Erklärvideo erzählt bzw. dargestellt werden und dadurch explizit Aspekte der sozialen Umwelt der ProjektteilnehmerInnen im Sinne eines situierten Kontextes, wie Tulodziecki, Herzig und Grafe (2010) beschreiben, einbezogen werden. Auf diese Weise können die SchülerInnen aktuelle Themen, die eine persönliche Bedeutsamkeit haben, wie die Nutzung von Jugendsprache oder ihnen bekannte spezifische Darstellungsweisen, wie auf Plattformen der sozialen Medien, mit mathematischen Aspekten in Verbindung bringen. Durch die Verknüpfung von inhaltsbezogenem Wissen mit einer Geschichte bzw. Handlung können, wie in der Methode des Storytelling, Informationen zudem effizienter von den RezipientInnen verarbeitet (vgl. Fuchs, 2021) sowie Aufmerksamkeit unterstützt und Emotionen angesprochen werden (vgl. Kleine Wieskamp, 2016). Mit der Verwendung von fiktiven Akteuren in der Story, die als SchauspielerIn eine Rolle darstellen oder als ModeratorIn fungieren, kann nach Slopinski (2016) ein konkreter Kontext (Situierung) geschaffen werden, welcher den Film informativ sowie zugleich lebendig wirken lässt und somit affektförderlich sein kann. Auch durch die Nutzung von digitalen Technologien, welche eine wesentliche Rolle in der Alltagswelt der Heranwachsenden spielen (vgl. MPFS, 2021, 2020), kann, insbesondere im Hinblick auf die Rezeption und Produktion von Videos (vgl. Asensio & Young, 2002; Hakkarainen, 2011; Karppinen, 2005), eine hohe persönliche Bedeutsamkeit in die Projektdurchführung integriert werden. Zusätzlich soll die im Rahmen der Produktion der Erklärvideos adressatengerechte Vermittlung von fachspezifischen Inhalten von SchülerInnen für SchülerInnen im Sinne der Peer-Tutoring-Methode, wie von Wolf & Kulgemeyer (2016) beschrieben, positiven Einfluss auf die subjektiven Wertüberzeugungen der produzierenden SchülerInnen haben, da die Aktivitäten im Zusammenhang mit der Erstellung von Lehrmaterial einem übergeordneten Bildungszweck dienen.

Inhaltsbezogene Struktur. Jeder Gruppe wird ein geometrischer Körper als thematischer Schwerpunkt ihres Erklärvideos zugewiesen. Das Projekt wird nach Ludwig (2008) entsprechend im Sternmodus durchgeführt. Die einzelnen Gruppen können unabhängig voneinander arbeiten und müssen keine inhaltlichen Absprachen treffen. Das Unterrichtsprojekt weist zudem eine reflexive Struktur (vgl. Ludwig, 2008) auf. Es fungiert als zusammenfassender Themenabschluss der Raumgeometrie in der Sekundarstufe I, wobei Querverbindungen und Zusammenhänge der verschiedenen Körper insbesondere hinsichtlich der Formeln zur Berechnung des Volumens und des Oberflächeninhalts von den teilnehmenden SchülerInnen erfasst werden sollen.

Themenabschluss. Die Durchführung des Projekts als zusammenfassender Themenabschluss, im Sinne einer Wiederholung bereits behandelter Inhalte, ist aus zwei Gründen sinnvoll. Zum einen soll eine Überforderung der ProjektteilnehmerInnen vermieden werden. Eine erhöhte kognitive Anforderung kann durch das möglicherweise ungewohnte Lernszenario in Bezug auf die Akzentuierung selbstregulierter und kooperativer Lernprozesse entstehen (vgl. Deing, 2019). Auch die Nutzung digitaler Technologien (vgl. Horz, 2020, Loderer et al., 2018), die im Rahmen des Unterrichts womöglich noch nicht oder nur selten Anwendung fanden, kann, abhängig von den individuellen Erfahrungswerten der SchülerInnen, mit einer hohen kognitiven Anforderung einhergehen. Durch diese voraussichtlich ungewohnten Parameter in den Lern- und Handlungsprozessen der SchülerInnen im Projekt, könnte das Erfassen bzw. das Erlernen neuer Inhalte zu einer Überforderung führen, welche sich negativ auf Wert- und Kontrollüberzeugungen sowie das Kompetenzerleben auswirken kann (nähere Ausführen in Kapitel 3.3.5). Zum anderen soll durch die projektartige Zusammenfassung von bereits erlerntem fachbezogenem Wissen in einer ungewohnten Lernumgebung ein neuer Zugang im Sinne multipler Perspektiven im situierten Lernen (vgl. Mandl, Gruber & Renkel, 2002) geschaffen werden, wodurch das Wissen vertieft und anschließend möglichst flexibel angewendet werden kann.

Videoproduktion als Themenabschluss. Ein Themenabschluss in Form eines Videoprojekts wird von Wolf und Kulgemeyer (2016) als didaktisch sinnvolle Variante erachtet, da der zurückliegende Stoff nochmal aufgearbeitet, themenspezifische Begriffe erklärt sowie in einen thematischen Sachzusammenhang

gebracht werden müssen und mögliche Unklarheiten aufgearbeitet werden können. Es ist demnach notwendig, dass die teilnehmenden SchülerInnen die
Themenbereiche der geometrischen Körper in der Sekundarstufe I bereits abge-
schlossen haben. Daher wird das Projekt, je nach Themenabfolge im Schuljahr,
ab der Mitte oder dem Ende der 9. Jahrgangsstufe in NRW durchgeführt.

Zeitpunkt der Durchführung. Die Durchführung des Projekts in der 9. Jahrgangsstufe ist neben dem beschriebenen thematischen Aspekt auch im Hinblick auf
die emotionale und motivationale Entwicklung von SchülerInnen im Laufe der
Sekundarstufe I sinnvoll. Mithilfe der PALMA-Studie zeigten Pekrun und Kollegen (2007) einen Rückgang von lernförderlichen Emotionen wie Lernfreude
und Stolz und eine Steigerung von Langeweile im Mathematikunterricht im
Laufe der Sekundarstufe I. Weitere Befunde (vgl. Hagenauer, 2011; Hagenauer &
Hascher, 2011) deuten auf eine negative Entwicklung der Lernfreude bereits ab
der Anfangsphase der Sekundarstufe I hin. Gründe für diese Entwicklung werden
dabei in Anlehnung an die Selbstbestimmungstheorie (vgl. Deci & Ryan, 1985)
in der mangelnden Passung zwischen den Bedingungen der Lernumgebung und
den Bedürfnissen der Lernenden (*basic needs*) gesehen (vgl. Hascher & Brandenberger, 2018). In der Sekundarstufe I findet vorwiegend instruktionsbasierter
Unterricht statt, welcher von der Lehrkraft kontrolliert und geführt wird, sodass
weniger Aktivitätsspielräume sowie Beteiligungs- und Wahlmöglichkeiten für die
SchülerInnen vorhanden sind. Kooperative oder selbstregulierte Lernformen werden vergleichsweise selten durchgeführt (vgl. Eccles et al., 1993; Midgley et al.,
1989). Pekrun und Kollegen (2007) bemängeln den fehlenden kognitiven Akti-
vierungsgehalt in der Sekundarstufe I und weisen in diesem Zusammenhang auf
eine Vernachlässigung von modellierungsorientiertem Mathematikunterricht hin.
Das vorliegende Projekt soll dieser Entwicklung sowohl auf kognitiver als auch
affektiv-motivationaler Ebene entgegenwirken und ist daher an emotions- und
motivationsfördernden Gestaltungsmerkmalen von Lernumgebungen ausgerichtet.

In Kapitel 5.3.2 werden die genannten konzeptionellen Aspekte insbesondere
hinsichtlich der potenziellen affektiven und motivationalen Wirkung den SchülerInnenaktivitäten den einzelnen Projektphasen zugeordnet und weitergehend
expliziert.

Kompetenzorientierte Ausrichtung
Das mathematische Teilgebiet *Geometrie* bildet die inhaltliche Basis des geplanten Unterrichtsprojekts. Dieses Themengebiet und insbesondere die geometrischen Körper lassen sich mithilfe von haptischen Modellen oder Skizzen von

Schrägbildern und Körpernetzen anschaulich darstellen. Darüber hinaus bietet es die Möglichkeit zur Modellierung und entsprechend Bezüge zur realen Welt, wie Bauwerken oder Gegenständen mit geometrischer Form, herzustellen (vgl. MfSB, 2019; Weigand, 2018). In den Bildungsstandards wird diese Verknüpfung von inner- und außermathematischen Zusammenhängen insbesondere in der Leitidee *Raum und Form* (L3) betont: *„Die Schülerinnen und Schüler erkennen und beschreiben geometrische Strukturen in der Umwelt"* (KMK, 2004, S. 11). Ludwig (2008) schlägt in diesem Zusammenhang vor, geometrische Körper herzustellen oder Gegenstände wie Verpackungen zu untersuchen und Berechnungen an ihnen durchzuführen. Im Hinblick auf die allgemeinen mathematischen Kompetenzen *Mathematisch argumentieren* (K1) und *Kommunizieren* (K3), welche wesentlich im Unterrichtsprojekt sind, beschreibt Weigand (2018) insbesondere die Geometrie als ein geeignetes Übungsfeld, da beim geometrischen Arbeiten Gesetzmäßigkeiten und Zusammenhängen auf verschiedenen Repräsentationsebenen erfasst werden können. Die Entwicklung von Fachsprache, die ein zentrales Merkmal bei der inhaltlichen Vermittlung in Erklärvideos ausmacht, stellt hinsichtlich der Integration und Verwendung fachsprachlicher Begriffe in der Erfahrungswelt der SchülerInnen auch ein Ziel des Geometrieunterrichts dar (vgl. Weigand, 2018). Sprache nimmt zudem hinsichtlich der Kompetenz *mit symbolischen, formalen und technischen Elementen der Mathematik umgehen* (K5) eine wesentliche Rolle ein. In den Bildungsstandards wird dieses u. a. mit der Formulierung *„symbolische und formale Sprache in natürliche Sprache übersetzen und umgekehrt"* (KMK, 2004, S. 8) betont. Die Geometrie eignet sich entsprechend der genannten Faktoren als inhaltsbezogener Schwerpunkt des Unterrichtsprojekts.

In den Bildungsstandards der Kultusministerkonferenz wird die Entwicklung von Kompetenzen in einer sinnstiftenden und anregenden Lernumgebung gefordert:

Dazu bearbeiten sie Probleme, Aufgaben und Projekte mit mathematischen Mitteln, lesen und schreiben mathematische Texte, kommunizieren über mathematische Inhalte u. a. m. Dies geschieht in einem Unterricht, der selbstständiges Lernen, die Entwicklung von kommunikativen Fähigkeiten und Kooperationsbereitschaft sowie eine zeitgemäße Informationsbeschaffung, Dokumentation und Präsentation von Lernergebnissen zum Ziel hat (KMK, 2004, S. 6).

Im geplanten Projekt werden diesbezüglich nicht nur spezifische, an eine konkrete Handlung gebundene Kompetenzen, sondern auch übergeordneten Grunderfahrungen des Mathematikunterrichts aufgegriffen. Auf Basis dieser Grunderfahrungen sollen SchülerInnen zur eigenverantwortlichen Bewältigung von Anforderungen des gesellschaftlichen Alltags, insbesondere in der digitalen Welt, befähigt werden. Die konzeptionelle Ausrichtung des Projekts erlaubt es, Einflüsse aus der Lebenswelt der TeilnehmerInnen, wie in den Grunderfahrungen des Mathematikunterrichts beschrieben (vgl. KMK, 2004), in die Produktion der Erklärvideos einzubinden. So sollen beispielsweise Objekte wie Trinkdosen und Gebäudestrukturen mit geometrischen Körpern in Verbindung gebracht werden (vgl. auch Ludwig, 2008). Der Forderung „[...] *Mathematik als anregendes, nutzbringendes und kreatives Betätigungsfeld* [zu] *erleben* [...]" (KMK, 2004, S. 6) wird durch den interdisziplinären Charakter der konzeptionellen Ausrichtung hinsichtlich medialer Kompetenzen und mathematischen Fähigkeiten im vorliegenden Projekt nachgegangen.

Um die Lernwirksamkeit des Unterrichtsprojekts erfassen zu können, müssen die verschiedenen (Lern-) Handlungen bezüglich der unterschiedlichen Projektphasen betrachtet und deren mögliche Wirkung auf die Entwicklung spezifischer Kompetenzen analysiert werden. Lernprozesse lassen sich allerdings in einem so offenen Lernsetting mit selbstregulierten und kooperativen Lernhandlungen sowie unterschiedlichen persönlichen affektiv-motivationalen und kognitiven Voraussetzungen der SchülerInnen nicht Schritt für Schritt planen und deren Wirkung entsprechend schwer voraussagen. Daher basieren die folgenden Ausführungen im Hinblick auf die Verknüpfung von (Lern-) Aktivitäten mit der Entwicklung von spezifischen Kompetenzen im Fach Mathematik sowie affektiven und motivationalen Effekten auf Prozessen, die durch das Konzept des Projektes intendiert sind. Inwieweit diese Prozesse bzw. SchülerInnenaktivitäten in dieser Form ablaufen, kann aufgrund der Komplexität nur bedingt erfasst werden.

5.3.2   Phasenweise Betrachtung

In diesem Abschnitt werden die einzelnen Projektphasen hinsichtlich ihrer spezifischen Gestaltungsmerkmale und intendierten Aktivitäten der SchülerInnen auf mögliche Affekt- und Motivationswirksamkeit sowie Lernwirksamkeit in Anlehnung an die Kompetenzorientierung (KMK, 2004) hin analysiert.

Phase 1
Affekt- und Motivationswirksamkeit. Die erste Projektphase ist durch die Gestaltungsmerkmale Struktur und Erwartung (vgl. Kapitel 3.3.3) geprägt (vgl. Abb. 5.2). In der Einführung werden der Arbeitsauftrag, die zeitlichen und organisatorischen Rahmenbedingungen sowie die Erwartungen und Anforderungen an die SchülerInnen klar kommuniziert.

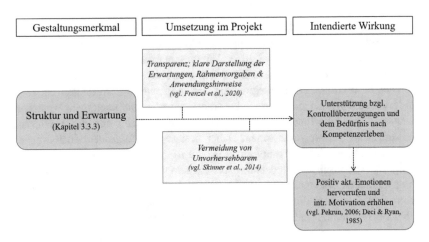

Abbildung 5.2 Gestaltungsmerkmale Struktur und Erwartung, Umsetzung und intendierte Wirkung in der ersten Projektphase

Lernwirksamkeit. Die erste Projektphase dient der Einführung in das Projektvorhaben sowohl hinsichtlich des Arbeitsauftrags und der organisatorischen Rahmenvorgaben als auch in Bezug auf die verwendeten Technologien. Da es in dieser Phase keinen mathematisch-inhaltlichen Fokus gibt, werden keine Lerneffekte bzgl. prozess- und inhaltsbezogener Kompetenzentwicklung angenommen.

Phase 2

Affekt- und Motivationswirksamkeit. Die prägenden Gestaltungsmerkmale hinsichtlich der emotions- und motivationsfördernden Ausrichtung der Lernumgebung in dieser Projektphase sind Autonomiegewährung (vgl. Kapitel 3.3.1) und Kooperation (vgl. Kapitel 3.3.4).

Wie in verschiedenen Studien gezeigt wurde (vgl. Kapitel 3.3.1), können autonomieunterstützende Lernumgebungen dazu beitragen, Kontroll- und Wertüberzeugungen sowie intrinsische Motivation zu erhöhen und akademische Leistung bei SchülerInnen zu verbessern (vgl. u. a. Guay, Ratelle & Chanal, 2008; Reeve, Jang, Carrell, Barch & Jeon, 2004; Tsai, Kunter, Lüdtke, Trauwein & Ryan, 2008). Das von Schlag (2013, S. 147) geforderte *„sensible[s] Gleichgewicht"* zwischen Anleitungen durch die Lehrkraft und Eigentätigkeit der Lernenden wird insbesondere in dieser Arbeitsphase des Projekts berücksichtigt. Die Lehrperson nimmt eine passive Rolle mit einer Rücknahme eigener Handlungsimpulse ein, gewährt den Lernenden dadurch Aktivitätsspielräume und gibt ihnen somit die Möglichkeit Lernhandlungen selbst zu organisieren, zu koordinieren und die Problemstellung selbstreguliert zu bearbeiten (vgl. Abb. 5.3).

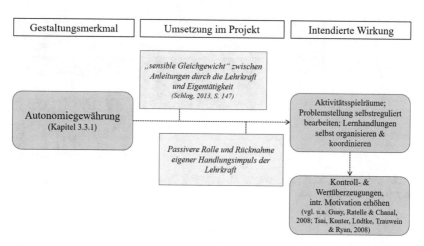

Abbildung 5.3 Gestaltungsmerkmal Autonomiegewährung, Umsetzung und intendierte Wirkung in der zweiten Projektphase

Die Gruppen handeln selbstreguliert im Hinblick auf die Erarbeitung und Aufbereitung der charakteristischen Merkmale des jeweiligen geometrischen Körpers und dessen inner- und außermathematischen Anwendung.

In dieser Projektphase arbeiten die Lernenden in Gruppen zusammen. Dabei sollen, wie von Schlag (2013) empfohlen, die Potentiale der Gruppe in günstiger Weise genutzt und es jedem Gruppenmitglied möglich werden, einen eigenständigen Beitrag zur Gruppenlösung, der Einbettung der mathematischen Inhalte in einen außermathematischen Kontext, zu leisten und somit individuelle Fähigkeiten und Kompetenzen einzubringen (vgl. Berger & Walpuski, 2018; Schiefele, 2004). Die Einbindung individueller Fähigkeiten und die Verknüpfung der mathematischen Inhalte mit einer Alltags- bzw. außermathematischen Anwendungssituation im Sinne von situierten Lernkontexten (vgl. Traub, 2012) soll dabei positiven Einfluss auf die subjektive Werteinschätzung und individuelle Relevanz der (Lern-) Aktivitäten (vgl. Kapitel 3.3.2) der ProjektteilnehmerInnen haben (vgl. Abb. 5.4).

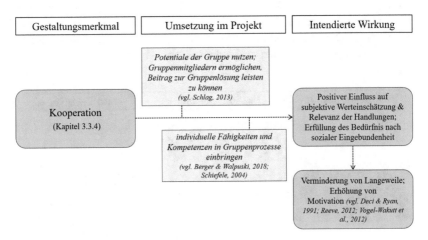

Abbildung 5.4 Gestaltungsmerkmal Kooperation, Umsetzung und intendierte Wirkung in der zweiten Projektphase

Die leitfadengestützte Aufgabenorientierung mithilfe des Steckbriefs dient der Präzisierung und Strukturierung der Handlungs- und Arbeitsprozesse, um eine Überforderung sowie entsprechend eine Reduzierung der Kontrollüberzeugung und damit verbunden einen negativen Einfluss auf die Emotionen der Lernenden zu verhindern (vgl. Frenzel et al., 2020).

Lernwirksamkeit. In dieser Phase wird der mathematische Inhalt, welcher den Kern des Erklärvideos ausmacht, von den Gruppen erarbeitet. Dazu sammeln sie mithilfe von bereitgestelltem Lernmaterial Informationen zu ihrem geometrischen Körper und füllen auf dieser Grundlage den Steckbrief aus. Anschließend entwickeln die Gruppen ihre Story. In Abbildung 5.7 werden die vielfältigen intendierten SchülerInnenaktivitäten dieser Projektphase und die entsprechend erwarteten und kompetenzorientierten Lerneffekte hinsichtlich der vier Schwerpunkte des Steckbriefs dargestellt. Die Kompetenzorientierung der SchülerInnenaktivitäten wird durch die Verknüpfung mit allgemeinen prozessbezogenen mathematischen (K1-K6) sowie inhaltsbezogenen Kompetenzen (L2, L3) verdeutlicht (vgl. Abb. 5.5).

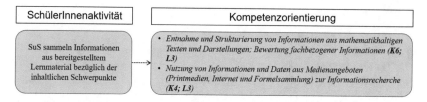

Abbildung 5.5 SchülerInnenaktivität und Kompetenzorientierung in der zweiten Projektphase

Mit dem Ausfüllen des Steckbriefs wird eine Vielzahl an SchülerInnenaktivitäten mit unterschiedlicher Kompetenzorientierung durchgeführt, welche in den folgenden Abbildungen (vgl. Abb. 5.8, 5.9, 5.10, 5.11, 5.12, 5.13, 5.14, 5.15) entsprechend der vier Schwerpunkte des Steckbriefs (vgl. Kapitel 5.1.1) dargestellt werden.

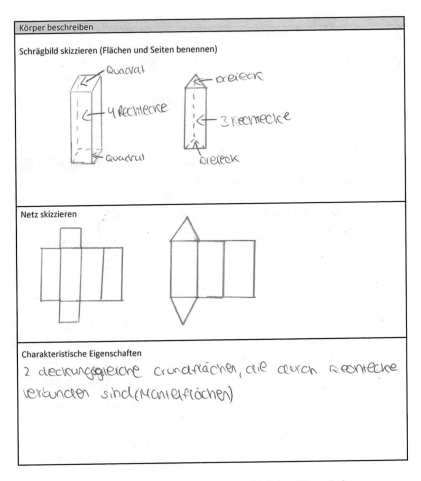

Abbildung 5.6   Beispiel für die Bearbeitung des Steckbriefs – Eigenschaften

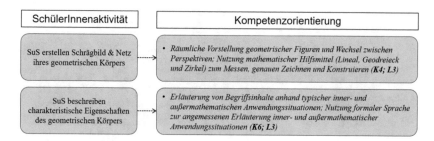

Abbildung 5.7 SchülerInnenaktivität und Kompetenzorientierung in der zweiten Projektphase – Eigenschaften

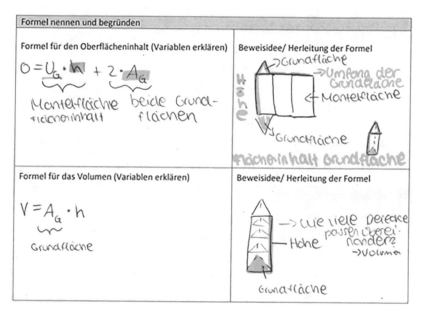

Abbildung 5.8 Beispiel für die Bearbeitung des Steckbriefs – Formeln

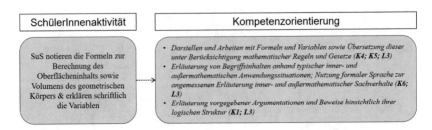

Abbildung 5.9 SchülerInnenaktivität und Kompetenzorientierung in der zweiten Projektphase – Formeln

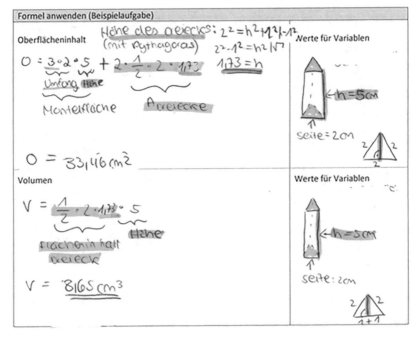

Abbildung 5.10 Beispiel für die Bearbeitung des Steckbriefs – Anwendung

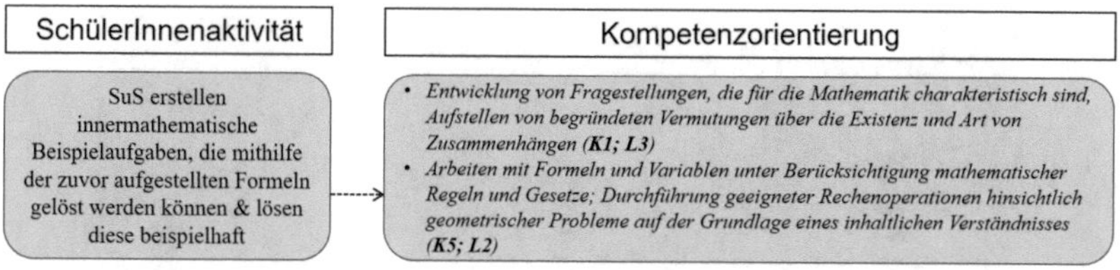

SchülerInnenaktivität
Kompetenzorientierung
SuS erstellen innermathematische Beispielaufgaben, die mithilfe der zuvor aufgestellten Formeln gelöst werden können & lösen diese beispielhaft
• Entwicklung von Fragestellungen, die für die Mathematik charakteristisch sind, Aufstellen von begründeten Vermutungen über die Existenz und Art von Zusammenhängen (K1; L3)
• Arbeiten mit Formeln und Variablen unter Berücksichtigung mathematischer Regeln und Gesetze; Durchführung geeigneter Rechenoperationen hinsichtlich geometrischer Probleme auf der Grundlage eines inhaltlichen Verständnisses (K5; L2)

Abbildung 5.11 SchülerInnenaktivität und Kompetenzorientierung in der zweiten Projektphase – Anwendung

Anwendung Umwelt
Realistische Anwendungsaufgabe ausdenken (Formeln anwenden)
-Schultüte
-Luvre
Die Scheiben des Luvres und der Boden müssen erneuert werden. 20m = Länge
O = 20² + 4 · (½ · 20 · 10) 10m = Höhe einer Seitenfläche
O = 400 + 4 · (½ · 200)
O = 400 + 4 · 100
O = 400 + 400
O = 800 m²
Das Luvre muss ausgeachtet werden, dafür benötigt man erst einmal das Volumen, berechne dieses. 20m = Länge 9m = Höhe
V = ⅓ · 20² · 9
V = ⅓ · 400 · 9
V = ⅓ · 3600
V = 1200 m³

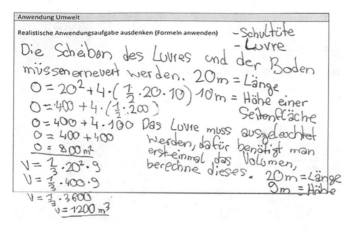

Abbildung 5.12 Beispiel für die Bearbeitung des Steckbriefs – Modellierungsaufgabe

SchülerInnenaktivität
Kompetenzorientierung
SuS erstellen Beispielaufgaben mit außermathematischem Bezug, die mithilfe der zuvor aufgestellten Formeln gelöst werden können & lösen diese beispielhaft
• Arbeiten mit Formeln und Variablen unter Berücksichtigung mathematischer Regeln und Gesetze; Durchführung geeigneter Rechenoperationen hinsichtlich geometrischer Probleme auf der Grundlage eines inhaltlichen Verständnisses (K5; L2)
• Zuordnung mathematischer Modelle zu passenden realen Situationen; Erarbeitung von Lösungen zu Anwendungsproblemen mithilfe mathematischer Kenntnisse und Fertigkeiten; Bezug erarbeiteter Lösungen auf die reale Situation und Interpretation dieser als Antwort auf die Fragestellung (K3; L3)
• Entwicklung von Fragestellungen, die für die Mathematik charakteristisch sind; Aufstellen begründeter Vermutungen über die Existenz und Art von Zusammenhängen (K1; L3)

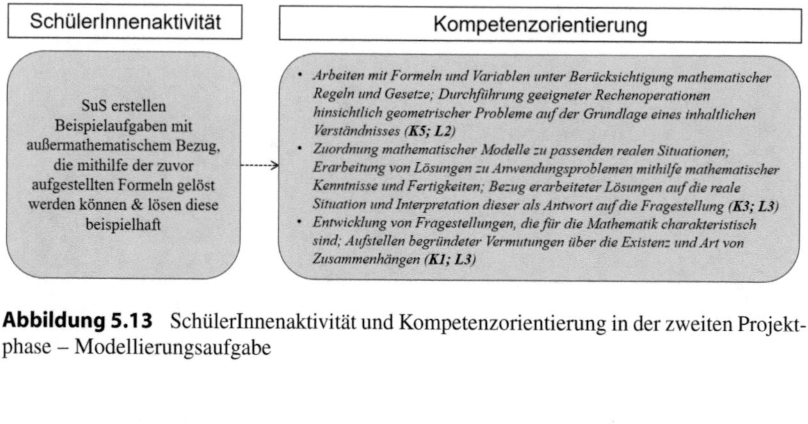

Abbildung 5.13 SchülerInnenaktivität und Kompetenzorientierung in der zweiten Projektphase – Modellierungsaufgabe

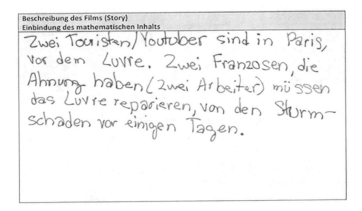

Beschreibung des Films (Story)
Einbindung des mathematischen Inhalts

Zwei Touristen/Youtuber sind in Paris,
vor dem Luvre. Zwei Franzosen, die
Ahnung haben (zwei Arbeiter) müssen
das Luvre reparieren, von den Sturm-
schaden vor einigen Tagen.

Abbildung 5.14 Beispiel für die Bearbeitung des Steckbriefs – Story

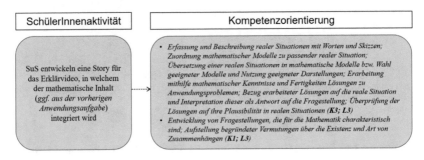

SchülerInnenaktivität	Kompetenzorientierung

SuS entwickeln eine Story für das Erklärvideo, in welchem der mathematische Inhalt (ggf. aus der vorherigen Anwendungsaufgabe) integriert wird

- *Erfassung und Beschreibung realer Situationen mit Worten und Skizzen; Zuordnung mathematischer Modelle zu passender realer Situation; Übersetzung einer realen Situationen in mathematische Modelle bzw. Wahl geeigneter Modelle und Nutzung geeigneter Darstellungen; Erarbeitung mithilfe mathematischer Kenntnisse und Fertigkeiten Lösungen zu Anwendungsproblemen; Bezug erarbeiteter Lösungen auf die reale Situation und Interpretation dieser als Antwort auf die Fragestellung; Überprüfung der Lösungen auf ihre Plausibilität in realen Situationen (K3; L3)*
- *Entwicklung von Fragestellungen, die für die Mathematik charakteristisch sind; Aufstellung begründeter Vermutungen über die Existenz und Art von Zusammenhängen (K1; L3)*

Abbildung 5.15 SchülerInnenaktivität und Kompetenzorientierung in der zweiten Projektphase – Story

Phase 3

Affekt- und Motivationswirksamkeit. Rückmeldungen (vgl. Kapitel 3.3.6) sind in der Auseinandersetzung mit dem Lerngegenstand nicht nur hinsichtlich fachlicher Kompetenzentwicklung maßgeblich, sondern auch elementar in Bezug auf die Kompetenzüberzeugung sowie wahrgenommene Kontrolle und letztendlich auf die Entwicklung von lern- und leistungsbezogenen Emotionen (vgl. Loderer et al., 2018; Hascher & Hagenauer, 2010; Pekrun & Perry, 2014). In dieser Projektphase erhalten die Gruppen Rückmeldung zu der Präsentation ihres geometrischen Körpers. Die Rückmeldungen sollen dabei möglichst lernzielorientiert formuliert sein und somit die wahrgenommene Kontrollierbarkeit und die Relevanz betonen (vgl. Perry, Chipperfield, Hladkyj, Pekrun & Hamm, 2014). Zudem sollen, wie Zeidner (1998) empfiehlt, bei negativem Feedback Lern- und Verbesserungsmöglichkeiten aufgezeigt werden, damit keine Fehler oder fehlerhaften Formulierungen in das Erklärvideo übernommen werden. Die Gruppen haben als Konsequenz der Rückmeldungen die Sicherheit, keine grundlegenden Fehlinformationen im Erklärvideo festzuhalten, wodurch die wahrgenommene Kontrolle im Sinne zukunftsgerichteter Kausalerwartungen (vgl. Loderer et al., 2018) gestützt wird (vgl. Abb. 5.16).

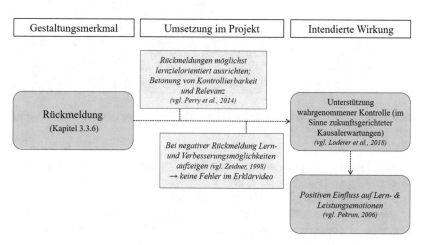

Abbildung 5.16 Gestaltungsmerkmal Rückmeldung, Umsetzung und intendierte Wirkung in der dritten Projektphase

Lernwirksamkeit. In dieser Projektphase werden insbesondere die prozessbezogenen Kompetenzen des Kommunizierens (K3), aber auch des Operierens (K4, K5)
und Argumentierens (K1) gefördert.

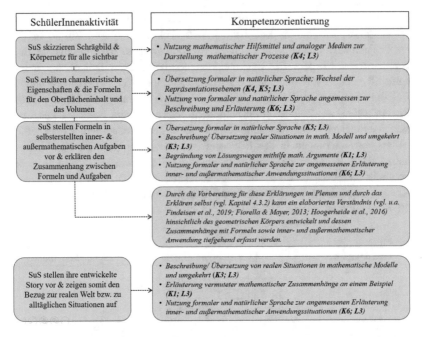

Abbildung 5.17 SchülerInnenaktivität und Kompetenzorientierung in der dritten Projektphase – Zwischenergebnisse

Dabei kann diese Phase sowohl bezüglich der Vorstellung des eigenen geometrischen Körpers (vgl. Abb. 5.17) als auch hinsichtlich der Rezeption der anderen
Gruppenpräsentationen (vgl. Abb. 5.18) lernwirksam sein.

Wasmann-Frahm (2008) beschreibt in diesem Zusammenhang das Lernen
von anderen Gruppen als einen weiteren positiven Effekt von Projektarbeit in
kooperativen Lernarrangements (vgl. Abschnitt 4.2.3.1).

Phase 4
Affekt- und Motivationswirksamkeit. In dieser Phase sind insbesondere die Gestal-
tungmerkmale Autonomiegewährung (vgl. Kapitel 3.3.1), Kooperation (vgl.

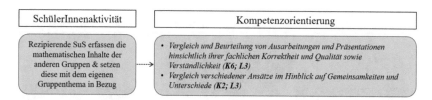

SchülerInnenaktivität	Kompetenzorientierung
Rezipierende SuS erfassen die mathematischen Inhalte der anderen Gruppen & setzen diese mit dem eigenen Gruppenthema in Bezug	• *Vergleich und Beurteilung von Ausarbeitungen und Präsentationen hinsichtlich ihrer fachlichen Korrektheit und Qualität sowie Verständlichkeit (K6; L3)* • *Vergleich verschiedener Ansätze im Hinblick auf Gemeinsamkeiten und Unterschiede (K2; L3)*

Abbildung 5.18 SchülerInnenaktivität und Kompetenzorientierung in der dritten Projektphase – Rezeption der Zwischenergebnisse

Kapitel 3.3.4) und Wertinduktion (vgl. Kapitel 3.3.2) bedeutsam. Wie in der ersten Gruppenphase arbeiten die ProjektteilnehmerInnen selbstreguliert in einem kooperativen Setting. Sie entscheiden selbstständig in Absprache mit allen Gruppenmitgliedern über die Darstellung der mathematischen Inhalte und die allgemeine Gestaltung sowie den Kontext des Erklärvideos. Durch diese bewussten und planmäßigen Aktivitäten soll das Ziel, die Erstellung des Erklärvideos, erreicht werden, wodurch sowohl die Selbstregulation und Eigeninitiative (vgl. Katz & Assor, 2007; Reeve, Nix & Hamm, 2003) gefördert als auch das Erleben von Selbstbestimmung (vgl. Götz & Nett, 2011; Schiefele & Streblow, 2006) unterstützt werden soll (vgl. Abb. 5.19). Selbstbestimmung bzw. Autonomie gilt in der Selbstbestimmungstheorie als ein psychologisches Grundbedürfnis und Grundlage für die Entstehung von intrinsischer Motivation (vgl. Deci & Ryan, 1985, 1993; Skinner, Pitzer & Brule, 2014). Darüber hinaus stehen nach der Kontroll-Wert-Theorie kognitive Prozesse der Selbstregulation im positiven Zusammenhang mit lernförderlichen Emotionen wie Lernfreude (vgl. Pekrun, 2006).

Bei dem Arbeitsauftrag in dieser Projektphase handelt es sich um eine wirkliche Gruppenaufgabe, die, wie von Cohen (1994) beschrieben, lediglich im Kollektiv befriedigend bewältigt werden kann (vgl. Abb. 5.20). Die Gruppenmitglieder haben die Möglichkeit, individuelle Fähigkeiten und Kompetenzen zur Erstellung des Erklärvideos einzubringen und somit einen Beitrag zur Gruppenlösung zu leisten (vgl. Berger & Walpuski, 2018; Schiefele, 2004). Das Einbringen von individuellen Fähigkeiten, wie kreative Ideen zur Umsetzung, Kontextbildung oder technologische Kenntnisse, unterstützt zudem die Erfüllung des psychologischen Grundbedürfnisses des Kompetenzerlebens und sozialer Eingebundenheit (vgl. Deci & Ryan, 1985).

Die Nutzung digitaler Technologien kann zudem die persönliche Bedeutsamkeit für die SchülerInnen erhöhen (vgl. Kapitel 3.3.2). Studien zur Mediennutzung von Kindern und Jugendlichen verweisen auf eine starke Einbindung von

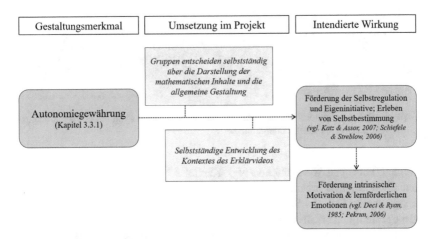

Abbildung 5.19 Gestaltungsmerkmal Autonomiegewährung, Umsetzung und intendierte Wirkung in der vierten Projektphase

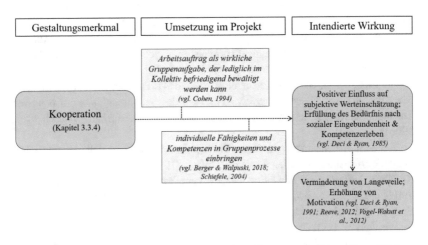

Abbildung 5.20 Gestaltungsmerkmal Kooperation, Umsetzung und intendierte Wirkung in der vierten Projektphase

Medienprodukten, wie Fotos und Videos, und deren Erstellung im Alltag der Heranwachsenden (vgl. MPFS, 2021, 2020). Mit der Produktion von Videos können die ProjektteilnehmerInnen einen Bezug zu ihrer Alltagswelt herstellen, wodurch die subjektive Relevanz gesteigert wird, die emotions- und motivationsförderlich wirken kann (vgl. u. a. Asensio & Young, 2002; Hakkarainen, 2011; Smith, 2016). Zudem lässt sich das Erstellen von Videos durch Lernende nach Slopinski (2016) mit selbstreguliertem (vgl. Kapitel 3.2.1) und kooperativem (vgl. Kapitel 3.2.4) Lernen verknüpfen (vgl. Abb. 5.21).

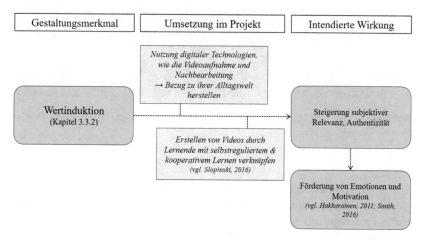

Abbildung 5.21 Gestaltungsmerkmal Wertinduktion, Umsetzung und intendierte Wirkung in der vierten Projektphase

Lernwirksamkeit. In dieser Projektphase werden insbesondere prozessbezogene Kompetenzen des mathematischen Kommunizierens (K6) und Argumentierens (K1) hinsichtlich des Inhaltsfeldes Geometrie gefördert (vgl. Abb. 5.22).

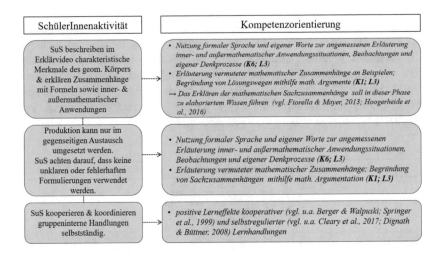

Abbildung 5.22 SchülerInnenaktivität und Kompetenzorientierung in der vierten Projektphase – Videoproduktion

Phase 5

Affekt- und Motivationswirksamkeit. Die Wirkungen der Rezeption von Erklärvideos auf die Emotionen und die Motivation von SchülerInnen hängt von vielfältigen Aspekten ab (vgl. Findeisen et al., 2019). Im Rahmen dieses Projekts erstellen SchülerInnen einer Klasse, die somit in einem ähnlichen Alter und auf einem ähnlichen kognitiven Niveau sind, Erklärvideos zu Themen, die bereits im Unterricht behandelt wurden. Die Rezeption der Filme mit Erklärung sowie insbesondere den Bezügen zur Alltagswelt und ggf. relevanten Aspekten der Lebenswelt der SchülerInnen (vgl. MPFS, 2021, 2020) durch die konzeptgebende Story kann die Empfindung von Authentizität unterstützen, welche positiven Einfluss auf die subjektive Bedeutsamkeit haben kann (vgl. Frenzel & Stephens, 2011; Krapp, 2005). So können beispielsweise aktuelle Themen wie Jugendsprache oder die Nutzung digitaler Medien in Kontext des Erklärvideos einbezogen werden, welche den subjektiven Wert erhöhen kann (vgl. Abb. 5.23).

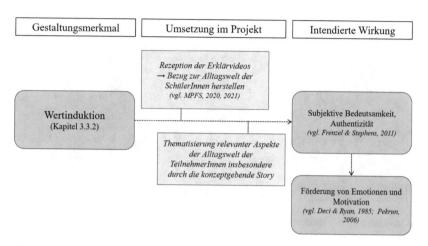

Abbildung 5.23 Gestaltungsmerkmal Wertinduktion, Umsetzung und intendierte Wirkung in der fünften Projektphase

Lernwirksamkeit. In dieser Phase werden die Inhalte jeder Gruppe durch die Rezeption der Erklärvideos an alle ProjektteilnehmerInnen herangetragen. Die SchülerInnen können dabei Querverbindungen zum eigenen geometrischen Körper und zur realen Welt im Sinne des Lernens durch Reflexion (vgl. Rummler, 2017) herstellen. Dabei sollen insbesondere die Aspekte Flexibilisierung des Wissens, Verknüpfung von Theorie und Praxis, Aufbau von Fachsprache und Erfassen der Komplexität von Realität gefördert werden (vgl. Krammer & Reusser, 2005). Diese Aspekte lassen sich mit den prozessbezogenen Kompetenzen Problemlösen (K2), Modellieren (K3) und Kommunizieren (K6) sowie inhaltsbezogenen Kompetenzen der Leitidee Raum und Form verknüpfen (vgl. Abb. 5.24). Da bei den Erklärungen in den Erklärvideos insbesondere auf schwierige oder problematische Aspekte in Bezug auf den jeweiligen geometrischen Körper eingegangen werden sollte, kann die Rezeption der Videos dazu führen, Unklarheiten auszuräumen.

SchülerInnenaktivität	Kompetenzorientierung

SuS rezipieren alle Erklärvideos & werden so über die mathematischen Inhalte der anderen Gruppen informiert. Querverbindungen zum eigenen geometrischen Körper & zur realen Welt können gezogen werden.

- - - →

Effekte durch Rezeption von Erklärvideos (vgl. Krammer & Reusser, 2005):
- *Flexibilisierung des Wissens: Überprüfung der Plausibilität; Vergleich verschiedener Ansätze im Hinblick auf Gemeinsamkeiten und Unterschiede (K2; L3)*
- *Verknüpfung von Theorie und Praxis: Übersetzung realer Situationen in math. Modell und umgekehrt (K3; L3)*
- *Aufbau von Fachsprache: Rezeption formaler und natürlicher Sprache zur angemessenen Erläuterung inner- und außermathematischer Sachzusammenhänge (K6; L3)*
- *Erfassen der Komplexität von Realität: Beschreibung/ Übersetzung von realen Situationen in mathematische Modelle und umgekehrt (K3; L3)*
- *→Unklarheiten können ausgeräumt werden; Lernen durch Reflexion (vgl. Rummler, 2017):*

Abbildung 5.24 SchülerInnenaktivität und Kompetenzorientierung in der fünften Projektphase – Rezeption der Erklärvideos

Empirische Studie

6

Mit der quasi-experimentellen Studie soll das beschriebene Unterrichtsprojekt wissenschaftlich begleitet und dessen Wirkung auf emotionale und motivationale Parameter sowie die Entwicklung der Mathematikleistung bei den ProjektteilnehmerInnen überprüft werden. In diesem Kapitel werden dazu zunächst die Forschungsfragen und entsprechende Hypothesen, welche sich aus den theoretischen Ausführungen der vorherigen Kapitel ableiten lassen, herausgestellt. Die umfassende empirische Begleitung des Projekts wird mithilfe von verschiedenen Datenerhebungsinstrumenten durchgeführt, welche anschließend beschrieben werden. Danach wird im Forschungsdesign der Aufbau der empirischen Studie erläutert. Darauf folgen die Beschreibung der Probandengruppe sowie der Auswertungsmethoden und abschließend werden die Ergebnisse der empirischen Erhebung dargestellt.

6.1 Forschungsfragen

Das Forschungsinteresse, welches in der Einleitung beschrieben wurde, findet in diesem Kapitel in der Formulierung der Forschungsfragen Ausdruck. In den theoretischen Ausführungen (vgl. Kapitel 2 & 3) wurde eine Vielzahl an affektiven und motivationalen Konstrukten erläutert und deren Entstehungs- und Wirkmechanismen zueinander und hinsichtlich kognitiver Parameter insbesondere

Ergänzende Information Die elektronische Version dieses Kapitels enthält Zusatzmaterial, auf das über folgenden Link zugegriffen werden kann https://doi.org/10.1007/978-3-658-43598-1_6.

D. Barton, *Medienprojekte im Mathematikunterricht*, Bielefelder Schriften zur Didaktik der Mathematik 13, https://doi.org/10.1007/978-3-658-43598-1_6

im Rahmen von Schule und Unterricht dargestellt. Das beschriebene Unterrichtsprojekt (vgl. Kapitel 5) soll in Bezug auf die in der Theorie aufgeführten Entstehungs- und Wirkmechanismen von Emotionen und Motivation sowie die Lernentwicklung untersucht werden. Im Folgenden werden die Forschungsfragen und die auf Grundlage der theoretischen Ausführungen abgeleiteten Hypothesen vorgestellt. Diese beziehen sich zum einen auf emotionale sowie motivationale Aspekte und zum anderen auf lern- und leistungsspezifische Faktoren.

6.1.1 F1 motivationale Aspekte: Projekt und Frontalunterricht im Vergleich

Mithilfe der drei Forschungsfragen hinsichtlich der Evaluation des Projekts im Vergleich zu frontal ausgerichtetem Mathematikunterricht soll zum einen die Erfüllung der psychologischen Grundbedürfnisse Autonomie- (u.a Reeve, 2012) und Kompetenzerleben (u. a. Elliot & Dweck, 2005; Malmivouri, 2006), die im Unterrichtskontext besonders bedeutsam sind, untersucht werden. Zum anderen soll das Erleben intrinsischer Motivation, welche *„als besonders wünschenswerte Art der Lernmotivation"* (Spinath, 2011, S. 47) gilt, während des Projekt und während einer Mathematikstunde verglichen werden.

Fragestellungen

F1.1   Ist ein Unterschied der intrinsischen Motivation der teilnehmenden SchülerInnen während der Arbeit im Projekt im Vergleich zu regulärem Mathematikunterricht zu verzeichnen? Gibt es dahingehend Unterschiede zwischen der Entwicklungs- und Feldgruppe?

F1.2   Unterscheidet sich das Autonomieerleben der SchülerInnen während des Projekts im Vergleich zu regulärem Mathematikunterricht? Gibt es diesbezüglich Unterschiede zwischen der Entwicklungs- und Feldgruppe?

F1.3   Unterscheidet sich das Kompetenzerleben der Lernenden während des Projekts im Vergleich zu regulärem Mathematikunterricht? Gibt es in diesem Zusammenhang Unterschiede zwischen der Entwicklungs- und Feldgruppe?

Auf Grundlage insbesondere der Selbstbestimmungstheorie und den daraus abgeleiteten motivationsfördernden Handlungs- und Gestaltungsmerkmalen, wie Autonomiegewährung, Kooperation und Wertinduktion (vgl. Kapitel 3), an welchen das Projekt ausgerichtet ist, werden folgende Annahmen getroffen:

Hypothesen

H1.1   Es wird ein Unterschied der intrinsischen Motivation der teilnehmenden SchülerInnen während der Arbeit im Projekt im Vergleich zu regulärem Mathematikunterricht verzeichnet. Feld- und Entwicklungsgruppe weisen Unterschiede im Hinblick auf die intrinsische Motivation auf.

H1.2   Die teilnehmenden SchülerInnen erleben eine größere Autonomie während des Projekts im Vergleich zu regulärem Mathematikunterricht. Dies bezieht sich auf Veränderungen des (i) Drucks bzw. der Spannung und des (ii) subjektiven Werts bzw. der Nützlichkeit, die von den Lernenden im Vergleich wahrgenommen werden. Feld- und Entwicklungsgruppe weisen Unterschiede im Hinblick auf den (i) subjektiven Wert bzw. die Nützlichkeit und den (ii) Druck bzw. die Spannung auf.

H1.3   Die Lernenden fühlen sich kompetenter während des Projekts im Vergleich zu regulärem Mathematikunterricht. Feld- und Entwicklungsgruppe weisen Unterschiede im Hinblick auf die erlebte Kompetenz auf.

6.1.2 F2 emotionale und motivationale Aspekte: Entwicklung von Appraisals, Lern- und Leistungsemotionen sowie Interesse

Mit den folgenden fünf Forschungsfragen soll der Einfluss des Projekts auf das langfristige Erleben von Emotionen und Motivation im Mathematikunterricht untersucht werden. In Bezug auf das affektive Erleben werden sowohl die subjektiven Bewertungsprozesse, welche in Appraisaltheorien, wie der *Kontroll-Wert-Theorie*, als Determinanten für die Entstehung von Emotionen gelten (vgl. u. a. Frenzel, Götz & Pekrun, 2020), als auch das Erleben von Emotionen selbst über den Untersuchungszeitraum überprüft. Dabei werden lern- und leistungsförderliche sowie lern- und leistungsmindernde Emotionen (vgl. u. a. Pekrun & Linnenbrink-Garcia, 2014) differenziert betrachtet. Zudem wird die Wirkung des Projekts auf die längerfristige Entwicklung motivationaler Aspekte wie Interesse und Motivation (vgl. u. a. Pekrun, 2018b) hinsichtlich der Mathematik und dem Mathematikunterricht erfasst.

Fragestellungen

F2.1   Wird eine Veränderung der subjektiven Bewertungsprozesse, der soge-
        nannten Appraisals, über die drei Messzeitpunkte vor, nach und drei
        Monate nach der Projektdurchführung bei den teilnehmenden Schüle-
        rInnen verzeichnet? Gibt es dahingehend Unterschiede zwischen der
        Entwicklungs- und Feld- und Kontrollgruppe?

F2.2   Inwieweit werden lernförderliche Lern- und Leistungsemotionen bezüg-
        lich des Fachs Mathematik durch die Teilnahme am Projekt geför-
        dert? Gibt es in diesem Zusammenhang Unterschiede zwischen der
        Entwicklungs- und Feld- und Kontrollgruppe?

F2.3   Inwieweit werden lernmindernde Lern- und Leistungsemotionen bezüg-
        lich des Fachs Mathematik durch die Teilnahme am Projekt reduziert?
        Gibt es diesbezüglich Unterschiede zwischen der Entwicklungs- und Feld-
        und Kontrollgruppe?

F2.4   Wird das Interesse bezüglich der Mathematik bzw. des Mathematikun-
        terrichts durch die Teilnahme am Projekt gesteigert? Gibt es bezüglich
        des Interesses Unterschiede zwischen der Entwicklungs- und Feld- und
        Kontrollgruppe?

F2.5   Inwieweit wird die Motivation bezüglich der Mathematik bzw. des Mathe-
        matikunterrichts durch das Mitarbeiten im Projekt gesteigert? Gibt es
        dahingehend Unterschiede zwischen der Entwicklungs- und Feldgruppe?

Diese zu untersuchenden Konstrukte sind, insbesondere nach der *Kontroll-Wert-
Theorie*, hinsichtlich der reziproken Wirkung von Emotionen und kognitiv-
motivationalen Aspekten wie Kontroll- und Wertkognitionen sowie Lernmotivation bedeutsame Parameter (vgl. Kapitel 2). Auf der Grundlage der daraus
abgeleiteten emotions- und motivationsfördernden Ausrichtung der Lernumgebung dieses Projekts (vgl. Kapitel 5.3) werden folgende Annahmen getroffen:
Hypothesen

H2.1   Die subjektiven Bewertungsprozesse, die sogenannten Appraisals, ver-
        ändern sich über die drei Messzeitpunkte. Dies bezieht sich zum einen
        auf die Kontrollkognitionen *(i) Selbstwirksamkeit* sowie *(ii) akademische
        Selbstkonzept* und zum anderen auf die Wertkognitionen *(iii) intrinsische,
        (iv) extrinsische* sowie *(v) ganzheitliche Valenz.* Feld-, Entwicklungs- und
        Kontrollgruppe weisen Unterschiede im Hinblick auf die beschriebenen
        Kontroll- (i-ii) und Wertkognitionen (iii-v) auf.

H2.2 Es werden Unterschiede in Bezug auf das Erleben der lernförderlichen Lern- und Leistungsemotionen *(i) Lernfreude* und *(ii) Stolz* in Bezug auf das Fach Mathematik bei den SchülerInnen über die drei Messzeitpunkte nachgewiesen. Feld-, Entwicklungs- und Kontrollgruppe weisen Unterschiede im Hinblick auf die *lernförderlichen Lern- und Leistungsemotionen (i-ii)* auf.

H2.3 Über die drei Messzeitpunkte werden Unterschiede hinsichtlich des Erlebens der lernmindernden Lern- und Leistungsemotion *(i) Langeweile* sowie der negativ-aktivierenden Lern- und Leistungsemotion *(ii) Ärger,* *(iii) Angst* und *(iv) Scham* in Bezug auf das Fach Mathematik bei den SchülerInnen ermittelt. Feld-, Entwicklungs- und Kontrollgruppe weisen Unterschiede bezüglich der lernmindernden Lern- und Leistungsemotion *(i) Langeweile* sowie der *negativ-aktivierenden Lern- und Leistungsemotion (ii-iv)* auf.

H2.4 Das Interesse an Mathematik bzw. dem Mathematikunterricht ändert sich über den Erhebungszeitraum. Die Untersuchung bezieht sich dabei sowohl auf *(i) Sachinteresse* als auch auf *(ii) Fachinteresse.* Feld-, Entwicklungs- und Kontrollgruppe weisen Unterschiede im Hinblick auf das *Interesse (i-ii)* bei den SchülerInnen auf.

H2.5 Über die drei Messzeitpunkte unterscheidet sich die *(i) intrinsische Motivation* und die *(ii) Kompetenzmotivation* bezüglich der Mathematik bzw. dem Mathematikunterricht bei den Lernenden. Feld-, Entwicklungs- und Kontrollgruppe weisen Unterschiede im Hinblick auf die *(i) intrinsischen Motivation* und die *(ii) Kompetenzmotivation* auf.

6.1.3 F3 kognitive Leistung: Entwicklung der kompetenzorientierten Lernleistung

Fragestellung

F3 Wird durch die Teilnahme am Projekt eine Steigerung der Leistung hinsichtlich der Kompetenzen im Inhaltsbereich Raumgeometrie verzeichnet? Gibt es diesbezüglich Unterschiede zwischen der Entwicklungs- und Feld- und Kontrollgruppe?

Das Projekt bezieht sich inhaltlich auf die mathematischen Leitideen Raum und Form sowie Messen. Dabei werden insbesondere die geometrischen Körper, welche im Mathematikunterricht in der Sekundarstufe I am Gymnasium in NRW behandelt werden, thematisiert. Die methodische Ausrichtung des Unterrichtsvorhabens soll dabei neben Effekten auf das emotionale und motivationale Erleben auch eine lernförderliche Wirkung auf die teilnehmenden SchülerInnen haben. Die in Kapitel 5.3 beschriebene Gestaltung des Unterrichtsvorhabens soll demnach zu elaboriertem Lernen führen. Die kompetenzorientierte Ausrichtung der Lernumgebung soll dieses insbesondere durch den alternativen Zugang zu den mathematischen Inhalten und den Perspektivwechsel, den die SchülerInnen durch das Erklären ihres Themas vollziehen, fördern. Daher werden folgende Annahmen bezüglich der Lernwirksamkeit des Projektes getroffen:

Hypothese

H3   Über den Erhebungszeitraum wird ein Unterschied der Testleistung hinsichtlich des mathematischen Themenbereichs Raumgeometrie ermittelt. Feld-, Entwicklungs- und Kontrollgruppe weisen Unterschiede im Hinblick auf die *Testleistung* auf.

6.2   Erhebungsinstrumente

In diesem Abschnitt werden die Erhebungsinstrumente, die in dieser Studie genutzt werden, vorgestellt. Zunächst werden die Fragebögen mit ausgewählten Skalen des *Intrinsic Motivation Inventory*, welche sich auf die Selbstbestimmungstheorie (vgl. Deci & Ryan, 1985) beziehen, und ausgewählte *Skalen zu Mathematikemotionen*, die auf Grundlage der Kontroll-Wert-Theorie (vgl. Pekrun, 2006) entwickelt wurden, näher betrachtet. Dazu werden jeweils die Skalen, die sich auf spezifische Konstrukte beziehen, mit Itembeispielen beschrieben sowie die Überprüfung der Reliabilität anhand der internen Konsistenz und Itemtrennschärfe dargestellt. Abschließend wird der Test zur Überprüfung der Leistungsentwicklung zum mathematischen Teilgebiet der Raumgeometrie mithilfe von Beispielitems beschrieben und die Reliabilitätsprüfung anhand der internen Konsistenz des Tests aufgezeigt.

6.2.1 Intrinsic Motivation Inventory

Zur Erfassung der motivationalen Wirkung des Projekts im Vergleich zu einer regulären Unterrichtsstunde werden Konstrukte mithilfe von Skalen erfasst, die in ähnlicher Form im *Intrinsic Motivation Inventory*[1] (vgl. Ryan & Deci, 1994) formuliert sind. Die Skalen wurden von der englischen in die deutsche Sprache übersetzt und die Formulierung „Mathe-Stunde" wurde in Bezug auf die Evaluation des Projekts, bei t_2 und t_3, in „Mathe-Projekt" geändert. Diese Änderungen wurden von Experten der Abteilung Psychologie der Fakultät für Psychologie und Sportwissenschaft der Universität Bielefeld begutachtet. Die Skalen beziehen sich zum einen direkt auf intrinsische Motivation und dem damit verbundenen Interesse bzw. der Freude (vgl. Ryan & Deci, 1994) an der jeweiligen Mathematikstunde (t_1) oder dem Projekt (t_2, t_3). Zum anderen werden durch die Skalen Wert/ Nützlichkeit und Spannung/ Druck die Auswirkungen der Mathematikstunde (t_1) und des Projekts (t_2, t_3) auf das psychologische Grundbedürfnis der Autonomie untersucht. Darüber hinaus wird die Wirkung des Projekts auf das psychologische Grundbedürfnis der wahrgenommenen Kompetenz in der Mathematikstunde (t_1) und im Projekt (t_2, t_3) erfasst. Das dritte Grundbedürfnis der sozialen Bezogenheit wurde in dieser Studie nicht untersucht, da einerseits die Items des IMI inhaltlich nicht zufriedenstellend auf die Untersuchung des Projekts übertragen werden können und andererseits unterschiedliche Sozialformen in den regulären Mathematikstunden angewendet werden, wodurch die Vergleichbarkeit eingeschränkt wird. Zudem ist die soziale Bezogenheit eng an die Lehrperson geknüpft, welche als Variable in dieser Erhebung nicht betrachtet wird.

Die verwendeten Skalen des *IMI* setzen sich aus mehreren Items zusammen, die als Aussagen über das jeweilige Konstrukt formuliert sind. Die SchülerInnen geben ihre Einschätzungen auf einer siebenstufigen Likert-Skala von *stimme gar nicht zu (1)* bis *stimme sehr zu (7)* an. In Tabelle 6.1 sind die Skalen mit jeweils einem Beispielitem aufgeführt. Der komplette Fragebogen ist im elektronischen Zusatzmaterial hinterlegt (vgl. Anhang 1.3.1, 1.3.2 im elektronischen Zusatzmaterial).

Die Anzahl der Items zu einer Skala, die interne Konsistenz anhand von Cronbachs α der jeweiligen Skalen sowie die Itemtrennschärfe ist in Tabelle 6.2 dargestellt.

---

[1] Im Folgenden IMI genannt.

Tabelle 6.1   Skalen und Beispielitems des IMI

Skala	Beispielitem
Interesse/ Freude	*Ich empfand die Mathe-Stunde/ das Mathe-Projekt als sehr interessant.*
Wahrgenommene Kompetenz	*In der Mathe-Stunde/ Im Mathe-Projekt fühlte ich mich ziemlich kompetent.*
Wert/ Nützlichkeit	*Ich denke, dass mir das Mitarbeiten in der Mathe-Stunde/ im Mathe-Projekt helfen könnte Mathematik besser zu verstehen.*
Druck/ Spannung	*Ich fühlte mich beim Mitarbeiten in der Mathe-Stunde/ im Mathe-Projekt unter Druck gesetzt.*

Tabelle 6.2   Interne Konsistenz der IMI Skalen

		t_1			t_2			t_3		
Skala	#	N	α	$r_{i(t-i)}$	N	α	$r_{i(t-i)}$	N	α	$r_{i(t-i)}$
Interesse / Freude	7	133	.88	.49–.78	158	.89	.59–.76	163	.89	.55–.78
Wahrge. Kompetenz	5	167	.88	.56–.81	163	.82	.53–.68	168	.87	.63–.76
Wert / Nützlichkeit	5	167	.77	.47–.63	164	.82	.49–.70	167	.87	.53–.76
Spannung / Druck	3	168	.80	.64–.71	162	.76	.58–.63	168	.69	.47–.56

Um die interne Konsistenz der Skala *Druck / Spannung* zu verbessern (vorher fünf Items; Cronbachs α = .43–.66), wurden zwei Items von der Auswertung ausgeschlossen. Dies betraf die reversed formulierten Items „*Es machte mich nicht nervös in der Mathe-Stunde mitzuarbeiten*" und „*Ich fühlte mich entspannt beim Mitarbeiten in der Mathe-Stunde*". Die interne Konsistenz an den drei Messzeitpunkten liegen, mit einer Ausnahme α = .69, jeweils im akzeptablen bis guten Bereich und auch die Trennschärfe der verwendeten Items innerhalb der Skalen befinden sich, bis auf vereinzelte Ausnahmen, oberhalb des kritischen Werts (vgl. Weiber & Mühlhaus, 2014; Blanz, 2015).

6.2.2   Skalen zu Mathematikemotionen

Um die Auswirkung des Projekts auf motivationale und emotionale Faktoren der SchülerInnen im Hinblick auf das Fach Mathematik und die Mathematik im Allgemeinen zu untersuchen, werden Skalen aus der Langzeitstudie PALMA (vgl. Pekrun et al., 2002a) genutzt. Die Skalen setzen sich aus mehreren Items zusammen, die als Aussagen über das jeweilige Konstrukt formuliert sind. Die SchülerInnen geben ihre Einschätzungen auf einer fünfstufigen Likert-Skala von *stimmt gar nicht (1)* bis *stimmt genau (5)* an. Die verwendeten Skalen beziehen sich jeweils auf die Aspekte Appraisals, Mathematikemotionen sowie Interesse und Motivation der Kontroll-Wert-Theorie (vgl. Pekrun, 2006). Diese Aspekte werden im Folgenden mit den dazugehörigen Skalen beschrieben und eine Überprüfung der Reliabilität mithilfe der Prüfung auf interne Konsistenz anhand von Cronbachs α und der Trennschärfen der Items wird dargestellt (vgl. Weiber & Mühlhaus, 2014; Blanz, 2015).

Selbst- und fachbezogene Kognitionen: Appraisals (vgl. Kapitel 2.1.3)

Mit den Skalen bezüglich der selbst- und fachbezogenen Kognitionen soll die Auswirkung des Projekts auf die subjektiven Bewertungsprozesse, den sog. Appraisals (vgl. Pekrun, 2006), hinsichtlich der Mathematik untersucht werden. Dabei beziehen sich die Skalen Selbstwirksamkeit und akademisches Selbstkonzept auf Kontrollkognitionen und die Skalen intrinsische, extrinsische und ganzheitliche Valenz auf Wertkognitionen (vgl. Tab. 6.3).

Tabelle 6.3 Skalen und Beispielitems zu selbst- und fachbezogenen Kognitionen

Skala	Beispielitem
Selbstwirksamkeit	*In Mathe bin ich sicher, dass ich auch den schwierigsten Stoff verstehen kann.*
Akademisches Selbstkonzept	*Es fällt mir leicht, in Mathematik etwas zu verstehen.*
Intrinsische Valenz	*Ich halte das Fach Mathematik für sehr wichtig.*
Extrinsische Valenz	*Ich denke, dass ich ohne Mathematik im Leben nichts erreichen kann.*
Ganzheitliche Valenz	*Mathematik spielt in meinem Leben eine große Rolle.*

Diese Skalen wurden bereits in der PALMA-Studie (vgl. Pekrun et al., 2002a) genutzt. Die interne Konsistenz lag bezüglich Selbstwirksamkeit bei $\alpha = .85$, akademisches Selbstkonzept bei $\alpha = .88$, intrinsische Valenz bei $\alpha = .72$, extrinsische Valenz bei $\alpha = .62$ sowie ganzheitliche Valenz bei $\alpha = .68$ und somit im fragwürdigem bis gutem Bereich (vgl. Blanz, 2015). In der vorliegenden Studie liegen die internen Konsistenzen an den drei Messzeitpunkten ebenfalls in diesem Bereich und auch die Trennschärfe der verwendeten Items innerhalb der Skalen befinden sich, bis auf vereinzelte Ausnahmen, oberhalb des kritischen Werts (vgl. Weiber und Mühlhaus, 2014; vgl. Tab. 6.4).

Tabelle 6.4 Interne Konsistenz der Skalen zu selbst- und fachbezogenen Kognitionen

		t_1			t_2			t_3		
Skala	#	N	α	$r_{i(t-i)}$	N	α	$r_{i(t-i)}$	N	α	$r_{i(t-i)}$
Selbstwirksamkeit	4	246	.89	.72–.81	168	.90	.73–.82	243	.90	.75–.79
Aka. Selbstkonzept	6	246	.93	.76–.85	167	.95	.79–.87	240	.94	.74–.85
Intrinsische Valenz	4	249	.69	.49–.57	168	.69	.48–.55	244	.76	.55–.63
Extrinsische Valenz	2	249	.62	.46	167	.71	.56	243	.73	.57
Ganzheitliche Valenz	2	249	.74	.59	167	.67	.51	245	.67	.51

Mathematikemotionen (vgl. Kapitel 2.1.1; 2.1.2)

Mit den Skalen bezüglich der Mathematikemotionen soll die Auswirkung des Projekts auf die Emotionen hinsichtlich der Mathematik untersucht werden (vgl. Tab 6.5). Die Skalen beziehen sich dabei auf die positiv-aktivierenden Emotionen Freude und Stolz, die negativ-aktivierenden Emotionen Angst, Ärger und Scham sowie die negativ-deaktivierende Emotion Langeweile (vgl. Pekrun, 2006; 2018).

Tabelle 6.5 Skalen und Beispielitems zu Mathematikemotionen

Skala	Beispielitems
Freude	*Der Mathe-Unterricht macht mir so viel Spaß, dass ich große Lust habe, mich daran zu beteiligen.*
Stolz	*Ich bin stolz auf meine Beiträge im Mathe-Unterricht.*
Angst	*Ich mache mir Sorgen, ob in Mathe alles viel zu schwierig für mich ist*
Ärger	*Im Mathe-Unterricht werde ich vor Ärger ganz unruhig.*
Langeweile	*Ich finde Mathe-Unterricht langweilig.*
Scham	*Wenn ich im Mathe-Unterricht etwas sage, habe ich das Gefühl mich zu blamieren.*

In der PALMA-Studie (vgl. Pekrun et al., 2002a) lag die interne Konsistenz der unterrichtsbezogenen Skalen hinsichtlich Freude bei α = .90, Stolz bei α = .80, Angst bei α = .71, Ärger bei α = .78, Langeweile bei α = .77 sowie Scham bei α = .60 und somit im fragwürdigem bis gutem Bereich (vgl. Blanz, 2015). In der vorliegenden Studie befinden sich die interne Konsistenz an den drei Messzeitpunkten im akzeptablen bis guten Bereich und auch die Trennschärfe der verwendeten Items innerhalb der Skalen liegen, bis auf vereinzelte Ausnahmen, oberhalb des kritischen Werts (vgl. Weiber und Mühlhaus, 2014; vgl. Tab. 6.6).

Tabelle 6.6 Interne Konsistenz der Skalen zu Mathematikemotionen

Skala	#	t_1			t_2			t_3		
		N	α	$r_{i(t-i)}$	N	α	$r_{i(t-i)}$	N	α	$r_{i(t-i)}$
Freude	4	246	.89	.74–.81	168	.89	.78–.80	240	.89	.77–.82
Stolz	6	250	.73	.57	168	.83	.71	245	.71	.55
Angst	4	249	.76	.50–.67	167	.76	.46–.68	246	.77	.49–.68
Ärger	2	249	.77	.49–.65	168	.81	.47–.74	245	.76	.39–.66
Langeweile	3	250	.82	.64–.71	167	.84	.64–.75	247	.77	.53–.66
Scham	2	248	.72	.57	168	.75	.63	244	.77	.63

Interesse und Motivation (vgl. Kapitel 2.2.1; 2.2.2)
Mit den Skalen bezüglich des Interesses und der Motivation soll die Auswirkung des Projekts auf diese Konstrukte hinsichtlich des Fachs Mathematik und der Mathematik im Allgemeinen untersucht werden. Die Skalen (vgl. Tab. 6.7) beziehen sich dabei auf (Sach-) Interesse an Mathematik sowie (Fach-) Interesse am Unterrichtsfach Mathematik und intrinsische Motivation sowie Kompetenzmotivation (vgl. Pekrun et al., 2002b; 2003).

Tabelle 6.7 Skalen und Beispielitems zu Interesse und Motivation

Skala	Beispielitem
Interesse an Mathematik	*Die Beschäftigung mit Mathematik gehört zu meinen Lieblingstätigkeiten.*
Interesse am Unterrichtsfach Mathematik	*Oft finde ich das, was wir im Mathe-Unterricht durchnehmen, richtig spannend.*
Intrinsische Motivation	*In Mathe strenge ich mich an, weil mich das Fach interessiert.*
Kompetenzmotivation	*In Mathe tue ich etwas, weil ich über Mathematik mehr wissen möchte.*

Die interne Konsistenz der verwendeten Skalen in der PALMA-Studie (vgl. Pekrun et al., 2002a) lag hinsichtlich Sachinteresse bei $\alpha = .79$, Fachinteresse bei $\alpha = .76$, intrinsische Motivation bei $\alpha = .87$ sowie Kompetenzmotivation bei $\alpha = .67$ und somit im fragwürdigem bis gutem Bereich (Blanz, 2015, S. 256). In der vorliegenden Studie liegen die internen Konsistenz an den drei Messzeitpunkten ebenfalls im fragwürdigen bis guten Bereich und die Trennschärfe liegt bei allen Items innerhalb der Skalen über dem kritischen Wert von 0.5 (vgl. Weiber und Mühlhaus, 2014; vgl. Tab. 6.8).

Tabelle 6.8 Interne Konsistenz der Skalen zu Interesse und Motivation

Skala	#	t_1			t_2			t_3		
		N	α	$r_{i(t-i)}$	N	α	$r_{i(t-i)}$	N	α	$r_{i(t-i)}$
Interesse an Mathematik	3	250	.81	.56–.73	168	.82	.57–.76	247	.82	.59–.78
Interesse am Unterrichtsfach Mathematik	3	245	.77	.54–.65	167	.83	.67–.73	245	.79	.59–.68
Intrinsische Motivation	3	249	.86	.71–.78	168	.90	.76–.83	244	.88	.74–.80
Kompetenzmotivation	2	248	.73	.57	168	.79	.65	241	.74	.59

In Bezug auf den Fragebogen mit Skalen zu Mathematikemotionen werden alle angegebenen Skalen akzeptiert, da sie wie in der PALMA Studie mindestens im fragwürdigen Bereich (>.60) eingestuft werden können und nur wenige Einzelfälle den kritischen Wert der Itemtrennschärfe knapp unterschreiten (vgl. Weiber & Mühlhaus, 2014; Blanz, 2015).

6.2.3 Test

In der vorliegenden Studie wird die Wirkung des Projekts auf die mathematische Kompetenzentwicklung mithilfe von kognitiven Tests untersucht (vgl. Anhang 1.4 im elektronischen Zusatzmaterial). Die Konstruktion der Tests wurde in Anlehnung an die in der Längsschnittstudie PALMA verwendeten Test-Items sowie in den Bildungsstandards formulierten Anforderungsniveaus im Hinblick auf die Leitideen Raum und Form sowie Messen durchgeführt. Zudem wurden die Test-Items von mathematikdidaktischen Experten begutachtet.

Um die Vorkenntnisse der SchülerInnen zu den geometrischen Körpern festzustellen und den Lernzuwachs sowohl direkt nach dem Projekt als auch nach drei
Monaten zu erfassen, werden drei Tests in einem Pre, Post und Follow-up Design
angeordnet. Im Hinblick auf die Vergleichbarkeit der Ergebnisse bestehen Pre,
Post und Follow-up Test aus parallelisierten Items. In einer Pilotierung wurden
annähernd gleiche Lösungshäufigkeiten sowie Itemschwierigkeiten nachgewiesen
(vgl. Abb. 6.1).

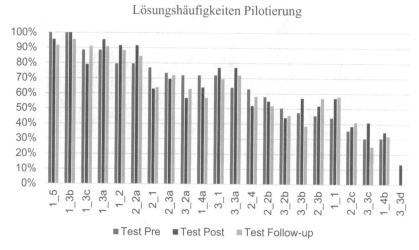

Abbildung 6.1 Lösungshäufigkeiten der Testitems in der Pilotierung[2]

Die Items unterscheiden sich lediglich durch unterschiedliche Zahlenwerte
oder Anordnungen bzw. unterschiedliche Maße der geometrischen Körper. Die
Test-Items setzten sich aus sieben geschlossenen Aufgaben (Single-Choice), drei
Berechnungsaufgaben, vier halboffenen, drei Schätz- und vier offenen Begründungsaufgaben zusammen, welche jeweils mit 0 oder 1 für falsch oder richtig
codiert werden. Mit den geschlossenen (Single-Choice) und halboffenen Aufgaben soll sich ein Überblick über den Wissenstand der SchülerInnen bezüglich der

---

[2] Aufgrund mangelnder Trennschärfe wurden die Items 1_5 und 1_3 (a-c) so geändert, dass
die Lösungshäufigkeiten in der Hauptstudie zwischen 50 % und 80 % lagen. Das Item 3_
3 d wurde nach der Pilotierung aus dem Datensatz ausgeschlossen (vgl. Anhang 1.4 im
elektronischen Zusatzmaterial; Aufgaben 3.3.2 Begründung), da diese Aufgaben zu jedem
Messzeitpunkt von weniger als 50 % der SchülerInnen bearbeitet wurde und die Reliabilität
der Tests negativ beeinflusste.

geometrischen Körper im Sinne des Erkennens und Zuordnens von Formeln zur Körperberechnung sowie Merkmalen und Netzdarstellungen von geometrischen Körpern verschafft werden (vgl. bspw. Abb. 6.2).

1.2 Welche Aussage ist richtig?

a) Ein Prisma ist ein geometrischer Körper mit einer Grundfläche und einer Spitze. ☐

b) Ein Kegel ist ein geometrischer Körper mit einem Kreis als Grundfläche und rechteckigen Seitenflächen, die zusammen den Mantel ergeben. ☐

c) Eine Kugel ist ein geometrischer Körper mit einer quadratischen Grundfläche und einer Kugeloberfläche, auf welcher jeder Punkt den gleichen Abstand zum Mittelpunkt hat. ☐

d) Ein Zylinder ist ein geometrischer Körper mit einer kreisförmigen Grund- und Deckfläche, die durch den Mantel verbunden sind. ☐

Abbildung 6.2   Beispiel für eine geschlossene Aufgabe im Leistungstest

In den Berechnungsaufgaben sollen die Formeln zugeordnet und korrekt angewendet werden. Damit sollen die Fähigkeit der korrekten Zuordnung der Variablen sowie rechnerischen Umsetzung überprüft werden (vgl. Abb. 6.3).

2.2 Trage die fehlenden Werte des abgebildeten Kegels in die Tabelle ein. Runde sinnvoll.

Radius	Höhe	Volumen	Mantelfläche	Oberfläche
3,0 cm	4,0 cm			

Abbildung 6.3   Berechnungsaufgabe im Leistungstest

Mit den Begründungsaufgaben soll tiefergehendes Wissen überprüft sowie die Lösungswege nachvollzogen werden (vgl. Abb. 6.4). Bezüglich der offenen Begründungsaufgaben wurde ein Bewertungsraster mit zulässigen Begründungen erstellt. Die Bewertung der offenen Items wurde von zwei unabhängigen Ratern durchgeführt und Cohens Kappa wurde als Maß der Übereinstimmung berechnet.

Die Werte betrugen dabei $\kappa > 0.79$ und liegen nach Landis und Koch (1977) im Rahmen einer substantiellen bis fast vollkommenen Übereinstimmung.

2.3 Wenn die Höhe eines Zylinders verdoppelt wird, dann ...

a) ...verdoppelt sich sein Oberflächeninhalt. ☐

b) ...vervierfacht sich sein Oberflächeninhalt. ☐

c) ...vervierfacht sich sein Volumen. ☐

d) ...verdoppelt sich sein Volumen. ☐

Begründung:

Abbildung 6.4 Beispiel für Begründungsaufgabe im Leistungstest

Die Überprüfung der Reliabilität wurde mithilfe der Prüfung auf interne Konsistenz anhand von Cronbachs α durchgeführt. Dieses beträgt hinsichtlich des Pre Tests bei $\alpha = .75$, des Post Tests bei $\alpha = .74$ und des Follow-up Test bei $\alpha = .74$, wonach die Reliabilität der drei Tests jeweils im akzeptablen Bereich liegen (vgl. Weiber & Mühlhaus 2014; Blanz, 2015).

6.3 Forschungsdesign

Die Gesamtstudie besteht aus zwei Teilstudienphasen. In der ersten Phase, der Entwicklungsstudie, wurden zum einen die Durchführbarkeit des Projekts und zum anderen mögliche Auswirkungen auf affektiv-motivationale und kognitive Parameter überprüft. Dabei führte die Projektleitung das beschriebene Unterrichtsprojekt in drei 9. Klassen eines Gymnasiums in NRW[3] durch (vgl.

---

[3] Im Folgenden wird die Teilnehmergruppe der Entwicklungsstudie mit EG1, EG2, EG3 entsprechend der drei unterschiedlichen Klassen bezeichnet.

Kapitel 6.4). In der zweiten Studienphase, der Feldstudie, wurde nach der Durchführung der Entwicklungsstudie, die Durchführbarkeit des Projekts für Mathematiklehrkräfte mit ihrer Klasse in einer regulären Unterrichtskonstellation untersucht. Dabei wurden wiederum emotionale und motivationale Effekte sowie Lerneffekte in vier 9. Klassen eines Gymnasiums in NRW[4] geprüft (vgl. Kapitel 6.4). Zudem wurden Daten von drei weiteren neunten Klassen erhoben, die in der Gesamtstudie als Kontrollgruppe fungierten. Die beiden Studienphasen und auch die Datenerhebung der Kontrollgruppe wurden jeweils nach Abschluss der Unterrichtseinheit zu den geometrischen Körpern in der Sekundarstufe I durchgeführt. Bei der Kontrollgruppe wurden demzufolge nach Abschluss der Unterrichtsreihe die ersten Daten (t_1) und drei Monate danach (t_3) weitere Daten erhoben, um die Entwicklung der affektiv-motivationalen Parameter (vgl. Kapitel 6.2.2) sowie die Leistung in diesem Themengebiet (vgl. Kapitel 6.2.3) ohne Intervention zu überprüfen.

Die Datenerhebung in den Interventionsgruppen wurde hinsichtlich der zu untersuchenden Konstrukte (vgl. Kapitel 6.2) an verschiedenen Zeitpunkten vor, während und nach dem Projekt durchgeführt. In Abbildung 6.5 sind die Messzeitpunkte im und um das Projekt in beiden Studienphasen entsprechend der verschiedenen Erhebungsinstrumenten dargestellt.

Die Daten zum Fragebogen *IMI* (vgl. Kapitel 6.2.1) wurden an drei Messzeitpunkten erhoben. Hinsichtlich dieses Fragebogens dienen die Daten des ersten Messzeitpunkts als Referenzwerte. Die Fragen zu motivationalen Aspekten an diesem Messzeitpunkt wurden explizit zur Mathematikstunde vor dem Projekt gestellt. Diese Mathematikstunde folgte keiner projektorientierten Ausrichtung und gliederte sich in lehrerzentrierter Input-, Übungs- und Sicherungsphase, da Daten zu einer regulären Mathematikstunde erfasst werden sollten. Hinsichtlich der verschiedenen Klassen in den unterschiedlichen Studienphasen wurden insgesamt Daten aus sieben Mathematikstunden gesammelt. Die zweite Erhebung wurde am Ende des ersten und die dritte Erhebung am Ende des zweiten Projekttags durchgeführt (vgl. Abb. 6.5). Die erhobenen Werte des ersten Messzeitpunktes können dann mit den Werten des zweiten und dritten Messzeitpunktes, welche sich explizit auf das Projekt beziehen, verglichen werden.

---

[4] Im Folgenden wird die Teilnehmergruppe der Feldstudie mit FG1, FG2, FG3, FG4 entsprechend der vier unterschiedlichen Klassen bezeichnet.

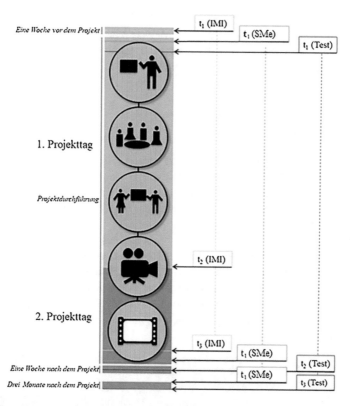

Abbildung 6.5 Datenerhebung: IMI (Intrinsic Motivation Inventory); SMe (Skalen zu Mathematikemotionen); Leistungstest

Der zweite Fragebogen *SMe* (vgl. Kapitel 6.2.2) wurde in einem Pre, Post und Follow-up Design eingesetzt, um die Entwicklung der emotionalen und motivationalen Parameter auch über den Projektzeitraum hinaus zu untersuchen. Die erste Datenerhebung (Pre) wurde zu Beginn des Unterrichtsprojekts durchgeführt, um den Ist-Zustand zu ermitteln. Die Daten zum zweiten Messzeitpunkt wurde nach der Projektdurchführung erhoben, um den kurzfristigen Einfluss des Projekts aufzuzeigen (Post). Die Follow-up Datenerhebung wurden drei Monate nach dem Projekt durchgeführt, um mögliche langfristige Effekte ermitteln zu können (vgl. Abb. 6.5).

Auch hinsichtlich der Überprüfung von Lerneffekten durch das Projekt wurden Daten (vgl. Kapitel 6.2.3) an drei Messzeitpunkte in einem Pre, Post und Follow-up Design erhoben. Der Pre Test wurde unmittelbar vor dem Projekt, der Post Test unmittelbar nach und der Follow-up Test drei Monate nach dem Projekt durchgeführt.

6.4   ProbandInnen

An der Gesamtstudie nahmen 253 SchülerInnen (Alter: 14,48 Jahre; weiblich: 133; männlich: 120) aus zehn Klassen der 9. Jahrgangsstufe an nordrhein-westfälischen Gymnasien teil. Dabei setzt sich die Gesamtanzahl aus drei Untergruppen zusammen: Entwicklungsgruppe (EG), Feldgruppe (FG) und Kontrollgruppe (KG).

Die einzelnen Gruppen setzten sich wiederum aus verschiedenen 9. Klassen zusammen. Die Entwicklungsgruppe (EG) bestand aus drei parallelen Klassen (EG1–3) und umfasste 69 SchülerInnen (Alter: 14,55 Jahre; weiblich: 36; männlich: 33). Diese Klassen haben das Projekt angeleitet durch die wissenschaftliche Projektleitung nacheinander im Zeitraum zwischen dem 29.01.2018 und dem 12.02.2018. durchgeführt (vgl. Abb. 6.6).

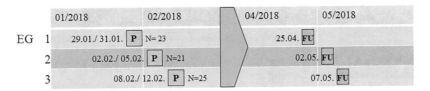

Abbildung 6.6   Zeitrahmen der Projektdurchführung [P] und Follow-up Erhebung [FU] der Entwicklungsgruppe (EG)

Die Feldgruppe setzte sich aus vier parallelen Klassen (FG1–4) der 9. Jahrgangsstufe mit 95 SchülerInnen eines weiteren Gymnasiums aus NRW zusammen (Alter: 14,43 Jahre; weiblich: 50; männlich: 45). Das Projekt wurde in je zwei Klassen parallel unter der Leitung der jeweiligen Mathematiklehrkraft im Zeitraum zwischen dem 27.01.2020 und dem 30.01.2020 durchgeführt (vgl. Abb. 6.7).

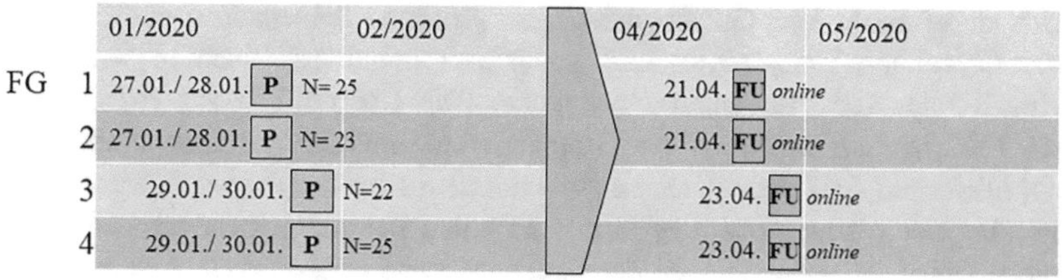

Abbildung 6.7 Zeitrahmen der Projektdurchführung [P] und Follow-up Erhebung [FU] der Feldgruppe (FG)

Neben der Entwicklungs- und Feldgruppe, die jeweils das Treatment in Form des Projekts durchliefen, wurde zudem eine Kontrollgruppe (KG), welche das Projekt nicht durchführte, zum Vergleich möglicher langfristiger Effekte untersucht. Die Kontrollgruppe (N = 89; Alter: 14,47 Jahre; weiblich: 47; männlich: 42) bearbeitete lediglich den Fragebogen (SMe) und den Leistungstest im Januar/ Februar 2019 sowie im April/ Mai 2019, um eine langfristige Entwicklung von emotionalen und motivationalen Parametern sowie der Leistung hinsichtlich des inhaltlichen Schwerpunkts ohne Treatment aufzuzeigen.

6.5 Auswertungsmethode

In diesem Unterkapitel werden die Auswertungsmethoden der erhobenen Daten sowie deren Voraussetzungen und Korrekturmaßnahmen beschrieben.

Für die Auswertung der Daten wurden die inferenzstatistischen Methoden der ein- und zweifaktoriellen Varianzanalyse mit Messwiederholungen in unterschiedlichen Ausprägungen durchgeführt. Die Voraussetzungen für die Anwendung von Varianzanalysen mit Messwiederholung wurden vor der Berechnung geprüft (vgl. Field, 2018; Rasch, Friese, Hofmann & Naumann, 2014). Extreme *Ausreißer*, Werte, die mehr als den dreifachen Interquartilsabstand aufwiesen, wurden mithilfe von Box-Plots in SPSS ermittelt und aus dem entsprechenden Datensatz entfernt (vgl. Field, 2018; Rost, 2013). Die Eliminierung einzelner Daten wird bei der Ergebnisdarstellung jeweils berichtet. *Sphärizität*, die Gleichheit der Varianzen zwischen den einzelnen Gruppen, wurde jeweils durch den Mauchly-Test überprüft und Korrekturmaßnahmen, wie die Greenhouse-Geisser oder Huynh-Feldt-Korrektur wurden bei Verletzung dieser angewendet. Die Verwendung der genannten Korrekturmaßnahmen wird bei der Darstellung der Ergebnisse jeweils berichtet. Die Wahl des Korrekturverfahrens richtete

sich dabei nach dem Greenhouse-Geisser-Epsilon. Bei einem ε < .75 wurde
die Greenhouse-Geisser-Korrektur genutzt, während bei einem ε > .75 die
Huynh-Feldt-Korrektur angewendet wurde. Die Überprüfung auf *Homogenität
der Fehlervarianz* zwischen den Gruppen wurde mithilfe des Levene-Tests und
auf *Gleichheit der Kovarianzenmatrizen* mit dem Box-Test durchgeführt. Auf die
Prüfung der *Normalverteilung* wurde aufgrund der ausreichend großen Stich-
probe (mind. N > 64 für jede der Gruppen) verzichtet, da nach dem zentralen
Grenzwertsatz eine annähernde Normalverteilung angenommen werden kann
(vgl. Bortz & Schuster, 2010; Kähler, 2004). In der Auswertung der erhobenen Daten wurden multiple statistische Signifikanztests wie Varianzanalysen
oder Post-hoc Vergleiche ausgeführt. Um eine α-Fehlerkumulierung zu vermeiden wurden hinsichtlich der verschiedenen Testverfahren Bonferroni-Korrekturen
vorgenommen. Mit der Bonferroni-Korrektur wird das α-Niveau, welches übli-
cherweise bei 0.05 liegt, durch die Anzahl der durchgeführten Tests geteilt, um
eine α-Fehlerwahrscheinlichkeit, welche 5 % nicht übersteigt, zu gewährleisten
(vgl. Steland, 2004; Sachs & Hedderich, 2006). Die Bonferroni-korrigierten α-
Werte werden in Bezug auf die spezifischen Methoden und Datensätze jeweils im
Ergebnisteil angegeben und die Befunde hinsichtlich dieser interpretiert.

   Im Folgenden werden die verschiedenen Auswertungsmethoden bezüglich
aller zu untersuchenden Konstrukte dargestellt.

   Zur Erfassung der Motivation sowie der Erfüllung grundlegender psychologischen Bedürfnisse im Hinblick auf motiviertes Verhalten (F1) wurden die drei
Messzeitpunkte, während einer regulären Mathematikstunde (t_1) sowie während
des Projekt (t_2 und t_3), mithilfe von Post-hoc Tests sowohl bei der Entwicklungs-
(EG) als auch Feldgruppe (FG) miteinander verglichen (vgl. Abb. 6.8).

Abbildung 6.8 Post-hoc
Analyse

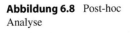

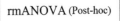

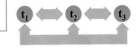

Konstrukte

Freude/ Interesse

Druck / Spannung

Wert / Nützlichkeit

Kompetenzerleben

Zur Untersuchung von Unterschieden zwischen der Entwicklungs- (EG) und Feldgruppe (FG) wurden zweifaktorielle Varianzanalysen mit Messwiederholungen (vgl. Abb. 6.9) mit dem Zwischensubjektfaktor Untersuchungsgruppe durchgeführt (vgl. Field, 2018; Rasch, Friese, Hofmann & Naumann, 2014).

Abbildung 6.9
rmANOVA –
Gruppenvergleich Freude/
Interesse, Druck/Spannung,
Wert/Nützlichkeit,
Kompetenzerleben

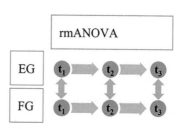

Konstrukte

Freude / Interesse

Druck / Spannung

Wert / Nützlichkeit

Kompetenzerleben

Innersubjektfaktor

Lernumgebung

Zwischensubjektfaktoren

Untersuchungsgruppe
Zur Überprüfung der Entwicklung von Appraisals, Emotionen sowie Motivation und Interesse gegenüber der Mathematik bzw. dem Mathematikunterricht im Allgemeinen (F2) wurden einfaktorielle Varianzanalysen mit Messwiederholung über die drei Messzeitpunkten bei der Entwicklungs- (EG) und Feldgruppe (FG) durchgeführt (vgl. Abb. 6.10).

Abbildung 6.10
rmANOVA – Entwicklung
Appraisals, Lern- und
Leistungsemotionen und
Motivation

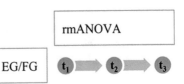

Konstrukte
Appraisals[5]

Lern- und Leistungsemotionen[6]

Motivation[7]

Innersubjektfaktor

Zeit
Potenzielle Unterschiede im Gruppenvergleich (EG, FG und KG) wurden zudem mittels zweifaktorieller Varianzanalysen mit zwei (EG im Vergleich zur FG; Abb. 6.11) oder einer weiteren Messung (EG/FG im Vergleich zur KG; Abb. 6.12) mit Zwischensubjektfaktor Untersuchungsgruppe überprüft.

---

[5] Selbstwirksamkeit; akademisches Selbstkonzept; intrinsische Valenz; ganzheitliche Valenz; extrinsische Valenz.

[6] Freude; Stolz; Angst; Ärger; Langeweile; Scham.

[7] Sachinteresse; Fachinteresse; intrinsische Motivation; Kompetenzmotivation.

Abbildung 6.11
rmANOVA –
Gruppenvergleich
Appraisals, Emotionen und
Motivation

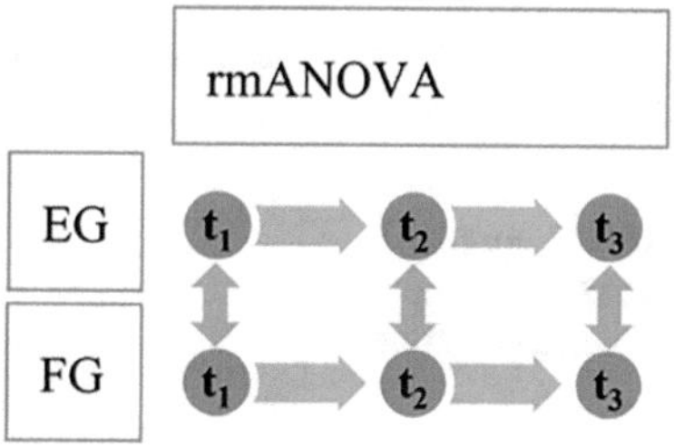

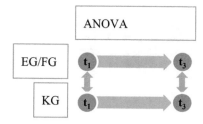

Abbildung 6.12
ANOVA –
Gruppenvergleich
(Kontrollgruppe)
Appraisals, Emotionen und
Motivation

Konstrukte

Appraisals

Lern- und Leistungsemotionen

Motivation

Innersubjektfaktor

Zeit

Zwischensubjektfaktor

Untersuchungsgruppe
Die Daten der mathematischen Leistungsentwicklung (F3) über die drei Messzeitpunkte wurden ebenso mithilfe von Varianzanalysen mit Messwiederholung und
Zwischensubjektfaktor Untersuchungsgruppe (vgl. Abb. 6.13) in den Ausprägungen Entwicklungsgruppe (EG), Feldgruppe (FG) und Kontrollgruppe (KG) und

Post-hoc Tests zur Untersuchung der Leistungsentwicklung und Überprüfung von Unterschieden zwischen den Gruppen ausgewertet (vgl. Abb. 6.14, 6.15).

Abbildung 6.13
rmANOVA – Entwicklung
Mathematikleistung

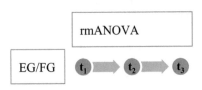

Abbildung 6.14   Post-hoc
Analyse Gruppenvergleich
Mathematikleistung

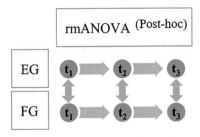

Abbildung 6.15   Post-hoc
Analyse Gruppenvergleich
(Kontrollgruppe)
Mathematikleistung

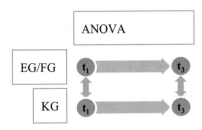

Konstrukt

Mathematikleistung

Innersubjektfaktor

Zeit

Zwischensubjektfaktor

Untersuchungsgruppe

6.6 Ergebnisse zu Forschungsfrage 1

In diesem Abschnitt werden die Ergebnisse zur ersten Forschungsfrage (F1) in Bezug auf Autonomie- und Kompetenzerleben sowie dem Erleben intrinsischer Motivation während der Teilnahme am Projekt im Vergleich zum regulären Mathematikunterricht skizziert. Dabei werden zunächst die Ergebnisse der Entwicklungs- und Feldgruppe separat dargestellt und anschließend miteinander verglichen.

Bei der zur Überprüfung der F1 eingesetzten Varianzanalyse mit Messwiederholung wurde das Signifikanzniveau aufgrund mehrfacher Durchführungen Bonferroni-korrigiert und liegt bei $\alpha_{korr} = 0.025$ (vgl. Steland, 2004; Sachs & Hedderich, 2006)[8]. Die Anpassung des Signifikanzniveaus wird hinsichtlich der paarweisen Vergleich durch das Statistikprogramm SPSS obligatorisch berechnet und verbleibt bei $\alpha = 0.05$.

6.6.1 Ergebnisse zu F1 – intrinsische Motivation

F1.1 Entwicklungsgruppe: *Intrinsische Motivation*
In Tabelle 6.9 werden die Ergebnisse der Entwicklungsgruppe im Hinblick auf intrinsische Motivation bezüglich regulärem Unterricht (t_1) und dem Projekt (t_2, t_3) dargestellt.

Tabelle 6.9 Deskriptive Statistik der EG zu intrinsischer Motivation (Interesse / Freude)

Entwicklungsgruppe		t_1		t_2		t_3	
	n	M	*SD*	M	*SD*	M	*SD*
Interesse / Freude	68	3.90	1.20	5.85	0.87	5.88	0.81

---

[8] $\alpha_{korr} = \frac{100 \bullet \alpha}{k}\% = \frac{5}{2}\% = 2.25\% = 0.025$, mit k-facher Durchführung der Varianzanalyse.

Zum ersten Messzeitpunkt (t_1) zeigte sich ein niedrigerer Mittelwert im Vergleich zu den Messungen am Ende des ersten (t_2) und zweiten (t_3) Projekttages. In Abbildung 6.16 werden die Ergebnisse verdeutlicht. Die Box-Plots hinsichtlich t_2 und t_3 sind entsprechend nach oben verschoben.

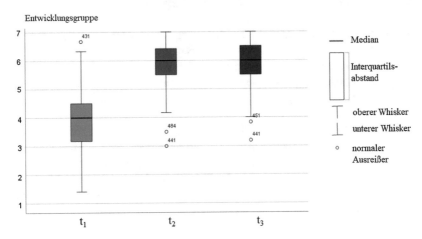

Abbildung 6.16 Verteilung der Werte zu Interesse / Freude in der EG

In der Varianzanalyse mit Messwiederholung konnte ein signifikanter Haupteffekt der *Lernumgebung* nachgewiesen werden (Greenhouse-Geisser $F(1.29,86.45)$ $= 153.40, p < .001$, partielles $\eta^2 = 0.70$). Dabei können 70 % der Varianz der intrinsischen Motivation durch diesen Faktor erklärt werden. Nach Cohen (1988) ist der Effekt als groß einzuschätzen (vgl. Field, 2018). Der signifikante Unterschied zeigte sich zudem durch den paarweisen Vergleich in Unterschieden zwischen t_1 und t_2 ($M_{diff.} = 1.95, p < .001$) sowie t_1 und t_3 ($M_{diff.} = 1.98, p < .001$). Im Vergleich zu einer regulären Mathematikstunde waren die SchülerInnen der Entwicklungsstudie während des Projekts demnach intrinsisch motivierter.

F1.1 Feldgruppe: *Intrinsische Motivation*
Die Ergebnisse der Feldgruppe in Bezug auf die intrinsische Motivation hinsichtlich regulären Unterrichts (t_1) und des Projektes (t_2, t_3) werden in Tabelle 6.10 dargestellt.

Tabelle 6.10 Deskriptive Statistik der FG zu intrinsischer Motivation (Interesse / Freude)

Feldgruppe		t_1		t_2		t_3	
	n	M	SD	M	SD	M	SD
Interesse / Freude	88	4.42	1.20	5.62	0.86	5.80	0.90

Aufgrund von zwei extremen Ausreißern wurden die Daten von zwei ProbandInnen aus dem Datensatz eliminiert. Auch bezüglich der Untersuchungsgruppe in der Feldstudie zeigte sich ein Anstieg der Mittelwerte an t_2 und t_3 im Vergleich t_1. In Abbildung 6.17 wird die Verteilung der Werte zum Konstrukt Interesse bzw. Freude dargestellt.

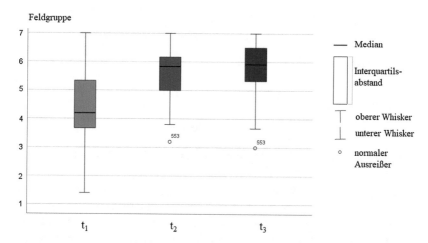

Abbildung 6.17 Verteilung der Werte zu Interesse / Freude in der FG

Die Greenhouse-Geisser korrigierte Varianzanalyse mit Messwiederholung zeigte auch hier einen signifikanten Haupteffekt *Lernumgebung* (F(1.28,111.40) = 74.67, $p < .001$, partielles $\eta^2 = .46$). Dabei werden 46 % der Varianz der intrinsischen Motivation durch den Faktor *Lernumgebung* erklärt. Der Effekt ist als groß einzuschätzen. Signifikante Unterschiede zeigten sich durch den paarweisen Vergleich zwischen t_1 und t_2 ($M_{diff.} = 1.20$, $p < .001$) sowie t_1 und t_3 ($M_{diff.} = 1.38$, $p < .001$). Die ProbandInnen der Feldgruppe wiesen demzufolge eine höhere intrinsische Motivation während des Projekts im Vergleich zu einer regulären Mathematikstunde auf.

F1.1 Vergleich von Entwicklungs- und Feldgruppe: *Intrinsische Motivation*
Abbildung 6.18 zeigt den Vergleich der Ergebnisse von Entwicklungs- (EG)
und Feldgruppe (FG) hinsichtlich der intrinsischen Motivation in Bezug auf die
verschiedenen Lernumgebungen zu den Messzeitpunkten t_1, t_2 und t_3.

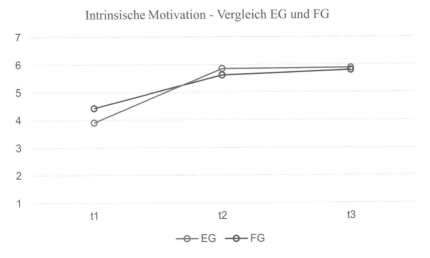

Abbildung 6.18 Entwicklung der intrinsischen Motivation in der EG und FG

Es konnte ein Interaktionseffekt zwischen dem Innersubjektfaktor *Lernum-*
gebung und dem Zwischensubjektfaktor *Untersuchungsgruppe* mithilfe der rmA-
NOVA mit Greenhouse-Geisser Korrektur gezeigt werden (F(1.29,197.83) = 9.76,
$p < .001$, partielles $\eta^2 = .06$). Die Entwicklungsgruppe (EG) wies zwischen dem
erstem und zweitem Messzeitpunkt demnach eine größere Steigerung der intrinsischen Motivation als die Feldgruppe (FG) auf. Der Effektstärke ist als mittel zu
beurteilen.

6.6.2 Ergebnisse zu F1 – Autonomieerleben

F1.2 Entwicklungsgruppe: *Autonomieerleben*
Die Mittelwerte der Entwicklungsgruppe im Hinblick auf erlebten Druck bzw.
Spannung bezüglich des regulären Mathematikunterrichts (t_1) und des Projektes
(t_2, t_3) sind in Tabelle 6.11 dargestellt.

Tabelle 6.11 Deskriptive Statistik der EG zu Druck / Spannung

Entwicklungsgruppe		t_1		t_2		t_3	
	n	M	SD	M	SD	M	SD
Druck / Spannung	68	2.53	1.31	1.92	0.97	2.05	0.97

Zum ersten Messzeitpunkt (t_1) wurde ein höherer Mittelwert im Vergleich zu den Messungen am Ende des ersten (t_2) und zweiten (t_3) Projekttages nachgewiesen. Die Ergebnisse zeigen sich in Abbildung 6.19, indem die Box-Plots hinsichtlich t_2 und t_3 nach unten verschoben sind.

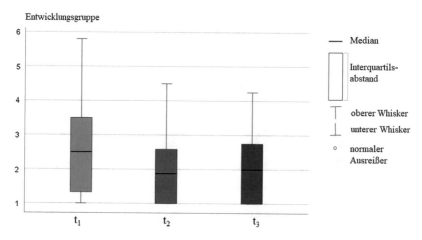

Abbildung 6.19 Verteilung der Werte zu Druck / Spannung in der EG

Mithilfe der Varianzanalyse mit Messwiederholung konnte ein signifikanter Haupteffekt der *Lernumgebung* in Bezug auf das Konstrukt Druck bzw. Spannung (Greenhouse-Geisser $F(1.48,99.49) = 8.03$, $p = .002$, partielles $\eta^2 = 0.11$) ermittelt werden. Es können 11 % der Varianz des erlebten Drucks bzw. der erlebten Spannung durch diesen Faktor erklärt werden. Der Effekt weist demnach eine mittlere Effektstärke auf. Der paarweise Vergleich zeigte signifikante Unterschiede zwischen t_1 und t_2 ($M_{diff.} = 0.61$, $p = .003$) sowie t_1 und t_3 ($M_{diff.} = 0.48$, $p = .038$). Die SchülerInnen der Entwicklungsgruppe erlebten somit geringeren Druck bzw. Spannung während des Projekts im Vergleich zu einer regulären Mathematikstunde.

Im Hinblick auf das Konstrukt Wert bzw. Nützlichkeit werden die Mittelwerte der Entwicklungsgruppe bezüglich des regulären Mathematikunterrichts (t_1) und des Projektes (t_2, t_3) in Tabelle 6.12 aufgeführt.

Tabelle 6.12 Deskriptive Statistik der EG zu Wert / Nützlichkeit

Entwicklungsgruppe		t_1		t_2		t_3	
	n	M	SD	M	SD	M	SD
Wert / Nützlichkeit	66	5.23	0.90	5.09	1.00	5.14	1.05

Aus diesem Datensatz musste aufgrund von zwei extremen Ausreißern Daten von zwei ProbandInnen entfernt werden. In Abbildung 6.20 werden die dazugehörigen Box-Plot Diagramme dargestellt.

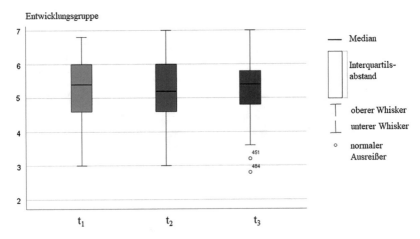

Abbildung 6.20 Verteilung der Werte zu Wert / Nützlichkeit in der EG

In der Varianzanalyse mit Messwiederholung konnte kein signifikanter Haupteffekt der *Lernumgebung* bezüglich des subjektiven Werts bzw. der Nützlichkeit bei der Entwicklungsgruppe festgestellt werden (Huynh-Feldt F(1.86,120.60) = .21, p = .793). Die SchülerInnen der Entwicklungsgruppe schätzten den Wert bzw. die Nützlichkeit des Projekts im Vergleich zu einer regulären Mathematikstunde als gleich ein.

F1.2 Feldgruppe: *Autonomieerleben*

Tabelle 6.13 zeigt die Mittelwerte der Feldgruppe bezüglich erlebten Drucks bzw. Spannung im Vergleich von regulärem Mathematikunterricht (t_1) zum Projekt (t_2, t_3).

Tabelle 6.13 Deskriptive Statistik der FG zu Druck / Spannung

Feldgruppe		t_1		t_2		t_3	
	n	M	SD	M	SD	M	SD
Druck / Spannung	89	2.47	1.14	2.15	1.12	2.17	1.20

In Abbildung 6.21 wird die Verteilung der Werte in Box-Plots zu den drei Messzeitpunkten dargestellt.

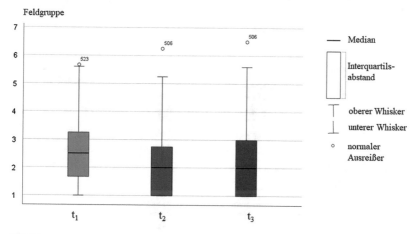

Abbildung 6.21 Verteilung der Werte zu Druck / Spannung in der FG

In der Varianzanalyse mit Messwiederholung wurde bei der Feldgruppe kein signifikanter Haupteffekt der *Lernumgebung* nachgewiesen (Huynh-Feldt $F(1.80,158.55) = 3.89$, $p = .026$). Der Befund weist darauf hin, dass es keinen Unterschied hinsichtlich des erlebten Drucks bzw. der erlebten Spannung bei den SchülerInnen der Feldgruppe während des Projekts im Vergleich zu einer regulären Mathematikstunde gab.

Die Mittelwerte der ProbandInnen der Feldstudie im Hinblick auf das Konstrukt subjektiver Wert bzw. Nützlichkeit im Vergleich von regulärem Mathematikunterricht (t_1) und dem Projekt (t_2, t_3). werden in Tabelle 6.14 dargestellt.

Tabelle 6.14 Deskriptive Statistik der FG zu Wert / Nützlichkeit

Feldgruppe	t_1			t_2		t_3	
	n	M	SD	M	SD	M	SD
Wert / Nützlichkeit	89	5.54	0.98	5.08	0.99	5.05	1.01

Die Verteilung der Werte zum Konstrukt subjektiver Wert bzw. Nützlichkeit bei der Feldgruppe in Bezug auf die drei Messzeitpunkte wird in Abbildung 6.22 mithilfe von Box-Plots skizziert.

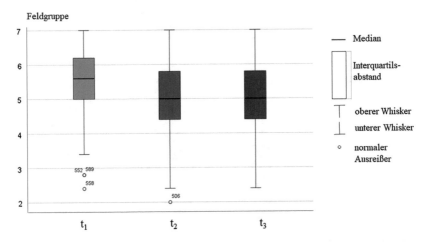

Abbildung 6.22 Verteilung der Werte zu Wert / Nützlichkeit in der FG

Die rmANOVA mit Huynh-Feldt-Korrektur zeigte einen signifikanten Haupteffekt der *Lernumgebung* ($F(1.53,134.79) = 11.06$, $p < .001$, part. $\eta^2 = .11$). Durch diesen Faktor können 11 % der Varianz des erlebten Drucks bzw. der erlebten Spannung erklärt werden. Es wurde eine mittlere Effektstärke nachgewiesen. Der paarweise Vergleich zeigte signifikante Unterschiede zwischen t_1 und t_2 ($M_{\text{diff.}} = 0.47$, $p < .001$) sowie t_1 und t_3 ($M_{\text{diff.}} = 0.49$, $p = .003$). Das Projekt wies bei den SchülerInnen der Feldstudie somit einen geringeren subjektiven Wert bzw. eine niedrigere subjektive Nützlichkeit als eine reguläre Mathematikstunde auf.

F1.2 Vergleich von Entwicklungs- und Feldgruppe: *Autonomieerleben*
In den Abbildungen 6.23 und 6.24 werden der Vergleich der Ergebnisse von
Entwicklungs- (EG) und Feldgruppe (FG) hinsichtlich des erlebten Drucks bzw.
Spannung (vgl. Abb. 6.23) sowie des subjektiven Werts bzw. der Nützlichkeit
(vgl. Abb. 6.24) in Bezug auf die verschiedenen Lernumgebungen dargestellt.

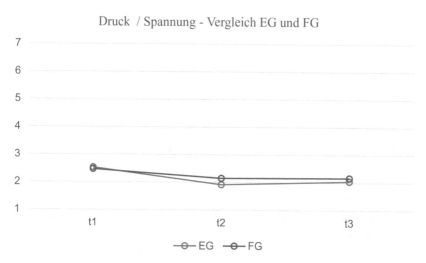

Abbildung 6.23 Entwicklung von Druck / Spannung in der EG und FG

In der Varianzanalyse mit Messwiederholung konnte kein signifikanter Interaktionseffekt zwischen dem Innersubjektfaktor *Lernumgebung* und dem Zwischensubjektfaktor *Untersuchungsgruppe* ermittelt werden (Huynh-Feldt F(1.67,
285.81) = .99, p = .362). Die Entwicklungs- (EG) und Feldgruppe (FG) wiesen
somit keine Unterschiede in Bezug auf erlebten Druck bzw. Spannung in den
verschiedenen Lernumgebungen auf. Die SchülerInnen beider Gruppen erlebten
während des Projekts ein geringeres Maß an Druck bzw. Spannung.

Die Varianzanalyse mit Messwiederholung hinsichtlich des Vergleich von
Entwicklungs- (EG) und Feldgruppe in Bezug auf den subjektiven Werts bzw.
Nützlichkeit ergab einen signifikanten Interaktionseffekt zwischen dem Innersubjektfaktor *Lernumgebung* und dem Zwischensubjektfaktor *Untersuchungsgruppe*
(Huynh-Feldt F(1.65, 252.90) = 4.60, p = .016, partielles η^2 = .03). Nach Cohen
(1988) ist der Effekt als klein einzuschätzen. Es bestand demnach ein Unterschied zwischen Entwicklungs- (EG) und Feldgruppe bezüglich des Konstrukts

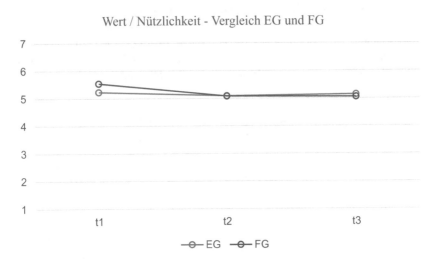

Abbildung 6.24 Entwicklung von Wert / Nützlichkeit in der EG und FG

subjektiver Wert bzw. Nützlichkeit in den verschiedenen Lernumgebungen. Die SchülerInnen der Feldstudie sahen einen größeren Wert bzw. Nützlichkeit im regulären Mathematikunterricht im Vergleich zum Projekt als die SchülerInnen der Entwicklungsstudie.

6.6.3 Ergebnisse zu F1 – Kompetenzerleben

F1.3 Entwicklungsgruppe: *Kompetenzerleben*
Die Tabelle 6.15 zeigt die Mittelwerte des Konstrukts Kompetenzerleben der SchülerInnen in der Entwicklungsstudie hinsichtlich einer regulären Mathematikunterricht (t_1) und des Projekts (t_2, t_3).

Tabelle 6.15 Deskriptive Statistik der EG zu Kompetenzerleben

Entwicklungsgruppe	t_1			t_2		t_3	
	n	M	*SD*	M	*SD*	M	*SD*
Kompetenzerleben	68	4.52	1.19	5.21	0.78	5.28	0.85

Die Verteilung der Werte wird in Abbildung 6.25 durch die Box-Plots dargestellt. In Bezug auf die reguläre Mathematikstunde (t_1) zeigte sich ein niedrigerer
Mittelwert und somit einer Verschiebung des Box-Plots nach unten im Vergleich
zu den Messungen am Ende des ersten (t_2) und zweiten (t_3) Projekttages.

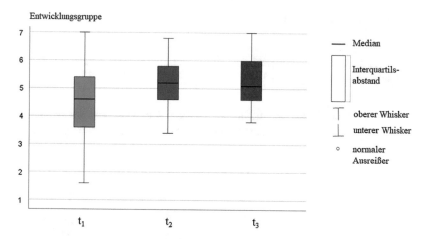

Abbildung 6.25   Verteilung der Werte zu Kompetenzerleben in der EG

In der Varianzanalyse mit Messwiederholung konnte ein signifikanter Haupteffekt der *Lernumgebung* hinsichtlich des Konstrukts Kompetenzerleben der
Entwicklungsgruppe nachgewiesen werden (Greenhouse-Geisser F(1.49,99.91) =
24.80, $p < .001$, partielles $\eta^2 = 0.27$). Nach diesem Befund können 27 % der
Varianz des Kompetenzerlebens durch diesen Faktor erklärt werden. Die Effektstärke ist als groß zu erachten. Der signifikante Unterschied zeigte sich zudem
durch den paarweisen Vergleich zwischen t_1 und t_2 ($M_{\text{diff.}} = 0.69$, $p < .001$)
sowie t_1 und t_3 ($M_{\text{diff.}} = 0.76$, $p < .001$). Im Vergleich zu einer regulären
Mathematikstunde erlebten sich die SchülerInnen der Entwicklungsstudie während des Projekts demnach als kompetenter im Vergleich zu einer regulären
Mathematikstunde.

F1.3 Feldgruppe: *Kompetenzerleben*
Die Mittelwerte des Konstrukts Kompetenzerleben der ProbandInnen der Feldstudie hinsichtlich einer regulären Mathematikunterricht (t_1) und des Projekts (t_2,
t_3) werden in Tabelle 6.16 dargestellt.

Tabelle 6.16 Deskriptive Statistik der FG zu Kompetenzerleben

Feldgruppe	t_1			t_2		t_3	
	n	M	SD	M	SD	M	SD
Kompetenzerleben	89	4.75	1.34	5.15	0.93	5.20	1.00

Die Box-Plots in der Abbildung 6.26 zeigen die Verteilung der Werte des
Kompetenzerlebens der Feldgruppe (FG) bezüglich der drei Messzeitpunkte.

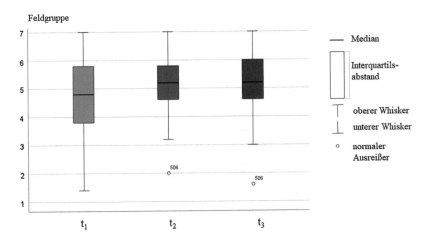

Abbildung 6.26 Verteilung der Werte zu Kompetenzerleben in der FG

Mithilfe der Varianzanalyse mit Messwiederholung und Greenhouse-Geisser-
Korrektur wurde auch ein signifikanter Haupteffekt der *Lernumgebung* bei der
Feldgruppe ermittelt ($F(1.48,130.33) = 9.30$, $p < .001$, partielles $\eta^2 = .10$).
Es können 10 % der Varianz des Kompetenzerlebens durch diesen Faktor
erklärt werden, wobei der Effekt eine mittlere Effektstärke aufweist (vgl. Cohen,
1988). Somit bestand ein Unterschied im Kompetenzerleben der SchülerInnen
der Feldgruppe in den verschiedenen Lernumgebungen, welcher auch durch den

paarweisen Vergleich mit Bonferroni-Korrektur zwischen t_1 und t_2 ($M_{diff.} = 0.40$, $p = .008$) sowie t_1 und t_3 ($M_{diff.} = 0.45$, $p = .003$) gezeigt wurde. Sie erlebten sich weniger kompetent im regulären Mathematikunterricht im Vergleich zum Projekt.

F1.3 Vergleich von Entwicklungs- und Feldgruppe: *Kompetenzerleben*
In Abbildung 6.27 wird der Vergleich der Ergebnisse von Entwicklungs- (EG) und Feldgruppe (FG) hinsichtlich des Konstrukts Kompetenzerleben in Bezug auf die Lernumgebungen dargestellt.

Die Varianzanalyse mit Messwiederholung und Greenhouse-Geisser-Korrektur zeigte in Bezug auf das Kompetenzerleben keinen signifikanten Interaktionseffekt zwischen dem Innersubjektfaktor *Lernumgebung* und dem Zwischensubjektfaktor *Untersuchungsgruppe* ($F(1.49, 230.54) = 2.13$, $p = .135$). Die Entwicklungs- (EG) und Feldgruppe wiesen somit keinen Unterschied in Bezug auf das Kompetenzerleben in den verschiedenen Lernumgebungen auf. Die SchülerInnen beider Gruppen erlebten sich während des Projekts als kompetenter.

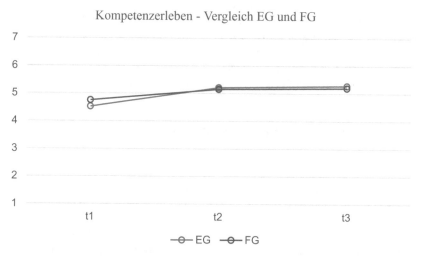

Abbildung 6.27 Entwicklung von Kompetenzerleben in der EG und FG

6.7   Ergebnisse zu Forschungsfrage 2

In diesem Abschnitt werden die Ergebnisse zur zweiten Forschungsfrage (F2) dargestellt. Diesbezüglich wird der Einfluss des Projekts auf das Erleben von Emotionen und Motivation im Mathematikunterricht betrachtet. In diesem Zusammenhang werden subjektive Bewertungsprozesse, sogenannte Appraisals, sowie lern- und leistungsförderliche und lern- und leistungsmindernde Emotionen (vgl. u. a. Pekrun & Linnenbrink-Garcia, 2014) differenziert betrachtet und die längerfristige Entwicklung motivationaler Aspekte wie Interesse und Motivation (vgl. u. a. Pekrun, 2018b) hinsichtlich der Mathematik und dem Mathematikunterricht erfasst. Diese affektiv-motivationalen Variablen werden mithilfe verschiedener Skalen untersucht. Bei der zur Überprüfung der F2 eingesetzten Varianzanalyse mit Messwiederholung wurde das Signifikanzniveau aufgrund mehrfacher Durchführung Bonferroni-korrigiert und liegt bei $\alpha_{korr} = 0.0167$ (vgl. Steland, 2004; Sachs & Hedderich, 2006)[9]. Die Anpassung des Signifikanzniveaus wird hinsichtlich der paarweisen Vergleich durch das Statistikprogramm SPSS obligatorisch berechnet und verbleibt somit bei $\alpha = 0.05$.

Die Darstellung der Ergebnisse in Bezug auf die untersuchten Variablen erfolgt folgendermaßen: Zunächst wird die Entwicklung der Werte zu den jeweiligen Konstrukten in der Entwicklungsgruppe dargestellt. Danach wird der Langzeitvergleich der Entwicklungsgruppe mit der Kontrollgruppe gezeigt. Darauf wird die Entwicklung der Werte in der Feldgruppe dargestellt und diese anschließend mit der Kontrollgruppe verglichen. Abschließend werden die Ergebnisse von Entwicklungs- und Feldgruppe miteinander verglichen.

6.7.1   Ergebnisse zu F2 – Appraisals

F2.1 Entwicklungsgruppe: *Appraisals*
In Tabelle 6.17 werden die Mittelwerte sowie Standardabweichungen der Skalen in Bezug auf subjektive Bewertungsprozesse, die sogenannten Appraisals, der SchülerInnen der Entwicklungsgruppe über die drei Messzeitpunkte gezeigt. Die Skalen zu Kontrollkognitionen sind *Selbstwirksamkeit* und *akademisches Selbstkonzept* und die Skalen zu Wertkognitionen sind *intrinsische*, *ganzheitliche* und *extrinsische Valenz* (vgl. Pekrun et al., 2002a, 2003).

---

[9] $\alpha_{korr} = \frac{100 \bullet \alpha}{k} \% = \frac{5}{3} \% = 1.67 \% = 0.0167$, mit k-facher Durchführung der Varianzanalyse.

Tabelle 6.17 Deskriptive Statistik der EG zu Selbstwirksamkeit, akademisches Selbstkonzept, intrinsische Valenz, ganzheitliche Valenz und extrinsische Valenz

	t_1		t_2		t_3	
n = 64	M	SD	M	SD	M	SD
Selbstwirksamk.	3,24	0,99	3,40	0,96	3,53	0,97
aka. Selbstkonz.	3,27	0,93	3,38	1,03	3,47	1
intr. Valenz	3,26	0,79	3,34	0,82	3,51	0,78
ganzheitl. Valenz	2,63	0,93	2,85	1,05	2,84	1,03
extr. Valenz	3,26	0,89	3,51	0,96	3,28	1,02

In Abbildung 6.28 wird die Verteilung der Werte hinsichtlich der Kontroll- und Wertkognitionen an den drei Messzeitpunkten dargestellt.

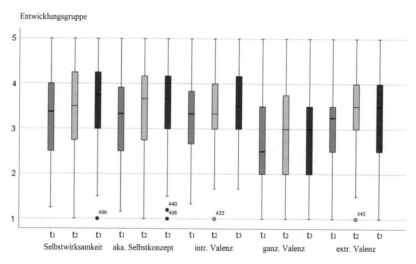

Abbildung 6.28 Verteilung der Werte zu Selbstwirksamkeit, akademisches Selbstkonzept, intrinsische Valenz, ganzheitliche Valenz und extrinsische Valenz in der EG

Mithilfe von einfaktoriellen Varianzanalysen mit Messwiederholung wurde die Entwicklung der Konstrukte über die drei Messzeitpunkte untersucht (vgl. Tab. 6.18). Dabei konnten statistisch signifikante Haupteffekte der *Zeit* sowohl bezüglich der Kontrollkognitionen, Selbstwirksamkeit und akademisches Selbstkonzept, als auch bei der Wertkognition hinsichtlich intrinsischer Valenz nachgewiesen werden. Keine statistisch signifikanten Haupteffekte der Zeit wurden hingegen in Bezug auf ganzheitliche und extrinsische Valenz ermittelt werden.

Tabelle 6.18 Ergebnisse der Varianzanalyse mit Messwiederholung und des paarweisen Vergleichs zu Selbstwirksamkeit,akademisches Selbstkonzept, intrinsische Valenz, ganzheitliche Valenz und extrinsische Valenz in der EG

		p-Wert	part. η^2	Sig. Diff	p-Wert$_d$
Selbstwirksamkeit	$F(1.84,115.88) =$ 8.66***	<.001	.12	$t_{1-2;}\ t_{1-3}$	.025; <.001
aka. Selbstkonzept	$F(1.59,100.24) =$ 4.82***	.016	.07	t_{1-3}	.025
intrinsische Valenz	$F(1.55,97.32) =$ 6.26***	.006	.09	t_{1-3}	.006
ganzheitliche Valenz	$F(2,126) = 3.88$	.023	.06	t_{1-2}	.014
extrinsische Valenz	$F(1.84,115.72) =$ 3.30***	.044	.05	t_{1-2}	.025

Der größte Effekt wurde dabei hinsichtlich des Konstrukts Selbstwirksamkeit (partielles $\eta^2 = .12$) festgestellt. Diesbezüglich kann 12 % der Varianz durch den Faktor *Zeit* erklärt werden, wobei die Effektstärke nach Cohen (1988) als mittel bewertet werden kann. Bezüglich des Konstrukts intrinsische Valenz (partielles $\eta^2 = .09$) kann 9 % der Varianz durch den Faktor *Zeit* erklärt und die Effektstärke als mittel eingeschätzt werden. Der Effekt bezüglich des Konstrukts akademisches Selbstkonzept (partielles $\eta^2 = .07$) ist als mittel zu bewerten (vgl. Cohen, 1988). In der Abbildung 6.29 ist die Entwicklung der oben genannten Konstrukte der SchülerInnen der Entwicklungsstudie graphisch dargestellt.

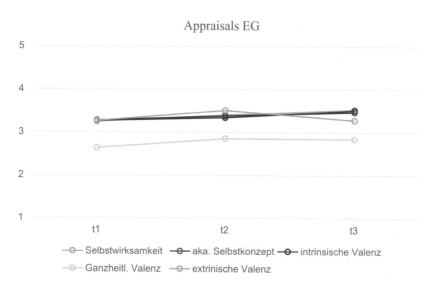

Abbildung 6.29 Entwicklung von Selbstwirksamkeit, akademisches Selbstkonzept, intrinsische Valenz, ganzheitliche Valenz und extrinsische Valenz in der EG

Die Selbstwirksamkeit (t_{1-2}, $p = .025$; t_{1-3}, $p < .001$) stieg signifikant über die drei Messzeitpunkte, das akademische Selbstkonzept (t_{1-3}, $p = .025$) und die intrinsische Valenz (t_{1-3}; $p = .006$) wiesen einen signifikanten Anstieg vom ersten im Vergleich zum dritten Messzeitpunkt auf, wobei hinsichtlich der ganzheitlichen ($p = .014$) und extrinsischen Valenz ($p = .025$) eine Steigerung zwischen t_1 und t_2 ermittelt wurde.

F2.1 Vergleich von Entwicklungs- und Kontrollgruppe: *Appraisals*
Im Vergleich von der Entwicklungs- (EG) mit der Kontrollgruppe (KG) zeigte sich durch Varianzanalysen ein statistisch signifikanter Interaktionseffekt des Zwischensubjektfaktor *Untersuchungsgruppe* mit der *Zeit* hinsichtlich der Selbstwirksamkeit ($F(1,141) = 21.51$, $p < .001$, partielles $\eta^2 = .13$) und des akademischen Selbstkonzepts ($F(1,140) = 21.21$, $p < .001$, partielles $\eta^2 = .12$) mit jeweils mittleren Effektstärken. In Bezug auf den Haupteffekt des Zwischensubjektfaktors wurden jeweils signifikante Unterschiede bei t_3 (Selbstwirksamkeit mit .4, $p = .009$; akademisches Selbstkonzept mit .38, $p = .015$) festgestellt. Sowohl die Selbstwirksamkeit als auch das akademischen Selbstkonzept stiegen

bei der Entwicklungsgruppe (EG) im Vergleich zur Kontrollgruppe (KG) über den Messzeitraum signifikant (vgl. Abb. 6.30).

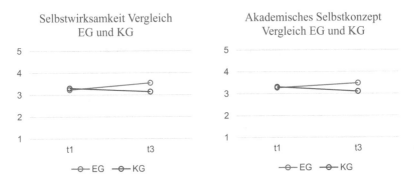

Abbildung 6.30 Entwicklung von Selbstwirksamkeit und akademisches Selbstkonzept. Vergleich EG und KG

Hinsichtlich der ganzheitlichen Valenz (vgl. Abb. 6.31, links) konnte kein signifikanter Interaktionseffekt von Inner- und Zwischensubjektfaktor zwischen Entwicklungs- (EG) und Kontrollgruppe (KG) festgestellt werden ($F(1,140) = 4.55$, $p = .035$). Es zeigte sich über den Messzeitraum demnach kein statistischer Unterschied in der ganzheitlichen Valenz bei der Entwicklungsgruppe (EG) im Vergleich zur Kontrollgruppe (KG).

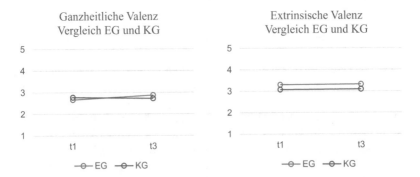

Abbildung 6.31 Entwicklung von ganzheitlicher Valenz und extrinsische Valenz. Vergleich EG und KG

Auch in Bezug auf die extrinsische Valenz konnte kein signifikanter Unterschied zwischen Entwicklungs- (EG) und Kontrollgruppe (KG) mittels Varianzanalyse und Zwischensubjektfaktor *Untersuchungsgruppe* $(F(1,140)) = 0.01$, $p = .931)$ ermittelt werden. Die Gruppen unterschieden sich über den Messzeitraum hinsichtlich der Entwicklung der extrinsischen Valenz demnach nicht (vgl. Abb. 6.31, rechts).

Die Ergebnisse der Varianzanalyse mit Zwischensubjektfaktor *Untersuchungsgruppe* können bezüglich des Konstrukts intrinsische Valenz aufgrund einer Verletzung der Voraussetzung *Homogenität der Fehlervarianzen* (vgl. Abschnitt 6.5) nicht interpretiert werden. Es konnte jedoch ein Haupteffekt des Zwischensubjektfaktor bei t_3 (.049, $p < .001$) durch den paarweisen Vergleich nachgewiesen werden. Die Gruppen unterschieden sich hinsichtlich der intrinsischen Valenz bei t_3 statistisch signifikant voneinander. Die Entwicklungsgruppe (EG) wies bei t_3 eine höhere intrinsische Valenz als die Kontrollgruppe (KG) auf (vgl. Abb. 6.32).

Abbildung 6.32
Entwicklung von
intrinsischer Valenz.
Vergleich EG und KG

F2.1 Feldgruppe: *Appraisals*
In Tabelle 6.19 werden die Mittelwerte sowie Standardabweichungen der Skalen in Bezug auf subjektive Bewertungsprozesse der SchülerInnen, die an der Feldstudie teilgenommen haben, an den drei Messzeitpunkten dargestellt.

In Abbildung 6.33 wird die Verteilung der Werte hinsichtlich der Appraisal Skalen an den drei Messzeitpunkten gezeigt.

Tabelle 6.19 Deskriptive Statistik der FG zu Selbstwirksamkeit, akademisches Selbstkonzept, intrinsische Valenz. ganzheitliche Valenz und extrinsische Valenz

	t_1		t_2		t_3	
n = 92	M	SD	M	SD	M	SD
Selbstwirksamkeit	3,4	0,9	3,59	0,88	3,63	0,81
aka. Selbstkonzept	3,29	0,9	3,39	0,9	3,44	0,81
intrinsische Valenz	3,25	0,88	3,37	0,92	3,36	0,98
ganzheitl. Valenz	2,87	1,05	3,0	1,04	3,07	1,05
extrinsische Valenz	3,22	1,01	3,49	0,99	3,24	1,06

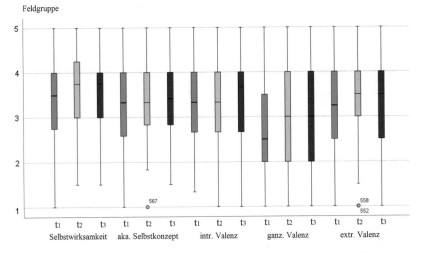

Abbildung 6.33 Verteilung der Werte zu Selbstwirksamkeit, akademisches Selbstkonzept, intrinsische Valenz, ganzheitliche Valenz und extrinsische Valenz in der FG

Die Entwicklung der genannten Variablen über die drei Messzeitpunkte wurde mithilfe einfaktorieller Varianzanalysen mit Messwiederholung untersucht. Dabei konnten statistisch signifikante Haupteffekte der *Zeit* sowohl bei den Skalen Selbstwirksamkeit und akademisches Selbstkonzept als auch bei den Skalen ganzheitliche und extrinsische Valenz festgestellt werden. Hinsichtlich der intrinsischen Valenz konnte kein signifikanter Haupteffekt der *Zeit* bei den SchülerInnen der Feldstudie nachgewiesen werden (vgl. Tab. 6.20).

Tabelle 6.20 Ergebnisse der Varianzanalyse mit Messwiederholung und des paarweisen Vergleichs zu Selbstwirksamkeit, akademisches Selbstkonzept, intrinsische Valenz. ganzheitliche Valenz und extrinsische Valenz in der FG

		p-Wert	part. η^2	Sig. Diff	p-Wert$_d$
Selbstwirksamkeit	$F(1.86,169.55) = 9.65{***}$	<.001	.12	t_{1-2}; t_{1-3}	<.001; .002
aka. Selbstkonzept	$F(1.85,168.37) = 6.76{***}$	.002	.07	t_{1-2}; t_{1-3}	.029; .007
intrinsische Valenz	$F(1.72,156.33) = 2.06{***}$	.138	.022	–	–
ganzheitliche Valenz	$F(1.85,168.52) = 4.70{***}$	.012	.05	t_{1-3}	.029
extrinsische Valenz	$F(2,182) = 8.75$	<.001	.09	t_{1-2}; t_{2-3}	<.001; .002

Der größte Effekt wurde dabei hinsichtlich Selbstwirksamkeit (partielles $\eta^2 = .12$) nachgewiesen. Es können 12 % der Varianz der Selbstwirksamkeit durch den Faktor *Zeit* erklärt und die Effektstärke als mittel bewertet werden. Hinsichtlich des Konstrukts extrinsische Valenz (partielles $\eta^2 = .09$) kann 9 % der Varianz durch den Faktor *Zeit*, bei einer mittleren Effektstärke, erklärt werden. Die Effektstärke des Konstrukts akademisches Selbstkonzept (partielles $\eta^2 = .07$) ist als mittel und der ganzheitlichen Valenz (partielles $\eta^2 = .05$) als klein zu bewerten.

In der Abbildung 6.34 ist die Entwicklung der Werte hinsichtlich der genannten Skalen der SchülerInnen der Feldstudie graphisch dargestellt.

Mithilfe des paarweisen Vergleichs können die Änderungen zwischen den einzelnen Messzeitpunkten untersucht werden (vgl. Tab. 6.20). Die Selbstwirksamkeit stieg signifikant zwischen den Messzeitpunkten t_1 und t_2 (.19, $p < .001$) sowie t_1 und t_3 (.23, $p = .002$), ebenso wie das akademische Selbstkonzept (t_{1-2}, .1, $p = .029$; t_{1-3}, .15, $p = .007$). Die ganzheitliche Valenz (t_{1-3}, .2, $p = .029$) wies einen signifikanten Anstieg vom ersten im Vergleich zum dritten Messzeitpunkt auf. Der paarweise Vergleich mit Bonferroni-Korrektur hinsichtlich der extrinsischen Valenz zeigte eine signifikante Steigerung zwischen t_1 und t_2 (.27, $p < .001$) allerdings auch einen Abfall zwischen t_2 und t_3 (.25, $p = .002$). In Bezug auf die intrinsische Valenz der SchülerInnen der Feldstudie wurde keine signifikanten Änderungen zwischen den Messzeitpunkten ermittelt.

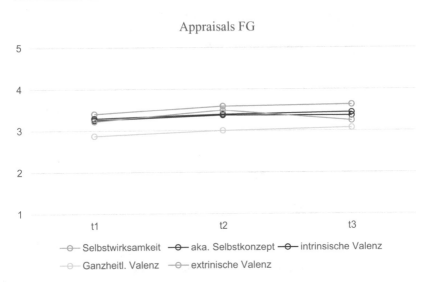

Abbildung 6.34 Entwicklung von Selbstwirksamkeit, akademisches Selbstkonzept, intrinsische Valenz, ganzheitliche Valenz und extrinsische Valenz in der FG

F2.1 Vergleich von Feld- und Kontrollgruppe: *Appraisals*
Um die langfristigen Effekte des Projekts in der Feldgruppe (FG) mit der Kontrollgruppe (KG) zu vergleichen wurden Varianzanalysen mit Zwischen-subjektfaktor *Untersuchungsgruppe* durchgeführt. Dabei wurde ein statistisch signifikanter Interaktionseffekt zwischen den *Untersuchungsgruppen* und der *Zeit* hinsichtlich der Selbstwirksamkeit ($F(1,166) = 16.61$, $p < .001$, partielles $\eta^2 = .09$) und des akademischen Selbstkonzepts ($F(1,165) = 24.00$, $p < .001$, partielles $\eta^2 = .13$) mit jeweils mittleren Effektstärken (vgl. Cohen, 1988) festgestellt. Hinsichtlich des Haupteffekts des Zwischensubjektfaktors zeigten sich jeweils signifikante Unterschiede bei t_3 (Selbstwirksamkeit mit .49, $p < .001$; akademisches Selbstkonzept mit .34, $p = .010$). Sowohl die Selbstwirksamkeit (vgl. Abb. 6.35, links) als auch das akademischen Selbstkonzept (vgl. Abb. 6.35, rechts) stiegen bei der Feldgruppe (FG) im Vergleich zur Kontrollgruppe (KG).

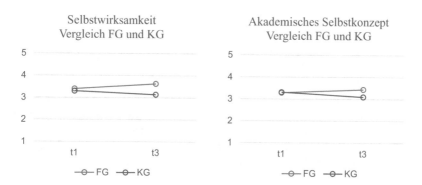

Abbildung 6.35 Entwicklung von Selbstwirksamkeit und akademisches Selbstkonzept. Vergleich FG und KG

In Bezug auf die ganzheitliche Valenz konnte hingegen kein statistisch signifikanter Interaktionseffekt von Inner- und Zwischensubjektfaktor zwischen Feld- (FG) und Kontrollgruppe (KG) festgestellt werden ($F(1,165) = 4.94$, $p = .028$). Am Messzeitpunkt t_3 kann jedoch ein signifikanter Unterschied in Bezug auf den Haupteffekt des Zwischensubjektfaktors ermittelt werden (.34, $p = .047$). Die Werte bezüglich des Konstrukts ganzheitliche Valenz (vgl. Abb. 6.36, links) lagen bei der Feldgruppe (FG) an diesem Messzeitpunkt somit statistisch signifikant über denen der Kontrollgruppe (KG).

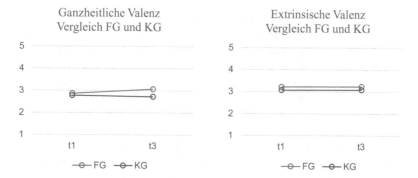

Abbildung 6.36 Entwicklung von ganzheitlicher Valenz und extrinsischer Valenz. Vergleich FG und KG

Hinsichtlich der extrinsische Valenz konnte kein statistisch signifikanter Unterschied zwischen Feld- (EG) und Kontrollgruppe mittels Varianzanalyse mit Zwischensubjektfaktor *Untersuchungsgruppe* (F(1,165) = 0.00, *p* = .997) nachgewiesen werden (vgl. Abb. 6.36, rechts).

Aufgrund einer Verletzung der Voraussetzung *Homogenität der Kovarianzmatrizen* (vgl. Kapitel 6.5) kann das Ergebnis der Varianzanalyse bezüglich des Konstrukts intrinsische Valenz nicht interpretiert werden. Es konnte jedoch ein statistisch signifikanter Haupteffekt des Zwischensubjektfaktors bei t₃ (.32, *p* = .037) durch den paarweisen Vergleich nachgewiesen werden. Die Feldgruppe (FG) wies bei t₃ eine höhere intrinsische Valenz als die Kontrollgruppe (KG) auf (vgl. Abb. 6.37).

Abbildung 6.37
Entwicklung von intrinsischer Valenz. Vergleich FG und KG

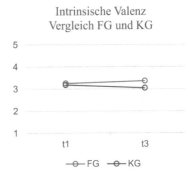

F2.1 Vergleich von Entwicklungs- und Feldgruppe: *Appraisals*
Im Vergleich der Entwicklungsgruppe (EG) mit der Feldgruppe (FG) zeigten sich durch die Huynh-Feldt korrigierte Varianzanalysen mit Messwiederholung und Innersubjektfaktor *Zeit* sowie Zwischensubjektfaktor *Untersuchungsgruppe* keine statistisch signifikanten Interaktionseffekte hinsichtlich der Selbstwirksamkeit (F(1.91,293.35) = .70, *p* = .49) der ganzheitlichen (F(1.89,290.73) = .38, *p* = .67) sowie extrinsischen Valenz (F(1.95,300.25) = .02, *p* = .98). In Bezug auf diese Konstrukte (vgl. Abb. 6.38, 6.39) bestand über den Erhebungszeitraum kein Unterschied zwischen Entwicklungs- (EG) und Feldgruppe (FG).

Die Ergebnisse der Varianzanalysen mit Messwiederholung können im Hinblick auf die Konstrukte akademisches Selbstkonzept und intrinsische Valenz aufgrund einer Verletzung der Voraussetzung *Homogenität der Kovarianzmatrizen* sowie bei intrinsische Valenz auch zusätzlich wegen *Ungleichheit der Fehlervarianzen* (vgl. Kapitel 6.5) nicht interpretiert werden. Der paarweise Vergleich

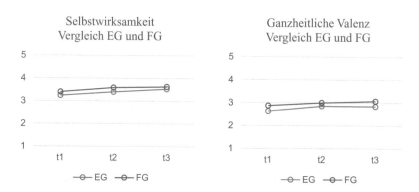

Abbildung 6.38 Entwicklung von Selbstwirksamkeit und ganzheitliche Valenz. Vergleich EG und FG

Abbildung 6.39
Entwicklung von
extrinsischer Valenz.
Vergleich EG und FG

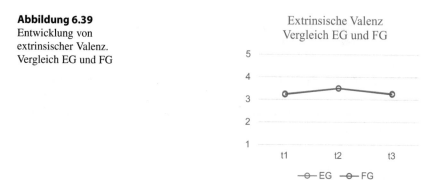

zeigte allerdings keinen Haupteffekt des Zwischensubjektfaktor. Hinsichtlich dieser Konstrukte konnte an den Messzeitpunkten kein Unterschied zwischen Entwicklungs- (EG) und Feldgruppe (FG) ermittelt werden (vgl. Abb. 6.40).

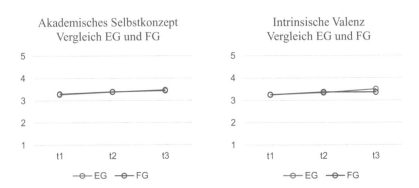

Abbildung 6.40 Entwicklung von akademisches Selbstkonzept und intrinsische Valenz. Vergleich EG und FG

6.7.2 Ergebnisse zu F2 – Lernförderliche Lern- und Leistungsemotionen

F2.2 Entwicklungsgruppe: *Lernförderliche Lern- und Leistungsemotionen*
Die Mittelwerte sowie Standardabweichungen der lernförderlichen Emotionen Freude und Stolz der SchülerInnen der Entwicklungsstudie an den drei Messzeitpunkten werden in Tabelle 6.21 dargestellt.

Tabelle 6.21 Deskriptive Statistik der EG zu Freude und Stolz

	t_1		t_2		t_3	
n = 64	M	SD	M	SD	M	SD
Freude	2,66	0,92	2,81	0,97	2,86	1,03
Stolz	2,94	1,03	3,25	1,05	3,18	1,09

Die Verteilung der Werte in der Entwicklungsstudie an den drei Messzeitpunkten zu den Skalen Freude und Stolz wird mithilfe von Box-Plots in Abbildung 6.41 gezeigt.

Mithilfe einfaktorieller Varianzanalysen mit Messwiederholung und jeweiliger Huynh-Feldt Korrektur wurden die Entwicklungen der Konstrukte über die drei Messzeitpunkte der Entwicklungsstudie untersucht. Dabei konnten statistisch signifikante Haupteffekte der *Zeit* hinsichtlich des Konstruktes Stolz festgestellt

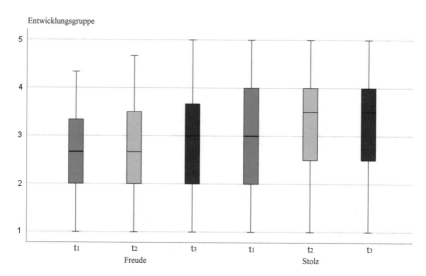

Abbildung 6.41 Verteilung der Werte zu Freude und Stolz in der EG

werden. In Bezug auf das Konstrukt Freude konnte über den Messzeitraum kein statistisch signifikanter Effekt nachgewiesen werden (vgl. Tab. 6.22).

Tabelle 6.22 Ergebnisse der Varianzanalyse mit Messwiederholung und des paarweisen Vergleichs zu Freude und Stolz in der EG

		p-Wert	part. η^2	Sig. Diff	p-Wert$_d$
Freude	$F(1.76, 110.80) = 3.94^{***}$	.027	.06	t_{1-2}	.047
Stolz	$F(1.86, 117.12) = 6.04^{***}$	.004	.09	t_{1-2}	<.001

Bezüglich des Konstrukts Stolz (partielles $\eta^2 = .09$) kann 9 % der Varianz durch den Faktor Zeit erklärt werden, wobei eine mittlere Effektstärke ermittelt wurde.

In der Abbildung 6.42 ist die Entwicklung der Werte hinsichtlich der genannten Variablen der Entwicklungsstudie graphisch dargestellt.

Die Änderungen zwischen den Messzeitpunkten wurden mithilfe paarweiser Vergleiche untersucht (vgl. Tab. 6.22). Die Freude stieg statistisch signifikant zwischen den Messzeitpunkten t_1 und t_2 (.15, $p = .047$), ebenso wie bei Stolz (.31, $p < .001$).

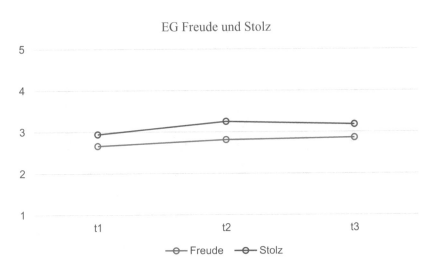

Abbildung 6.42 Entwicklung von Freude und Stolz in der EG

F2.2 Vergleich von Entwicklungs- und Kontrollgruppe: *Lernförderliche Lern-*
und Leistungsemotionen

Es wurden Varianzanalysen mit Innersubjektfaktor *Zeit* sowie Zwischensubjektfaktor *Untersuchungsgruppe* durchgeführt, um die langfristigen Effekte des
Projekts in der Entwicklungsgruppe (EG) mit der Kontrollgruppe (KG) zu vergleichen. Dabei wurde ein statistisch signifikanter Interaktionseffekt hinsichtlich
Freude (F(1,141) = 12.18, $p < .001$, partielles η^2 = .08) mit mittlerer Effekten-
stärke nachgewiesen. In Bezug auf das Konstrukt Stolz (F(1,137) = 5.61, p =
.019) konnte kein signifikanter Interaktionseffekt ermittelt werden. Im Hinblick
auf den Haupteffekt des Zwischensubjektfaktors zeigten sich jeweils signifikante
Unterschiede bei t_1 (Freude mit .36, p = .029; Stolz mit .35 p = .043). Freude
und Stolz steigerte sich bei der Entwicklungsgruppe (EG) im Vergleich zur Kontrollgruppe (KG), sodass an t_3 kein Unterschied zwischen den Gruppen bestand
(vgl. Abb. 6.43).

F2.2 Feldgruppe: *Lernförderliche Lern- und Leistungsemotionen*
In Tabelle 6.23 werden die Mittelwerte sowie Standardabweichungen zu den
Variablen Freude und Stolz der SchülerInnen, die an der Feldstudie teilgenommen
haben, an den drei Messzeitpunkten dargestellt.

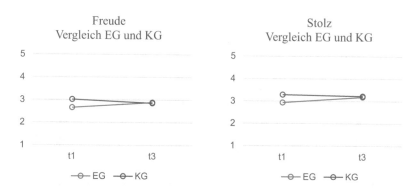

Abbildung 6.43 Entwicklung von Freude und Stolz. Vergleich EG und KG

Tabelle 6.23 Deskriptive Statistik der FG zu Freude und Stolz

	t_1		t_2		t_3	
n = 92	M	SD	M	SD	M	SD
Freude	3,1	0,94	3,18	0,97	3,28	0,9
Stolz	3,22	1,02	3,4	0,91	3,47	0,9

Die Verteilung der Werte an den drei Messzeitpunkten der Feldstudie zu den genannten Variablen wird mithilfe von Box-Plots in Abbildung 6.44 gezeigt.

Die Entwicklung der lernförderlichen Emotionen Freude und Stolz über die drei Messzeitpunkte in der Feldstudie wurde mithilfe einfaktorieller Varianzanalyse mit Messwiederholung untersucht (vgl. Tab. 6.24). Dabei konnten statistisch signifikante Haupteffekte der *Zeit* bei beiden Konstrukten ermittelt werden.

Es kann 5 % der Varianz der Freude durch den Faktor *Zeit* erklärt werden (partielles $\eta^2 = .05$). Die Effektstärke ist in der Feldstudie als klein zu bewerten. Hinsichtlich des Konstrukts Stolz (partielles $\eta^2 = .06$) kann 6 % der Varianz durch den Faktor *Zeit* erklärt werden. Die Effektstärke ist als mittel einzuschätzen.

In der Abbildung 6.45 ist die Entwicklung der Werte hinsichtlich der genannten Skalen der SchülerInnen der Feldstudie graphisch dargestellt.

Mithilfe paarweiser Vergleiche konnten die Änderungen zwischen den Messzeitpunkten untersucht werden (vgl. Tab. 6.24). Freude wies einen statistisch signifikanten Anstieg vom ersten im Vergleich zum dritten Messzeitpunkt auf (.18, $p = .010$). Stolz stieg signifikant zwischen den Messzeitpunkten t_1 und t_2 (.18, $p = .023$) sowie t_1 und t_3 (.25, $p = .017$).

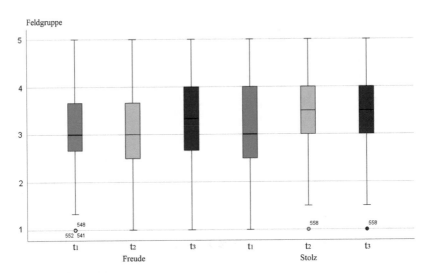

Abbildung 6.44 Verteilung der Werte zu Freude und Stolz in der FG

Tabelle 6.24 Ergebnisse der Varianzanalyse mit Messwiederholung und des paarweisen Vergleichs zu Freude und Stolz in der FG

		p-Wert	part. η^2	Sig. Diff	p-Wert$_d$
Freude	$F(2,182) = 4{,}99$	.008	.05	t_{1-3}	.010
Stolz	$F(1.73,157.46) = 6.16^{***}$	.004	.06	t_{1-2}; t_{1-3}	.023; .017

F2.2 Vergleich von Feld- und Kontrollgruppe: *Lernförderliche Lern- und Leistungsemotionen*

Um die langfristigen Effekte des Projekts in der Feldgruppe (FG) mit der Kontrollgruppe (KG) zu vergleichen, wurden Varianzanalysen und Innersubjektfaktor *Zeit* sowie Zwischensubjektfaktor *Untersuchungsgruppe* durchgeführt. Dabei wurde ein statistisch signifikanter Interaktionseffekt zwischen der *Zeit* und den *Untersuchungsgruppen* hinsichtlich Freude ($F(1,166) = 13.27$, $p < .001$, partielles $\eta^2 = .07$) und Stolz ($F(1,162) = 5.93$, $p = .016$, partielles $\eta^2 = .04$) festgestellt. Die Effekte sind bezüglich Freude als mittel und hinsichtlich Stolz als klein einzuschätzen. Im Hinblick auf den Haupteffekt des Zwischensubjektfaktors zeigte sich bezüglich Freude ein statistisch signifikanter Unterschied zwischen den Untersuchungsgruppen bei t_3 (.42, $p = .005$). Sowohl hinsichtlich Freude

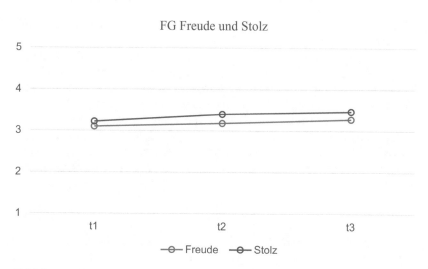

Abbildung 6.45 Entwicklung von Freude und Stolz in der FG

(vgl. Abb. 6.46, links) als auch Stolz (vgl. Abb. 6.46, rechts) zeigte sich bei der Feldgruppe (FG) im Vergleich zur Kontrollgruppe (KG) ein Anstieg.

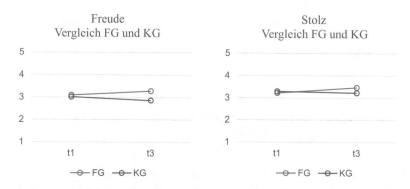

Abbildung 6.46 Entwicklung von Freude und Stolz. Vergleich FG und KG

F2.2 Vergleich von Entwicklungs- und Feldgruppe: *Lernförderliche Lern- und Leistungsemotionen*
Um die Entwicklung der Konstrukte Freude und Stolz der Entwicklungs-
gruppe (EG) mit der Feldgruppe (FG) zu vergleichen, wurden jeweils Huynh-
Feldt-korrigierte Varianzanalysen mit Messwiederholung und Innersubjektfaktor
Zeit sowie Zwischensubjektfaktor *Untersuchungsgruppe* genutzt. Dabei zeig-
ten sich keine statistisch signifikanten Interaktionseffekte bezüglich Freude
($F(1.95,300.61) = .22$, $p = .80$) und Stolz ($F(1.86,285.80) = .83$, $p = .43$).
Es bestand demnach statistisch kein signifikanter Unterschied in der Entwicklung
von Freude und Stolz in den Untersuchungsgruppen über die Messzeitpunkte (vgl.
Abb. 6.47).

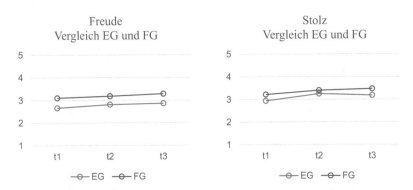

Abbildung 6.47 Entwicklung von Freude und Stolz. Vergleich EG und FG

6.7.3   Ergebnisse zu F2 – Lernmindernde Lern- und Leistungsemotionen

F2.3 Entwicklungsgruppe: *Lernmindernde Lern- und Leistungsemotionen*
In Tabelle 6.25 werden die Mittelwerte sowie Standardabweichungen zu den
Variablen Angst, Ärger, Langeweile und Scham der SchülerInnen, die an der Entwicklungsstudie teilgenommen haben, an den drei Messzeitpunkten dargestellt.
Die Verteilung der Werte in der Entwicklungsstudie zu den dargestellten Skalen an den drei Messzeitpunkten wird mithilfe von Box-Plots in Abbildung 6.48
gezeigt.

Tabelle 6.25 Deskriptive Statistik der EG zu Angst, Ärger, Langeweile und Scham

n = 64	t_1		t_2		t_3	
	M	SD	M	SD	M	SD
Angst	2,11	0,86	1,86	0,86	1,85	0,81
Ärger	2.06	0,81	1,94	0,86	1,77	0,71
Langeweile	2,4	0,84	2,23	0,88	2,1	0,77
Scham	2,05	1	1,79	0,92	1,78	0,95

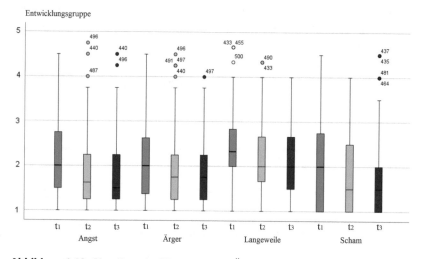

Abbildung 6.48 Verteilung der Werte zu Angst, Ärger, Langeweile und Scham in der EG

Zur Untersuchung der Entwicklung der Variablen über die drei Messzeitpunkte wurden einfaktorielle Varianzanalysen mit Messwiederholung durchgeführt. Dabei konnten statistisch signifikante Haupteffekte der *Zeit* bezüglich der negativen bzw. lern- und leistungsmindernden Emotionen Angst, Ärger und Langeweile ermittelt werden (vgl. Tab. 6.26).

Die größten Effekte wurden dabei hinsichtlich der Konstrukte Angst (partielles $\eta^2 = .11$) und Ärger (partielles $\eta^2 = .11$) nachgewiesen. Es können jeweils 11 % der Varianzen durch den Faktor *Zeit* erklärt werden. Die Effektstärken sind dabei jeweils als mittel einzuschätzen. In Bezug auf die Variable Langeweile (partielles $\eta^2 = .10$) kann 10 % der Varianz durch den Faktor *Zeit*, bei mittlerer Effektstärke (vgl. Cohen, 1988), begründet werden.

Tabelle 6.26 Ergebnisse der Varianzanalyse mit Messwiederholung und des paarweisen Vergleichs zu Angst, Ärger,Langeweile und Scham in der EG

		p-Wert	part. η^2	Sig. Diff	p-Wert$_d$
Angst	$F(2,126) = 7.46$	<.001	.11	t_{1-2}; t_{1-3}	.003; .004
Ärger	$F(2,126) = 8.00$	<.001	.11	t_{1-3}	.002
Langeweile	$F(2,126) = 6,86$	.001	.10	t_{1-3}	.003
Scham	$F(1.61,101.16) = 4,29^{***}$	.023	.06	t_{1-2}	.003

In der Abbildung 6.49 ist die Entwicklung der Werte hinsichtlich der Skalen Angst, Ärger, Langeweile und Scham der SchülerInnen der Entwicklungsstudie graphisch dargestellt.

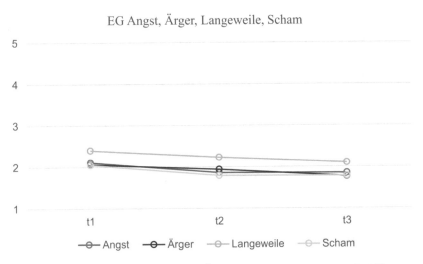

Abbildung 6.49 Entwicklung von Angst, Ärger, Langeweile und Scham in der EG

Mithilfe des paarweisen Vergleichs können die Änderungen zwischen den Messzeitpunkten einer Variablen untersucht werden (vgl. Tab. 6.26). Angst sank in der Entwicklungsgruppe signifikant zwischen den Messzeitpunkten t_1 und t_2 (.25, $p = .003$) sowie t_1 und t_3 (.26, $p = .004$). Ärger (.29, $p = .002$) wies einen statistisch signifikanten Abfall vom ersten auf den dritten Messzeitpunkt auf, ebenso wie Langeweile (.03, $p = .003$). Der paarweise Vergleich hinsichtlich des Konstruktes Scham zeigte einen signifikanten Abfall zwischen t_1 und t_2 (.26, $p = .003$).

F2.3 Vergleich von Entwicklungs- und Kontrollgruppe: *Lernmindernde Lern- und Leistungsemotionen*
Um langfristige Effekte des Projekts auf die Entwicklungsgruppe (EG) mit der Kontrollgruppe (KG) zu vergleichen wurden Varianzanalysen mit Innersubjektfaktor *Zeit* sowie Zwischensubjektfaktor *Untersuchungsgruppe* durchgeführt. Dabei wurden statistisch signifikante Interaktionseffekte zwischen den *Untersuchungsgruppen* und der *Zeit* hinsichtlich Angst (F(1,140) = 14.91, *p* < .001, partielles η^2 = .10) und Langeweile (F(1,140) = 20.13, *p* < .001, partielles η^2 = .13) mit jeweils mittleren Effekten nachgewiesen. Sowohl Angst (vgl. Abb. 6.50, links) als auch Langeweile (vgl. Abb. 6.50, rechts) sanken bei der Entwicklungsgruppe (FG) im Vergleich zur Kontrollgruppe (KG). In Bezug auf Haupteffekte des Zwischensubjektfaktors zeigten sich jeweils keine signifikanten Unterschiede an den Messzeitpunkten t_1 und t_3.

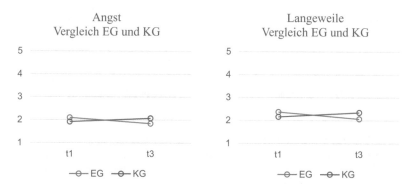

Abbildung 6.50   Entwicklung von Angst und Langeweile. Vergleich EG und KG

Die Ergebnisse der Varianzanalyse hinsichtlich der Konstrukte Ärger und Scham (vgl. Abb. 6.51) können aufgrund einer Verletzung der Voraussetzung *Homogenität der Kovarianzmatrizen* sowie bei intrinsische Valenz auch zusätzlich *Ungleichheit der Fehlervarianzen* (vgl. Kapitel 6.5) nicht interpretiert werden. Der paarweise Vergleich zeigte allerdings jeweils einen Haupteffekt des Zwischensubjektfaktors. In Bezug auf das Konstrukt Ärger wurde ein statistisch signifikanter Unterschied zwischen der Entwicklungs- (EG) und Kontrollgruppe (KG) an t_3 (0.53, *p* < .001) nachgewiesen. Die Entwicklungsgruppe (EG) wies an diesem Messzeitpunkt einen signifikant geringeren Mittelwert als die Kontrollgruppe (KG) auf, wobei an t_1 kein statistisch signifikanter Unterschied zwischen den

Gruppen bestand (vgl. Abb. 6.51, rechts). Hinsichtlich des Konstruktes Scham wurde ein statistisch signifikanter Unterschied zwischen der Entwicklungs- (EG) und Kontrollgruppe (KG) an t_1 (0.58, $p < .001$) ermittelt. Die Entwicklungsgruppe (EG) wies am ersten Messzeitpunkt einen signifikant höheren Mittelwert auf als die Kontrollgruppe (KG). An t_3 glichen sich die Mittelwerte zwischen den Gruppen an (vgl. Abb. 6.51, links).

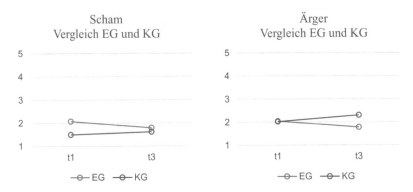

Abbildung 6.51   Entwicklung von Scham und Ärger. Vergleich EG und KG

F2.3 Feldgruppe: *Lernmindernde Lern- und Leistungsemotionen*
Die Mittelwerte sowie Standardabweichungen der lernmindernden Emotionen Angst, Ärger Langeweile und Scham an den drei Messzeitpunkten der Feldstudie werden in Tabelle 6.27 dargestellt.

Tabelle 6.27   Deskriptive Statistik der FG zu Angst, Ärger, Langeweile und Scham

	t_1		t_2		t_3	
n = 92	M	SD	M	SD	M	SD
Angst	1,72	0,62	1,64	0,63	1,82	0,67
Ärger	2,03	0,74	1,93	0,88	1,98	0,73
Langeweile	2,23	0,84	2,10	0,88	2,03	0,77
Scham	1,58	0,80	1,51	0,82	1,69	0,95

In Abbildung 6.52 wird die Verteilung der Werte hinsichtlich der genannten Variablen zu den lernmindernden Emotionen an den drei Messzeitpunkten präsentiert.

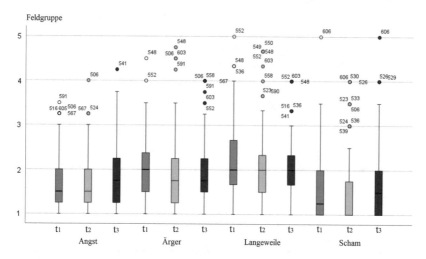

Abbildung 6.52 Verteilung der Werte zu Angst, Ärger, Langeweile und Scham in der FG

Zur Untersuchung der Entwicklung der negativen bzw. lern- und leistungsmindernden Emotionen über die drei Messzeitpunkte wurden einfaktorielle Varianzanalysen mit Messwiederholung durchgeführt. Dabei konnten statistisch signifikante Haupteffekte der *Zeit* bezüglich der Variablen Angst und Langeweile festgestellt werden. Hinsichtlich des Konstrukts Ärger und Scham konnten keine statistisch signifikanten Effekte der *Zeit* ermittelt werden (vgl. Tab. 6.28).

Tabelle 6.28 Ergebnisse der Varianzanalyse mit Messwiederholung und des paarweisen Vergleichs zu Angst, Ärger, Langeweile und Scham in der FG

		p-Wert	part. η^2	Sig. Diff	p-Wert$_d$
Angst	$F(2,182) = 5.87$	.003	.06	t_{2-3}	.006
Ärger	$F(2,182) = 1.60$	.206	.02	–	–
Langeweile	$F(2,182) = 4.73$	.010	.05	t_{1-3}	.003
Scham	$F(2,182) = 4.29$	.042	.03	–	–

Der größte Effekt wurde in Bezug auf das Konstrukt Angst (partielles $\eta^2 = .06$) ermittelt. Diesbezüglich sind 6 % der Varianz durch den Faktor *Zeit* zu begründen, wodurch die Effektstärke als mittel einzuschätzen ist. Hinsichtlich des Effekts auf die Variable Langeweile (partielles $\eta^2 = .05$) lassen sich 5 % der Varianz durch den Innersubjektfaktor *Zeit* erklärt. Die Effektstärke wird als klein betrachtet.

In der Abbildung 6.53 ist die Entwicklung der genannten Variablen bei den SchülerInnen der Feldstudie graphisch dargestellt.

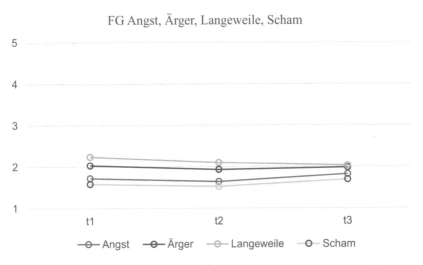

Abbildung 6.53 Entwicklung von Angst, Ärger, Langeweile und Scham in der FG

Mithilfe paarweiser Vergleiche mit Bonferroni-Korrektur können die Änderungen zwischen den Messzeitpunkten einer Variable ermittelt werden (vgl. Tab. 6.28). Langeweile wies in der Feldgruppe einen statistisch signifikanten Abfall vom ersten im Vergleich zum dritten Messzeitpunkt auf (.21, $p = .003$). Der paarweise Vergleich mit Bonferroni-Korrektur hinsichtlich des Konstruktes Angst zeigte einen signifikanten Anstieg zwischen t_2 und t_3 (.18, $p = .006$).

F2.3 Vergleich von Feld- und Kontrollgruppe: *Lernmindernde Lern- und Leistungsemotionen*

Um die Feldgruppe (FG) mit der Kontrollgruppe (KG) in Bezug auf langfristige Effekte des Projekts auf die lernmindernden Emotionen zu vergleichen wurden Varianzanalysen und Innersubjektfaktor *Zeit* sowie Zwischensubjektfaktor *Untersuchungsgruppe* durchgeführt. Dabei wurde hinsichtlich Angst (F(1,165) = .27, $p = .605$) und Scham (F(1,163) = .18, $p = .674$) kein statistisch signifikanter Interaktionseffekt ermittelt. In der Entwicklung dieser Konstrukte lag demnach kein statistischer Unterschied zwischen Feld- (FG) und Kontrollgruppe (KG) vor (vgl. Abb. 6.54).

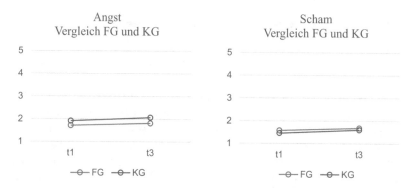

Abbildung 6.54 Entwicklung von Angst und Scham. Vergleich FG und KG

Aufgrund einer Verletzung der Voraussetzung *Homogenität der Kovarianzmatrizen* sowie *Homogenität der Fehlervarianzen* (vgl. Kapitel 6.5) können die Ergebnisse der Varianzanalyse bezüglich der Konstrukte Ärger und Langeweile nicht interpretiert werden. Der paarweise Vergleich zeigte allerdings jeweils einen Haupteffekt des Zwischensubjektfaktors. In Bezug auf die Konstrukte Ärger (0.32, $p = .012$) und Langeweile (0.32, $p = .013$) wurde jeweils ein statistisch signifikanter Unterschied zwischen der Entwicklungs- (EG) und Kontrollgruppe (KG) an t₃ nachgewiesen (vgl. Abb. 6.55).

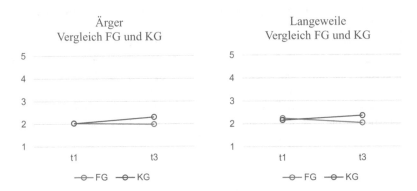

Abbildung 6.55 Entwicklung von Ärger und Langeweile. Vergleich FG und KG

F2.3 Vergleich von Entwicklungs- und Feldgruppe: *Lernmindernde Lern- und Leistungsemotionen*

Um die Entwicklung lernmindernder Emotionen der Entwicklungsgruppe (EG) mit der Feldgruppe (FG) zu vergleichen, wurden Varianzanalysen mit Messwiederholung und Innersubjektfaktor *Zeit* sowie Zwischensubjektfaktor *Untersuchungsgruppe* durchgeführt. Dabei zeigte sich kein statistisch signifikanter Interaktionseffekt bezüglich Ärger ($F_{(2,308)}$ = 4.15, p = .017). Es bestand demnach kein Unterschied zwischen der Entwicklungsgruppe (EG) und der Feldgruppe (FG) hinsichtlich der Variable Ärger. In Bezug auf das Konstrukt Langeweile ($F_{(2,308)}$ = .48, p = .620) konnte ebenso kein statistisch signifikanter Interaktionseffekt zwischen der *Untersuchungsgruppen* und der *Zeit* nachgewiesen werden. In der Entwicklung dieser Variable lag über den Erhebungszeitraum demnach kein statistischer Unterschied zwischen Entwicklungs- (EG) und Feldgruppe (FG) vor (vgl. Abb. 6.56).

Die Ergebnisse der Varianzanalysen hinsichtlich der Konstrukte Angst und Scham können aufgrund einer Verletzung der Voraussetzung *Homogenität der Kovarianzmatrizen* sowie *Homogenität der Fehlervarianzen* (vgl. Kapitel 6.5) nicht interpretiert werden. Die paarweisen Vergleiche zeigten allerdings jeweils Haupteffekte des Zwischensubjektfaktors. Bezüglich der Variablen Angst (0.39, p = .003) und Scham (0.47, p = .001) wurde jeweils ein statistisch signifikanter Unterschied zwischen der Entwicklungs- (EG) und Feldgruppe (FG) an t_1 festgestellt. Die Werte glichen sich im weiteren Verlauf an (vgl. Abb. 6.57).

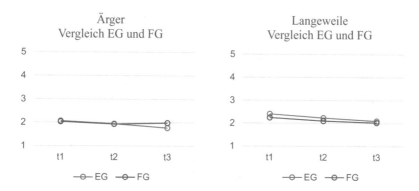

Abbildung 6.56 Entwicklung von Ärger und Langeweile. Vergleich EG und FG

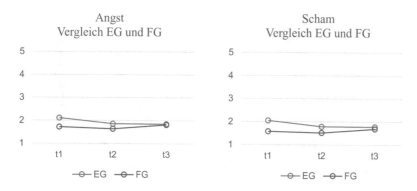

Abbildung 6.57 Entwicklung von Angst und Scham. Vergleich EG und FG

6.7.4   Ergebnisse zu F2 – Interesse

F2.4 Entwicklungsgruppe: *Interesse*
In Tabelle 6.29 werden die Mittelwerte sowie Standardabweichungen der Variablen Sachinteresse und Fachinteresse der SchülerInnen, die an der Entwicklungsstudie teilgenommen haben, an den drei Messzeitpunkten dargestellt.

In Abbildung 6.58 wird die Verteilung der Werte hinsichtlich der Skalen Sach- und Fachinteresse an den drei Messzeitpunkten gezeigt.

Tabelle 6.29 Deskriptive Statistik der EG zu Sach- und Fachinteresse

	t_1		t_2		t_3	
n = 64	M	SD	M	SD	M	SD
Sachinteresse	2,45	0,86	2,54	0,9	2,67	0,97
Fachinteresse	2,39	0,77	2,54	0,87	2,37	0,83

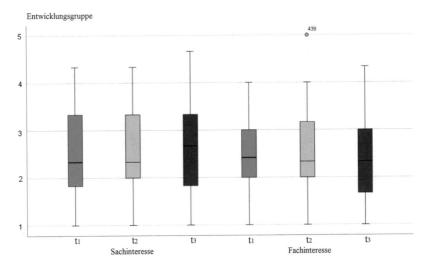

Abbildung 6.58 Verteilung der Werte zu Sach- und Fachinteresse in der EG

Die Entwicklung des Sach- und Fachinteresse über die drei Messzeitpunkte wurden mithilfe einfaktorieller Varianzanalysen mit Messwiederholung untersucht. Dabei wurde ein statistisch signifikanter Haupteffekt der *Zeit* bezüglich des Konstrukts Sachinteresse ermittelt (vgl. Tab. 6.30).

Tabelle 6.30 Ergebnisse der Varianzanalyse mit Messwiederholung und des paarweisen Vergleichs zu Sach- und Fachinteresse in der EG

		p-Wert	part. η^2	Sig. Diff	p-Wert$_d$
Sachinteresse	$F(1.66,104.66) = 6.09^{***}$	.005	.09	t_{1-3}	.007
Fachinteresse	$F(1.84,115.67) = 3.68^{***}$	.032	.06	t_{1-2}	.033

Demnach können 9 % der Varianzen (partielles $\eta^2 = .09$) durch den Faktor *Zeit* erklärt werden, wobei die Effektstärke als mittel einzuschätzen ist. Hinsichtlich des Konstrukts Fachinteresse konnte kein statistisch signifikanter Haupteffekt der *Zeit* nachgewiesen werden.

In der Abbildung 6.59 ist die Entwicklung der Mittelwerte in Bezug auf die genannten Variablen der SchülerInnen der Entwicklungsstudie graphisch dargestellt.

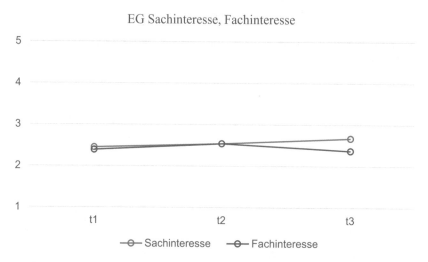

Abbildung 6.59 Entwicklung von Sach- und Fachinteresse in der EG

Die Änderungen zwischen den Messzeitpunkten können mithilfe paarweiser Vergleiche untersucht werden (vgl. Tab. 6.30). Fachinteresse stieg signifikant zwischen den Messzeitpunkten t_1 und t_2 (.15, $p = .033$). Das Sachinteresse (.22, $p = .007$) wies einen statistisch signifikanten Anstieg vom ersten im Vergleich zum dritten Messzeitpunkt auf.

F2.4 Vergleich Entwicklungs- und Kontrollgruppe: *Interesse*
Der langfristige Vergleich der Effekte des Projekts bezüglich der Entwicklungsgruppe (EG) und Kontrollgruppe (KG) wurde mithilfe von Varianzanalysen
und Innersubjektfaktor *Zeit* sowie Zwischensubjektfaktor *Untersuchungsgruppe*
durchgeführt. Dabei wurde ein statistisch signifikanter Interaktionseffekt hinsichtlich des Sachinteresses (F(1,141) = 6.99, p = .009, partielles η^2 = .05)
nachgewiesen. Es bestand demnach ein statistischer Unterschied in der langfristigen Entwicklung des Sachinteresses in der Entwicklung- (EG) im Vergleich zur
Kontrollgruppe (KG). Der Effekt ist allerdings als klein einzuschätzen. Hinsichtlich der Variable Fachinteresse (F(1,141) = 1.44, p = .232) wurde kein statistisch
signifikanter Interaktionseffekt nachgewiesen. In der Entwicklung des Fachinteresses lag demnach kein statistischer Unterschied zwischen Entwicklungs- (EG)
und Kontrollgruppe (KG) vor (vgl. Abb. 6.60).

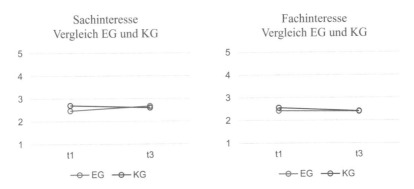

Abbildung 6.60   Entwicklung von Sachinteresse und Fachinteresse. Vergleich EG und KG

F2.4 Feldgruppe: *Interesse*
Die Mittelwerte sowie Standardabweichungen hinsichtlich des Sach- und Fachinteresses an den drei Messzeitpunkten der Feldstudie werden in Tabelle 6.31
dargestellt.
    Die Verteilung der Werte bezüglich der genannten Skalen an den drei Mess-
zeitpunkten der Feldstudie wird mithilfe von Box-Plots in Abbildung 6.61
gezeigt.
    Mittels einfaktorieller Varianzanalysen mit Messwiederholung wurden die Ent-
wicklung des Sach- und Fachinteresses bei den SchülerInnen der Feldstudie über
die drei Messzeitpunkte untersucht. Dabei konnte ein statistisch signifikanter

Tabelle 6.31 Deskriptive Statistik der FG zu Sach- und Fachinteresse

n = 92	t_1		t_2		t_3	
	M	SD	M	SD	M	SD
Sachinteresse	2,59	0,88	2,71	0,97	2,71	0,95
Fachinteresse	2,65	0,8	2,79	0,85	2,83	0,87

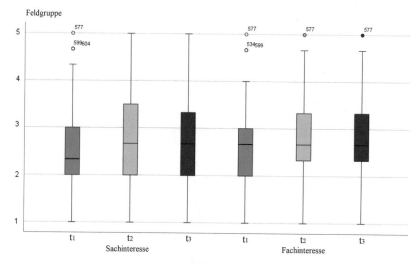

Abbildung 6.61 Verteilung der Werte zu Sach- und Fachinteresse in der FG

Haupteffekt der *Zeit* hinsichtlich der Variable Fachinteresse nachgewiesen werden. Hinsichtlich des Sachinteresses konnte kein statistisch signifikanter Effekt festgestellt werden (vgl. Tab. 6.32).

Tabelle 6.32 Ergebnisse der Varianzanalyse mit Messwiederholung und des paarweisen Vergleichs zu Sach- und Fachinteresse in der FG

		p-Wert	part. η^2	Sig. Diff	p-Wert$_d$
Sachinteresse	$F(1.90,173.13) =$ 2.74***	.070	.03	–	–
Fachinteresse	$F(2,182) = 4.86$	.009	.05	t_{1-2}; t_{1-3}	.046; .021

Das Fachinteresse stieg demnach über die drei Messzeitpunkte statistisch signifikant. Es kann 5 % der Varianz des Fachinteresses durch den Faktor *Zeit* erklärt werden (partielles η^2 = .05). Diesbezüglich ist die Effektstärke in der Feldstudie als klein zu bewerten.

In der Abbildung 6.62 ist die Entwicklung der Mittelwerte hinsichtlich der genannten Skalen der SchülerInnen der Feldstudie graphisch dargestellt.

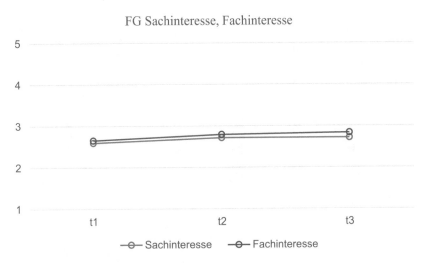

Abbildung 6.62 Entwicklung von Sach- und Fachinteresse in der FG

Der paarweise Vergleich (vgl. Tab. 6.32) bezüglich des Konstruktes Fachinteresse zeigte einen signifikanten Anstieg zwischen t_1 und t_2 (.14, p = .046) sowie an t_3 im Vergleich zu t_1 (.18, p = .021).

F2.4 Vergleich von Feld- und Kontrollgruppe: *Interesse*

Es wurden Varianzanalysen mit Innersubjektfaktor *Zeit* sowie Zwischensubjektfaktor *Untersuchungsgruppe* durchgeführt, um die langfristigen Effekte des Projekts in der Feldgruppe (FG) mit der Kontrollgruppe (KG) zu vergleichen. Dabei wurde ein statistisch signifikanter Interaktionseffekt hinsichtlich des Fachinteresses (F(1,166) = 11.55, p < .001, partielles η^2 = .07) mit mittlerer Effektstärke nachgewiesen. Bezüglich des Haupteffekts des Zwischensubjektfaktors zeigte sich ein signifikanter Unterschied bei t_3 (.43, p = .002). Das Fachinteresse stieg in der Feldgruppe (FG) im Vergleich zur Kontrollgruppe (KG) über den Messzeitraum (vgl. Abb. 6.63, rechts). Hinsichtlich des Sachinteresses wurde kein statistisch signifikanter Interaktionseffekt (F(1,166) = 3.74, p = .055) ermittelt. Die Feld- (FG) und die Kontrollgruppe (KG) wiesen somit statistisch keinen Unterschied in der Entwicklung des Sachinteresses über den Erhebungszeitraum auf (vgl. Abb. 6.63, links).

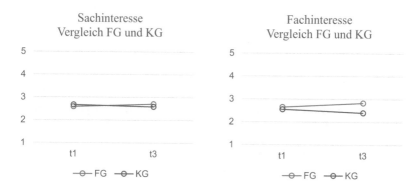

Abbildung 6.63   Entwicklung von Sachinteresse und Fachinteresse. Vergleich FG und KG

F2.4 Vergleich von Entwicklungs- und Feldgruppe: *Interesse*
Im Vergleich der Entwicklungsgruppe (EG) mit der Feldgruppe (FG) zeigte sich durch Varianzanalysen mit Messwiederholung mit Innersubjektfaktor *Zeit* sowie Zwischensubjektfaktor *Untersuchungsgruppe* kein statistisch signifikanten Interaktionseffekt hinsichtlich des Fachinteresses (F(2,308) = 3.29, p = .039, partielles η^2 = .02) über den Erhebungszeitraum. Im Hinblick auf den Haupteffekt des Zwischensubjektfaktors zeigten sich jedoch signifikante Unterschiede bei t_1 (.26, p = .046) und t_3 (.46, p = .001). Es bestanden demnach Unterschiede der Untersuchungsgruppen bezüglich des Fachinteresses an diesen Messzeitpunkten (vgl. Abb. 6.64, rechts). Das Fachinteresse in der Feldgruppe (FG) war an diesen Messzeitpunkten stärker ausgeprägt als bei der Entwicklungsgruppe (EG). In Bezug auf das Sachinteresse wurde kein statistisch signifikanter Interaktionseffekt (Huynh-Feldt F(1.82,280.27) = 1.38, p = .253) ermittelt. Die Gruppen wiesen demnach statistisch keine Unterschiede in der Entwicklung des Sachinteresses auf (vgl. Abb. 6.64, links).

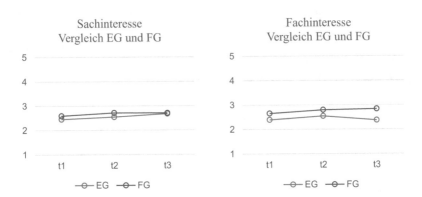

Abbildung 6.64   Entwicklung von Sachinteresse und Fachinteresse. Vergleich EG und FG

6.7.5   Ergebnisse zu F2 – Motivation

F2.5 Entwicklungsgruppe: *Motivation*
In Tabelle 6.33 werden die Mittelwerte sowie Standardabweichungen zu den Variablen intrinsische Motivation und Kompetenzmotivation an den drei Messzeitpunkten der Entwicklungsstudie (vgl. Kapitel 6.3) dargestellt.

Tabelle 6.33   Deskriptive Statistik der EG zu intrinsischer Motivation und Kompetenzmotivation

	t_1		t_2		t_3	
n = 64	M	SD	M	SD	M	SD
intrin. Motivation	2,75	0,89	2,92	0,94	2,98	1
Kompetenzmotiv.	3,35	0,82	3,45	0,9	3,37	0,89

Die Verteilung der Werte zu den dargestellten Skalen an den drei Messzeitpunkten wird mithilfe von Box-Plots in Abbildung 6.65 gezeigt.
Die Untersuchung der Entwicklung der intrinsischen Motivation sowie Kompetenzmotivation wurde mithilfe von Varianzanalysen mit Messwiederholung und Huynh-Feldt Korrektur über die drei Messzeitpunkte durchgeführt. Dabei konnte kein statistisch signifikanter Haupteffekt der *Zeit* bezüglich intrinsischer Motivation bei der Entwicklungsgruppe (EG) nachgewiesen werden (vgl. Tab. 6.34).

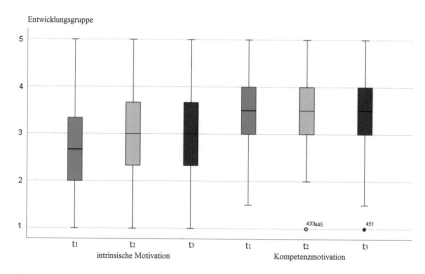

Abbildung 6.65 Verteilung der Werte zu intrinsischer Motivation und Kompetenzmotivation in der EG

Tabelle 6.34 Ergebnisse der Varianzanalyse mit Messwiederholung und des paarweisen Vergleichs zu intrinsischer Motivation und Kompetenzmotivation in der EG

		p-Wert	part. η^2	Sig. Diff	p-Wert$_d$
intrinsische Motivation	$F(1.83,115.52) =$ 4.17***	.021	.06	t_{1-3}	.028
Kompetenzmotivation	$F(1.80,113.59) =$ 0.53***	.570	.01	–	–

Auch hinsichtlich der Kompetenzmotivation konnte kein signifikanter Haupteffekt der *Zeit* ermittelt werden. Der paarweise Vergleich (vgl. Tab. 6.34) zeigte allerdings eine statistisch signifikante Änderung zwischen den Messzeitpunkten t_1 und t_3 (.23, $p = .028$) hinsichtlich der intrinsischen Motivation bei den SchülerInnen der Entwicklungsgruppe (EG).

In Abbildung 6.66 wird die Entwicklung dieser Konstrukte dargestellt.

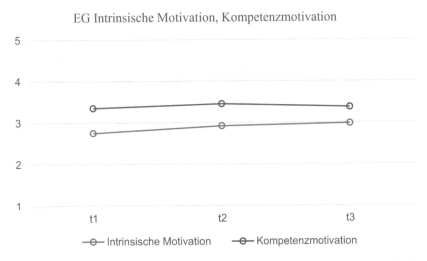

Abbildung 6.66 Entwicklung von intrinsischer Motivation und Kompetenzmotivation in der EG

F2.5 Vergleich Entwicklungs- und Kontrollgruppe: *Motivation*
Um die Entwicklungsgruppe (EG) mit der Kontrollgruppe (KG) in Bezug auf langfristige Effekte des Projekts auf die intrinsische sowie Kompetenzmotivation zu vergleichen wurden Varianzanalysen mit Innersubjektfaktor *Zeit* sowie Zwischensubjektfaktor *Untersuchungsgruppe* durchgeführt. Dabei wurde hinsichtlich intrinsischer Motivation (F(1,140) = 16.08, $p < .001$, partielles $\eta^2 = .10$) ein statistisch signifikanter Interaktionseffekt nachgewiesen. Die intrinsische Motivation stieg über die Zeit bei der Entwicklungsgruppe (EG), während sie bei der Kontrollgruppe (KG) sank (vgl. Abb. 6.67, links). Es kann diesbezüglich eine mittlere Effektstärke nachgewiesen werden. Der paarweise Vergleich mit Bonferroni-Korrektur zeigte einen Haupteffekt des Zwischensubjektfaktors bei t_1 (.33, $p = .036$). Bezüglich der Variable Kompetenzmotivation wurde kein statistisch signifikanter Interaktionseffekt (F(1,138) = 0.48, $p = .488$) nachgewiesen. Die Entwicklungs- (EG) und die Kontrollgruppe (KG) wiesen somit statistisch keinen Unterschied in der Kompetenzmotivation über die Zeit auf (vgl. Abb. 6.67, rechts).

F2.5 Feldgruppe: *Motivation*

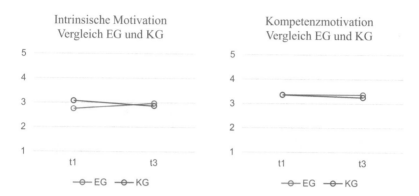

Abbildung 6.67 Entwicklung von intrinsischer Motivation und Kompetenzmotivation. Vergleich EG und KG

Die Mittelwerte sowie Standardabweichungen der intrinsischen Motivation sowie Kompetenzmotivation der ProbandInnen der Feldstudie an den drei Messzeitpunkten werden in Tabelle 6.35 dargestellt.

Tabelle 6.35 Deskriptive Statistik der FG zu intrinsischer Motivation und Kompetenzmotivation

$n = 92$	t_1		t_2		t_3	
	M	SD	M	SD	M	SD
Intrin. Motivation	3	0,91	3,05	1,04	3,07	1
Kompetenzmotivation	3,4	0,86	3,46	0,9	3,4	0,96

In Abbildung 6.68 wird die Verteilung der Werte hinsichtlich der Skalen an den drei Messzeitpunkten in der Feldstudie gezeigt.

Mithilfe einfaktorieller Varianzanalysen mit Messwiederholung wurde die Entwicklung der Variablen über die drei Messzeitpunkte der Feldstudie untersucht. Dabei konnten keine statistisch signifikanten Haupteffekte der *Zeit* sowohl hinsichtlich des Konstruktes intrinsische Motivation als auch Kompetenzmotivation festgestellt werden (vgl. Tab. 6.36).

In der Feldgruppe (FG) änderte sich die intrinsische Motivation und Kompetenzmotivation demnach nicht über die drei Messzeitpunkte.

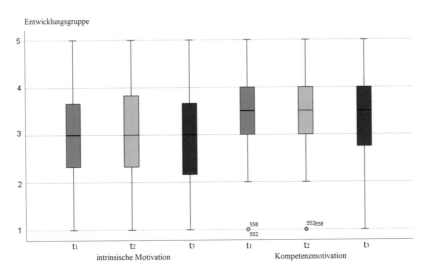

Abbildung 6.68 Verteilung der Werte zu intrinsischer Motivation und Kompetenzmotivation in der FG

Tabelle 6.36 Ergebnisse der Varianzanalyse mit Messwiederholung und des paarweisen Vergleichs zu intrinsischer Motivation und Kompetenzmotivation in der FG

		p-Wert	part. η^2	Sig. Diff	p-Wert$_d$
intrinsische Motivation	$F(1.87,170.01) =$ 0.69***	.493	.01	–	–
Kompetenzmotivation	$F(1.76,160.19) =$ 0.50***	.582	.01	–	–

Die Entwicklung der Mittelwerte hinsichtlich der genannten Skalen der SchülerInnen der Feldgruppe über die drei Messzeitpunkte ist in der Abbildung 6.69 graphisch dargestellt.

Auch mithilfe des paarweisen Vergleichs konnten keine Unterschiede zwischen den Messzeitpunkten der Variablen ermittelt werden (vgl. Tab. 6.36).

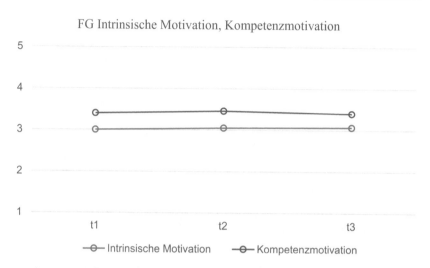

Abbildung 6.69 Entwicklung von intrinsischer Motivation und Kompetenzmotivation in der FG

F2.5 Vergleich Feld- und Kontrollgruppe: *Motivation*

Um Effekte des Projekts auf die Feldgruppe (FG) mit der Kontrollgruppe (KG) zu vergleichen, wurden Varianzanalysen mit Innersubjektfaktor *Zeit* sowie Zwischensubjektfaktor *Untersuchungsgruppe* durchgeführt. Dabei wurde ein statistisch signifikanter Interaktionseffekt hinsichtlich intrinsischer Motivation (F(1,165) = 08.24, *p* = .005, partielles η^2 = .05) mit kleinem Effekt nachgewiesen. Die intrinsische Motivation der Kontrollgruppe (KG) sank, während die intrinsische Motivation der Feldgruppe (FG) über die Zeit konstant bleibt (vgl. Abb. 6.70, links). In Bezug auf das Konstrukt Kompetenzmotivation wurde kein statistisch signifikanter Interaktionseffekt ermittelt (F(1,163) = .55, *p* = .460). Es bestand demnach kein statistischer Unterschied der Gruppen bezüglich der Kompetenzmotivation über den Messzeitraum (vgl. Abb. 6.70, rechts).

F2.5 Vergleich Entwicklungs- und Feldgruppe: *Motivation*

Um die Entwicklung der Variablen intrinsische Motivation und Kompetenzmotivation der Entwicklungsgruppe (EG) und der Feldgruppe (FG) zu vergleichen, wurden Varianzanalysen mit Messwiederholung mit Innersubjektfaktor *Zeit* sowie Zwischensubjektfaktor *Untersuchungsgruppe* durchgeführt. Dabei zeigten sich keine statistisch signifikanten Interaktionseffekte sowohl bezüglich intrinsischer

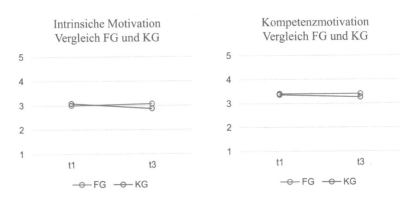

Abbildung 6.70 Entwicklung von intrinsischer Motivation und Kompetenzmotivation. Vergleich FG und KG

Motivation (Huynh-Feldt $F(1.85,284.13) = 1.42$, $p = .243$) als auch Kompetenzmotivation (Huynh-Feldt $F(1.86,285.91) = .42$, $p = .951$). Hinsichtlich dieser Konstrukte lag demnach kein statistischer Unterschied zwischen den SchülerInnen der Entwicklungs- (EG) und der Feldgruppe (FG) vor (vgl. Abb. 6.71).

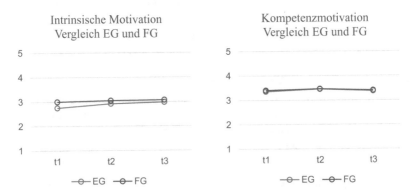

Abbildung 6.71 Entwicklung von intrinsischer Motivation und Kompetenzmotivation. Vergleich EG und FG

6.8   Ergebnisse zu Forschungsfrage 3

F3 Entwicklungsgruppe: *Testleistung*

In Tabelle 6.37 werden die Mittelwerte sowie Standardabweichungen der Testleistung an den drei Messzeitpunkten der SchülerInnen, die an der Entwicklungsstudie teilgenommen haben, dargestellt.

Tabelle 6.37   Deskriptive Statistik der EG zur Testleistung

	t_1		t_2		t_3	
n = 69	M	SD	M	SD	M	SD
Leistung	9,35	4,12	13,57	3,45	10,88	3,1

Die Verteilung der Werte zur Testleistung an den drei Messzeitpunkten wird mithilfe von Box-Plots in Abbildung 6.72 gezeigt.

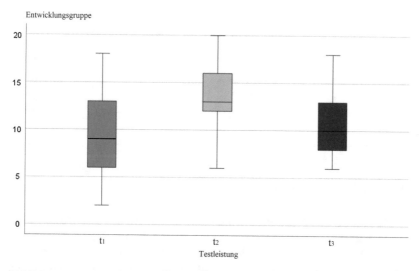

Abbildung 6.72   Verteilung der Werte zur Testleistung in der EG

Zur Untersuchung der Leistungsentwicklung über die drei Messzeitpunkte wurde die einfaktorielle Varianzanalyse mit Messwiederholung angewendet. Dabei konnte ein statistisch signifikanter Haupteffekt der *Zeit* bezüglich der Testleistung nachgewiesen werden (vgl. Tab. 6.38).

Tabelle 6.38 Ergebnis der Varianzanalyse mit Messwiederholung und des paarweisen Vergleichs zu Testleistung in der EG

	p-Wert	part. η^2	Sig. Diff.	p-Wert$_d$
F(2,136) = 70.24	<.001	.51	t_{1-2}; t_{1-3}; t_{2-3}	<.001; <.001; <.001

Der Effekt auf die Testleistung (partielles $\eta^2 = .51$) ist als groß einzuschätzen (vgl. Cohen, 1988). Es können 51 % der Varianz durch den Faktor *Zeit* erklärt werden.

In der Abbildung 6.73 ist die Entwicklung der mittleren Testwerte der SchülerInnen der Entwicklungsstudie graphisch dargestellt.

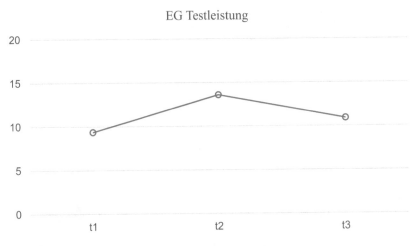

Abbildung 6.73 Entwicklung der Testleistung in der EG

Die Änderungen zwischen den Messzeitpunkten wurden mithilfe des paarweisen Vergleichs untersucht (vgl. Tab. 6.38). Die Testleistung stieg statistisch signifikant zwischen den Messzeitpunkten t_1 und t_2 (4.22, $p < .001$), sowie im Vergleich zwischen t_1 und t_3 (1.53, $p < .001$) und fiel zwischen t_2 und t_3 (2.69, $p < .001$). Die SchülerInnen der Entwicklungsstudie verbesserten sich demnach zwischen t_1 und t_2 und verzeichneten einen Leistungsabfall zwischen t_2 und t_3. Insgesamt verbesserten sie sich jedoch über den Messzeitraum (t_1–t_3).

F3 Vergleich Entwicklungs- und Kontrollgruppe: *Testleistung*
Die Unterschiede zwischen den Testleistungen der Entwicklungs- (EG) und
der Kontrollgruppe (EG) wurden mithilfe des paarweisen Vergleichs untersucht.
Hinsichtlich dieses Haupteffekts des Zwischensubjektfaktors zeigte sich ein signi-
fikanter Unterschied bei t_3 (2.26, $p < .001$). Die Testleistung stieg in der
Entwicklungsgruppe (EG), während sie in der Kontrollgruppe (KG) über den
Messzeitraum sank (vgl. Abb. 6.74).

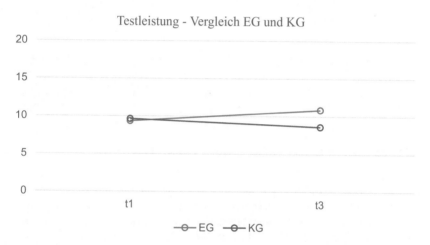

Abbildung 6.74   Entwicklung der Testleistung. Vergleich EG und KG

F3 Feldgruppe: *Testleistung*
Die Mittelwerte sowie Standardabweichungen der Testleistung an den drei Messzeitpunkten der SchülerInnen der Feldstudie werden in Tabelle 6.39 dargestellt.

Tabelle 6.39   Deskriptive Statistik der FG zur Testleistung

	t_1		t_2		t_3	
n = 85	M	SD	M	SD	M	SD
Leistung	11,91	3,36	13,36	3,61	12	3,14

In Abbildung 6.75 wird die Verteilung der Leistungswerte an den drei
Messzeitpunkten der Feldstudie gezeigt.

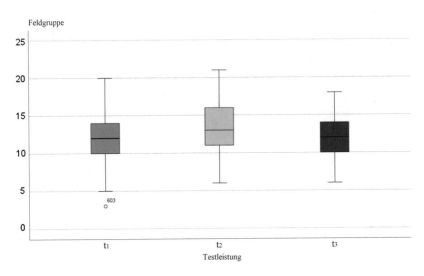

Abbildung 6.75   Verteilung der Werte zur Testleistung in der FG

Die Leistungsentwicklung hinsichtlich des Tests über die drei Messzeitpunkte wurden mithilfe einer Varianzanalyse mit Messwiederholung untersucht. Dabei wurde ein statistisch signifikanter Haupteffekt der *Zeit* bezüglich der Testleistung in der Feldgruppe (FG) festgestellt (vgl. Tab. 6.40).

Tabelle 6.40   Ergebnis der Varianzanalyse mit Messwiederholung und des paarweisen Vergleichs zu Testleistung in der FG

	p-Wert	part. η^2	Sig. Diff.	p-Wert$_d$
F(2,168) = 13.80	<.001	.14	t_{1-2}; t_{2-3}	<.001; <.001;

Der Effekt auf die Testleistung (partielles $\eta^2 = .14$) ist als mittel einzuschätzen. Es können 14 % der Varianz durch den Faktor Zeit erklärt werden.

In der Abbildung 6.76 ist die Entwicklung der Testleistung der SchülerInnen der Feldstudie graphisch dargestellt.

Mithilfe des paarweisen Vergleichs wurden die Änderungen zwischen den Messzeitpunkten untersucht (vgl. Tab. 6.40). Die Testleistung stieg statistisch signifikant zwischen den Messzeitpunkten t_1 und t_2 (1.45, p < .001) und fiel statistisch signifikant zwischen t_2 und t_3 (1.36, p < .001). Zwischen den Messzeitpunkten t_1 und t_3 bestand kein statistisch signifikanter Unterschied. Die

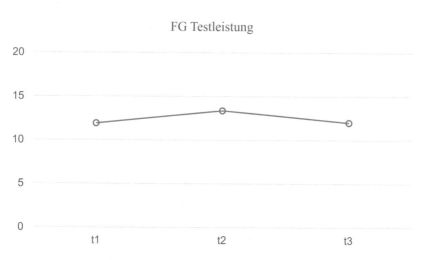

Abbildung 6.76 Entwicklung der Testleistung in der FG

SchülerInnen der Feldstudie verbesserten sich demnach zwischen t_1 und t_2 und verzeichneten einen Leistungsabfall zwischen t_2 und t_3, sodass sie an t_3 eine statistisch gleiche Testleistung wie an t_1 erzielten.

F3 Vergleich Feld- und Kontrollgruppe: *Testleistung*
Die Unterschiede zwischen den Testleistungen der Feld- (FG) und der Kontrollgruppe (KG) wurden mithilfe des paarweisen Vergleichs mit Bonferroni-Korrektur untersucht. Hinsichtlich dieses Haupteffekts des Zwischensubjektfaktors zeigte sich ein signifikanter Unterschied sowohl bei t_1 (2.18, $p < .001$) als auch t_3 (3.08, $p < .001$). Die Testleistung in der Feldgruppe (FG) blieb an den Messzeitpunkten auf gleichem Niveau, während sie in der Kontrollgruppe (KG) geringfügig fiel und somit der Unterschied zwischen den Gruppen bei t_3 größer war als bei t_1 (vgl. Abb. 6.77).

F3 Vergleich Entwicklungs- und Feldgruppe: *Testleistung*
Um die Effekte des Projekts in der Entwicklungsgruppe (EG) mit der Feldgruppe (FG) zu vergleichen wurden paarweise Vergleiche durchgeführt. Es zeigten sich statistisch signifikante Haupteffekte des Zwischensubjektfaktors bei t_1 (2.56, $p < .001$) und t_3 (1.12, $p = .029$). Die Testleistung in der Entwicklungsgruppe (EG) stieg bei t_2 stark an und sank anschließend bei t_3. Die Feldgruppe (FG) zeigte

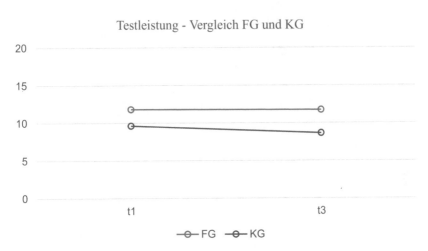

Abbildung 6.77   Entwicklung der Testleistung. Vergleich FG und KG

eine ähnliche Entwicklung wie die Entwicklungsgruppe (EG), wobei sowohl der Anstieg als auch der Abfall geringer ausfielen (vgl. Abb. 6.78).

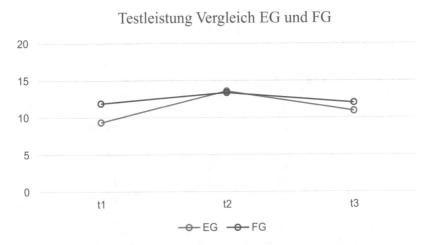

Abbildung 6.78   Entwicklung der Testleistung in der EG und FG

Zusammenfassung und Perspektiven 7

In diesem Kapitel werden die Ergebnisse der Datenerhebungen mit den dieser Studie zugrundeliegenden Theorien sowie dargestellten Studien in Bezug gesetzt, um Ansätze und Erklärungen zur Wirkung des durchgeführten Unterrichtsprojekts zu finden. Die Ergebnisse werden hinsichtlich der einzelnen Forschungsfragen und deren Ausdifferenzierung diskutiert.

Bevor die Ergebnisse der Datenerhebungen in der Entwicklungs- (EG), Feld- (FG) und Kontrollgruppe (KG) analysiert werden, wird im Folgenden zunächst eine deskriptive Darstellung im Hinblick auf die Umsetzbarkeit des Projektes im Rahmen des schulischen Unterrichts vorgenommen. Dabei werden insbesondere die Planung und Durchführung mit auftretenden Schwierigkeiten und Problemen, jedoch auch unvorhersehbare und unerwartete positive Ereignisse und Entwicklungen im Laufe der Projektumsetzung beschrieben. Ausgangspunkt dieser deskriptiven Darstellung sind Beobachtungen der wissenschaftlichen Projektleitung sowie mündliche Berichte beteiligter Lehrkräfte und SchülerInnen. Die Darstellungen bilden dabei keine Forschungsergebnisse ab, können jedoch dabei helfen einen Eindruck im Hinblick auf den Aufwand zur Vorbereitung und Begleitung des Unterrichtsprojekts sowie bezüglich der Arbeitsatmosphäre und allgemeinen Stimmung während der Durchführung zu gewinnen.

Die Überprüfung der Umsetzbarkeit der Projektidee war ein Schwerpunkt der Entwicklungsstudie. Die generelle Umsetzbarkeit wurde mit der Durchführung der Entwicklungsstudie überprüft und bestätigt, wodurch die Feldstudie, die Durchführung des Projekts unter der Anleitung der regulären Mathematiklehrkraft, anlaufen konnte. In den folgenden Ausführungen werden die Planung und Durchführung genauer betrachtet, wobei nicht nur die Entwicklungsstudie, sondern auch die Feldstudie in die Analyse miteinbezogen werden.

© Der/die Autor(en) 2023
D. Barton, *Medienprojekte im Mathematikunterricht*, Bielefelder Schriften zur Didaktik der Mathematik 13, https://doi.org/10.1007/978-3-658-43598-1_7

Auf Grundlage dieser Ausführungen und insbesondere der Forschungsergebnisse können Lehrkräfte Aufwand und Ertrag hinsichtlich des Unterrichtsprojekts
abwägen. Im abschließenden Fazit wird dieser Vergleich schließlich diskutiert.

Die Umsetzung der Projekte wurde mit viel Vorlauf geplant, da für die
Durchführung zwei Projekttage angesetzt waren und die teilnehmenden Klassen
demnach zwei Tage aus dem regulären Unterricht genommen werden mussten.
Zunächst mussten die jeweiligen Schulleitungen vom Nutzen des Projekts überzeugt werden, da die Ansetzung nicht nur auf Seiten der wissenschaftlichen
Leitung, sondern auch auf Seiten der Schule mit organisatorischem Aufwand verbunden war. So waren nicht nur die Klassen, sondern in der Feldstudie auch die
jeweiligen Mathematiklehrkräfte für zwei Schultage verplant und deren Unterricht
musste vertreten werden. Die Schulleitungen und die entsprechenden Lehrpersonen konnten jedoch vom Konzept des Projekts überzeugt werden. Es wurden
sogar Überlegungen angestellt, dieses Projekt als AG in ein längerfristiges Format
umzuwandeln und andere Fächer miteinzubeziehen.

Auf der Seite der wissenschaftlichen Leitung mussten die Lehrkräfte in der
Feldstudie vor dem Projekt in die Umsetzung, sowohl technisch als auch inhaltlich, und in den konkreten Ablauf eingewiesen werden. Die Lehrkräfte, welche
grundlegende Erfahrungen im Umgang mit dem Tablet und dessen Funktionen
hatten, konnten der Einführung ohne Probleme folgen, wodurch es auch im Projektverlauf zu keiner Störung kam. Auch in Bezug auf den Verlaufsplan sowie
die inhaltlich-mathematischen Schwerpunkte verlief die Einführung problemlos,
was sich auch in der eigentlichen Durchführung des Projekts widerspiegelte. Der
letzte Schritt der Planung bestand in der Vorbereitung der benötigten Materialien
(vgl. Kapitel 5.2). Neben der Bereitstellung der Lernmaterialen und der Vorbereitung der Technik, wie Tablets laden oder Software updaten, wurde insbesondere
darauf geachtet, dass die SchülerInnen Material für die filmische Umsetzung zur
Verfügung gestellt bekommen. So wurden Plastikmodelle der geometrischen Körper und Alltagsgegenstände wie Bälle oder Verpackungen, welche die Form der
zu thematisierenden geometrischen Körper haben, bereitgestellt, um an diesen
Objekten Berechnungen und Erklärungen durchführen zu können.

Am Beginn des Projekts saßen die SchülerInnen im Plenum im Klassen-
raum und verfolgten die Einführung. Die anfängliche Anspannung aufgrund
der unbekannten Unterrichtssituation wich spätestens mit der Bekanntgabe des
Arbeitsauftrags. Die heitere Stimmung erhielt jedoch zunächst einen Dämp-
fer, als die Gruppeneinteilung durch die Lehrkraft verkündet wurde und die
Wunschgruppeneinteilung oftmals nicht zustande kam. Mit dem Beginn der ersten
Gruppenphase wandelte sich jedoch die Atmosphäre zumeist in eine konzentrierte und auf den Arbeitsauftrag ausgerichtete Arbeitsatmosphäre, in der mit

den bereitgestellten Lernmaterialien zunächst die inhaltlichen Schwerpunkte des eigenen Themas im Steckbrief fixiert und anschließend mithilfe der Alltagsgegenstände und den Körpermodellen an einer geeigneten Story gearbeitet wurde. Nach der Präsentation der Ergebnisse der ersten Gruppenphase, begann mit der zweiten Gruppenarbeitsphase die mediale Umsetzung. Die SchülerInnen erhielten in dieser Phase die Freiheit sich außerhalb des Klassenraums zu bewegen und beispielsweise auf dem Schulhof oder in anderen nicht belegten Räumen die ersten Szenen zu drehen. Die Bedenken einiger Lehrkräfte, dass aufgrund der Abwesenheit einer Aufsichtsperson kein konzentriertes oder zielgerichtetes Arbeiten in den Gruppen zustande käme, waren ausnahmslos unbegründet. In den Gruppen wurden die Szenen besprochen und über die gestalterische Umsetzung diskutiert. Ein Indiz dafür war, dass jede Gruppe, sowohl in der Entwicklungs- als auch in der Feldstudie, ein Erklärvideo in der vorgegebenen Zeit produziert hat. Die SchülerInnen haben die gewährte Freiheit demnach als Vertrauensvorschuss verstanden, der in keiner Gruppe ausgenutzt wurde. In den Videos wurden dabei kreative Ideen, wie das Nachstellen einer Quizshow, Krimiserie, einer Reportage oder Bezüge zu aktuellen Themen wie Sturmschäden oder der Kluft zwischen Fach- und Jugendsprache entwickelt. In vielen Erklärvideos wurden zudem Experten, zumeist „Professoren" zurate gezogen, um über die Eigenarten der geometrischen Körper, wie das Volumen oder den Oberflächeninhalt, aufzuklären.

Mit der Präsentation der Erklärvideos fanden die Projekte in jedem Durchlauf ihren Abschluss und die SchülerInnen konnten die Umsetzungen der anderen Gruppen betrachten. Die freudige Atmosphäre nach der Präsentation zeigte sich auch in den Rückmeldungen einiger SchülerInnen, die insbesondere *„die Abwechslung zum normalen Matheunterricht"* und das *„kreative Arbeiten"* schätzten und betonten, *„weil man da selber dran gearbeitet hat, konnte man sich das besser merken, weil man das mit bestimmten Punkten verbinden konnte"*. Es gab allerdings auch SchülerInnen, die den Nutzen in Bezug auf die mathematische Kompetenzentwicklung in Frage stellten, da das Thema bereits im Unterricht behandelt wurde und es demnach *„nichts Neues"* war. Die meisten SchülerInnen zogen jedoch ein positives Fazit und konnten sich vorstellen, das Projekt nochmal zu einem anderen Thema zu wiederholen.

7.1   Zusammenfassende Diskussion – Ergebnisse zu F1

Zur Beantwortung der ersten Forschungsfrage (vgl. Kapitel 6.1.1) wurde eine
Auswahl von Skalen des *Intrinsic Motivation Inventory* (vgl. Ryan & Deci, 1994)
genutzt. Die Unterfragen bezogen sich dabei auf die Konstrukte *intrinsische Moti-*
vation und die insbesondere in Lehr- Lernsituationen damit zusammenhängenden
psychologischen Grundbedürfnisse des *Autonomie-* sowie *Kompetenzerlebens.*
Das Autonomieerleben wurde mithilfe von zwei Skalen, Erleben von Druck und
Spannung sowie Wert und Nützlichkeit erfasst. Um die Wirkung des Projekts auf
diese Variablen einordnen bzw. interpretieren zu können wurden die Wirkung auf
diese auch jeweils in Bezug auf eine reguläre Mathematikstunde untersucht. Die
Daten hinsichtlich der regulären Mathematikstunde dienen somit als Referenzwerte, wobei der Vergleich lediglich eine Orientierung darstellt, da die Wirkung
einzelner Unterrichtsstunden nicht stellvertretend für den gesamten Mathematikunterricht interpretiert werden kann. Die Aussagekraft dieses Vergleichs ist daher
nur bedingt allgemeingültig.

F1.1   *Ist ein Unterschied der intrinsischen Motivation der teilnehmenden Schüle-*
        rInnen während der Arbeit im Projekt im Vergleich zu regulärem Mathema-
        tikunterricht zu verzeichnen? Gibt es dahingehend Unterschiede zwischen
        der Entwicklungs- und Feldgruppe?

Die Befunde in Bezug auf das Erleben intrinsischer Motivation während des Projekts sowie der regulären Mathematikstunde zeigten Unterschiede im Vergleich
dieser Lernumgebungen. Sowohl die SchülerInnen in der Entwicklungsgruppe
als auch in der Feldgruppe wiesen eine größere intrinsische Motivation während
des Projekts im Vergleich zur vorherigen Mathematikstunde (vgl. Kapitel 6.6.1)
auf. Die aufgestellte Hypothese 1.1 kann demzufolge bestätigt werden. Die insbesondere aus der Selbstbestimmungstheorie abgeleiteten motivationsfördernden
Handlungs- und Gestaltungsmerkmalen, wie Autonomiegewährung, Kooperation
und Wertinduktion, an welchen die Lernumgebung des Projekts ausgerichtet
war, könnten somit Einfluss auf die intrinsische Motivation genommen haben.
Dass die Gestaltungsmerkmale der Lernumgebung einen ausschlaggebenden Einfluss gehabt haben könnten, zeigte sich insbesondere in der Feldstudie. Das
Projekt wurde jeweils von der Mathematiklehrkraft geleitet, die auch den regulären Mathematikunterricht durchführte. Der mögliche Störfaktor Lehrperson,
welcher bei der Projektdurchführung in der Entwicklungsstudie durch die Anleitung einer anderen Person als die Mathematiklehrkraft einen Einfluss auf Affekt

und die Motivation gehabt haben könnte, wurde dadurch in der Feldstudie ausgeschlossen. Die Lehrperson ist allerdings eine mögliche Erklärung für den Unterschied in der intrinsischen Motivation zwischen Entwicklungs- und Feldgruppe. Die intrinsische Motivation bezüglich der regulären Unterrichtsstunde war in der Entwicklungsgruppe niedriger als in der Feldgruppe. Hinsichtlich des Projekts lagen die Werte der intrinsischen Motivation bei den SchülerInnen der Entwicklungsstudie im Durchschnitt über denen der Feldstudie.

Wie im theoretischen Rahmen dargestellt, können die Gründe für höhere intrinsischen Motivation während des Projekts in einem so komplexen affekt-motivationalen Gefüge schwer auf nur einen Einflussfaktor reduziert werden. Gemäß der Selbstbestimmungstheorie bilden die psychologischen Grundbedürfnisse die Grundlage für die Entstehung von intrinsischer Motivation (vgl. Deci & Ryan, 1985; Ryan & Deci, 2002). Ob eine (Lern-) Handlung als intrinsisch motiviert gilt, hängt zum großen Teil von der Empfindung von Druck bzw. Fremdbestimmung und dem Grad der persönlichen Relevanz dieser Handlung ab (vgl. u. a. Deci & Ryan, 1993; Reeve, 2012).

Neben der Autonomie hat das Erleben von Kompetenz insbesondere in Lern- und Leistungskontexten einen großen Einfluss auf die intrinsische Motivation. Um eine mögliche Erklärung für die Befunde hinsichtlich der Ausprägung der intrinsischen Motivation in der Entwicklungs- und Feldstudie zu finden, können die Ergebnisse zur Analyse des Autonomie- und Kompetenzerlebens herangezogen werden.

F1.2   *Unterscheidet sich das Autonomieerleben der SchülerInnen während des Projekts im Vergleich zu regulärem Mathematikunterricht? Gibt es diesbezüglich Unterschiede zwischen der Entwicklungs- und Feldgruppe?*

Die Fragestellung im Hinblick auf das Autonomieerleben bezieht sich dabei einerseits auf den Aspekt des subjektiven Drucks bzw. der Spannung und andererseits auf den persönlichen Wert bzw. die Relevanz bezüglich der Handlungen während des Projekts und der regulären Mathematikstunde.

Die Ergebnisse in Bezug auf Druck und. Spannung (vgl. Kapitel 6.6.2) zeigen, dass die SchülerInnen der Entwicklungsgruppe, mit einem mittleren Effekt, geringeren Druck und entsprechend weniger Fremdbestimmung während des Projekts erlebten als während der Referenzstunden im Rahmen des regulären Mathematikunterrichts. Bei den SchülerInnen der Feldgruppe wurde kein statistisch signifikanter Unterschied zwischen Unterrichtsstunde und Projekt in Bezug auf subjektiven Druck festgestellt. Es wurden zudem keine Gruppenunterschiede hinsichtlich dieser Variable nachgewiesen. Diese widersprüchlichen Ergebnisse lassen sich teilweise durch das Absenken des Signifikanzniveaus, welches in der Auswertung aufgrund der Vermeidung der α-Fehlerkumulierung durchgeführt wurde, erklären. Bei einem α-Niveau von 0.05, also bei der üblichen Fehlerwahrscheinlichkeit von 5 %, würde auch bei der Feldgruppe ein statistisch signifikant niedrigerer subjektiver Druck bzw. subjektive Spannung nachgewiesen. Die Hypothese 1.2 (i) kann daher in Bezug auf den erlebten Druck bzw. Spannung lediglich eingeschränkt bestätigt werden. Das Erleben von weniger Druck bzw. Spannung der TeilnehmerInnen in der Entwicklungsstudie könnte durch fehlenden Noten- bzw. Bewertungsdruck während des Projekts zustande gekommen sein. Die Befunde zeigen, dass die SchülerInnen im Rahmen des Projekts zwar teilweise weniger Fremdbestimmung verspürten, jedoch nicht gänzlich autonom bzw. selbstbestimmt in ihren Handlungen waren. Die Gestaltung der Lernumgebung des Projekts gab den SchülerInnen im Sinne einer autonomieunterstützenden Lernumgebung von der Erarbeitung der mathematischen Themen über die Konzeption und die letztendliche Produktion des Erklärvideos innerhalb der jeweiligen Projektphasen zwar Handlungsspielräume und Wahlmöglichkeiten (vgl. Kapitel 5.3), schränkte die SchülerInnen aus organisatorischen Gründen jedoch auch ein (vgl. Kapitel 5.1). So wurden die Gruppen beispielsweise vor Projektbeginn von der jeweiligen Lehrkraft eingeteilt und Themen wurden zugewiesen. Die SchülerInnen konnten demnach nicht mitbestimmen mit wem sie arbeiten und welches Thema sie erarbeiten sollten. Darüber hinaus gab es zeitliche Vorgaben hinsichtlich der einzelnen Arbeitsphasen und das Produkt der Arbeit musste schließlich präsentiert werden. Die Einschränkungen könnten demnach auch eine Erklärung dafür sein, dass trotz intendierter Aktivitätsspielräume im Sinne einer autonomiebezogenen Lernumgebung keine eindeutigen Ergebnisse in Bezug auf den erlebten Druck bzw. die erlebte Spannung insbesondere in der Feldgruppe ermittelt werden konnten.

Hinsichtlich des subjektiven Werts bzw. der persönlichen Relevanz zeigt sich hingegen eine andere Datenlage. So wurde in der Entwicklungsstudie kein Unterschied zwischen regulärer Mathematikstunde und Projekt nachgewiesen, wohingegen die SchülerInnen der Feldstudie dem Projekt einen geringeren subjektiven Wert bzw. eine geringere persönliche Relevanz anrechneten. Es wurde dementsprechend auch ein Gruppenunterschied nachgewiesen, der allerdings als gering einzuschätzen ist. Bezüglich dieser Variable kann die Hypothese 1.2 (ii) nicht durch die Daten bestätigt werden. Subjektiver Wert kann, wie Frenzel & Stephens (2011) sowie Tulodziecki und Kollegen (2010) beschreiben, durch die Verknüpfung mathematischer Inhalte mit Themen, die eine persönliche Bedeutsamkeit für die SchülerInnen haben können, oder nach Asensio und Young (2002) sowie Hakkarainen (2011) und Karppinen (2005) durch die Nutzung von digitalen Technologien und die Entwicklung von Medienprodukten im Rahmen der von Wolf und Kulgemeyer (2016) erläuterten Peer Tutoring Methode in den Unterricht induziert werden. Trotz der wertinduktiven Ausrichtung des Projekts in einem situierten Kontext (vgl. Kapitel 5.3.1) konnte das Projekt keine erhöhte subjektive Relevanz bei den ProbandInnen hervorrufen. Die indirekte Wertinduktion sollte eine Verbindung zur Alltagswelt der SchülerInnen herstellen und somit das Projekt als eine unterrichtliche Methode mit Themen und Tätigkeiten verknüpfen, welche die SchülerInnen interessieren und mit welchen sie sich gerne befassen bzw. welche sie gerne ausführen. Die Befunde hinsichtlich höherer Relevanz der Mathematikstunden legen nahe, dass die SchülerInnen, insbesondere der Feldstudie, dem regulären Mathematikunterricht im Sinne einer auf normative Bewertungen ausgerichteten Vorbereitung für spätere Berufe bzw. Studiengänge eine größere Bedeutung im schulischen Rahmen als dem durchgeführten Projekt anrechneten. Das Projekt könnte demnach als eine Methode angesehen werden, die unabhängig vom regulären Unterricht stattfindet, nur wenig Bezug zu diesem aufweist und dementsprechend weniger Relevanz bezüglich der mathematischen Kompetenzentwicklung als Grundlage für zukünftige berufliche Ausrichtungen aufweist. Deci und Ryan (1985) beschreiben in der *organismic integration theory* die verschiedenen Zwischenformen, welche sich in einem Kontinuum zwischen intrinsischer und extrinsischer Motivation einordnen lassen. Die Befunde lassen auf einen integrierten Regulationsstil (vgl. Kapitel 2.2.1) während des regulären Mathematikunterrichts schließen, bei dem das Verhalten auf ein von den Handlungen separiertes Ziel ausgerichtet ist, die selbstbestimmt ausgeführt werden, weil dem Ergebnis ein subjektiv hoher Wert zugesprochen wird. Diese mögliche extrinsische Prägung hinsichtlich der subjektiven Relevanz bestätigt, dass intrinsische und extrinsische Motivation in ihrer Reinform in der Realität und insbesondere in Unterrichtssituationen kaum vorkommen (vgl. Spinath, 2011). Diese Vermutung könnte demnach auch erklären, warum die intrinsische Motivation bezüglich des Projektes größer (vgl. Kapitel 6.6.1), die subjektive Relevanz des Projekts jedoch gleich in Bezug auf die Entwicklungsstudie und geringer hinsichtlich der Feldstudie ausgeprägt war (vgl. Kapitel 6.6.2). Auch die projektbezogenen Einschränkungen, welche der unterrichtlichen Organisation dienten, könnten insbesondere durch die thematischen Vorgaben negativen Einfluss auf die Wirkung der intendierten Wertinduktion (vgl. Kapitel 5.3) gehabt haben.

Auf Grundlage der Ergebnisse kann das Autonomieerleben, welches in dieser Studie über die Konstrukte Druck und Spannung sowie Wert und Nützlichkeit untersucht wurde, während des Projekts nicht als höher bewertet werden als in Bezug auf reguläre Mathematikstunden. Die Hypothese 1.2 kann demnach nicht bestätigt werden. Selbstbestimmung in extrinsisch motivierten Handlungen zeigt sich nach Reeve (2012) insbesondere durch ein hohes Maß an persönlicher Relevanz. Eingeschränkt höherer Druck während des Mathematikunterrichts jedoch höhere subjektive Relevanz lassen die Vermutung zu, dass während der regulären Mathematikstunden eine Regulation durch Identifikation oder integrierte Regulation internaler Motivation vorlag.

F1.3   *Unterscheidet sich das Kompetenzerleben der Lernenden während des Projekts im Vergleich zu regulärem Mathematikunterricht? Gibt es in diesem Zusammenhang Unterschiede zwischen der Entwicklungs- und Feldgruppe?*

Eine mögliche Erklärung für den Anstieg der intrinsischen Motivation während des Projekts könnten die Befunde in Bezug auf das Kompetenzerleben liefern. Die SchülerInnen sowohl der Entwicklungs- als auch der Feldgruppe erlebten sich im Projekt demnach, bei einer großen bzw. mittleren Effektstärke, als kompetenter. Die Hypothese 1.3 kann demnach bestätigt werden. Grassinger und Kollegen (2019) empfehlen im Hinblick auf eine Förderung des Kompetenzerlebens die Gestaltung von Lernumgebungen bei denen vielfältige Kompetenzen von den Lernenden eingebracht werden können. Auch Deci und Ryan (1985) betonen zur Unterstützung der Erfüllung des psychologischen Grundbedürfnisses des Kompetenzerlebens, das Einbringen von individuellen Fähigkeiten, wie kreative Ideen zur Umsetzung, Kontextbildung oder technologische Kenntnisse. Im Projekt waren in den unterschiedlichen Phasen vielfältige Kompetenzen gefordert (vgl. Kapitel 5.1). Insbesondere durch den Einsatz digitaler Technologien hinsichtlich der Produktion des Erklärvideos konnten die SchülerInnen, deren Alltag laut dem Medienpädagogischen Forschungsverbund Südwest (2021) teilweise durch Nutzung und Produktion von Medien geprägt ist, ihre Kompetenzen einbringen. Das Erleben von Kompetenz kann zudem wie Schiefele (2004) betont durch eine klare Unterrichts- und Aufgabenstruktur sowie angemessene Aufgabenanforderung begünstigt werden. Dementsprechend wurden diese Merkmale in der Gestaltung des Unterrichtsprojekts in Form von transparenter Darstellung der zeitlichen und aufgabenspezifischen Anforderungen (vgl. Kapitel 5.1) sowie einer intensiven Einführung in die technische Umsetzung (vgl. Kapitel 5.1.1) berücksichtigt. Auch bei möglichen Schwierigkeiten konnten die SchülerInnen die Projektmappe oder die inhaltlich-mathematischen Materialien (vgl. Kapitel 5.2) nutzen, um Probleme z. B. bei der Entwicklung der Konzepte oder Herstellung des Erklärvideos selbstreguliert und in Kooperation zu lösen. Es ist demnach anzunehmen, dass die Gestaltung der Lernumgebung anhand der beschrieben Aspekte dazu geführt hat, dass sich die SchülerInnen während des Projekts in einer Lernumgebung befunden haben, in welcher sie sich im Sinne von Skinner und Kollegen (2014) als effektiv in der Gestaltung ihre Handlungen erlebt haben.

Zusammenfassend deuten die dargestellten Befunde darauf hin, dass die höhere intrinsische Motivation insbesondere durch die Erfüllung des psychologischen Grundbedürfnisses des Kompetenzerlebens während der Projektdurchführung hervorgerufen wurde.

7.2   Zusammenfassende Diskussion – Ergebnisse zu F2

In diesem Unterkapitel werden die Ergebnisse hinsichtlich der zweiten Forschungsfrage (F2) und den entsprechenden Unterfragen zusammengefasst und bezüglich der aufgestellten Hypothesen (vgl. Kapitel 6.1.2) diskutiert. Die Fragen wurden mithilfe einer Auswahl der *Skalen für Mathematikemotionen* (vgl. Kapitel 6.2.2) beantwortet, die sich in Form unterschiedlicher Subskalen auf *Kontroll-* und *Wertkognitionen, Mathematikemotionen* sowie *Interesse* und *Motivation* bezogen. Mit dieser Forschungsfrage wurde der Einfluss des durchgeführten Unterrichtsprojekts auf diese übergeordneten affekt-motivationalen Parameter im Hinblick auf das Fach Mathematik sowie der Mathematik im Allgemeinen untersucht. Der Einfluss des Projekts auf langfristige affektive und motivationale Parameter muss dabei aufgrund der vergleichsweise kurzen Intervention von zwei Projekttagen behutsam interpretiert werden. Die Befunde werden im Folgenden in der chronologischen Abfolge der ausdifferenzierten Forschungsfragen (vgl. Kapitel 6.1.2) diskutiert:

F2.1   *Wird eine Veränderung der subjektiven Bewertungsprozesse, der sogenannten Appraisals, über die drei Messzeitpunkte vor, nach und drei Monate nach der Projektdurchführung bei den teilnehmenden SchülerInnen verzeichnet? Gibt es dahingehend Unterschiede zwischen der Entwicklungs- und Feld- und Kontrollgruppe?*

Zunächst werden die Kontrollkognitionen Selbstwirksamkeit, die Überzeugung eine Aufgabe zu meistern, und das akademische Selbstkonzept, die Einschätzung der eigenen Fähigkeiten und Leistung, betrachtet. In Bezug auf die Selbstwirksamkeit wurde ein Effekt mit mittlerer Effektstärke sowohl in der Entwicklungs- als auch in der Feldgruppe nachgewiesen. Die Selbstwirksamkeit steigerte sich demnach signifikant über den Messzeitraum. Die Hypothese 2.1 (i) kann demzufolge bestätigt werden. Die Ergebnisse werden zudem jeweils durch den Vergleich zur Kontrollgruppe untermauert. Bei beiden Interventionsgruppen (EG; FG) steigerte sich die Selbstwirksamkeit auch im Vergleich zur Kontrollgruppe, wobei zwischen Entwicklungs- und Feldgruppe kein statistisch signifikanter Unterschied ermittelt wurde. Hinsichtlich des akademischen Selbstkonzepts wurden, bei mittlerer Effektstärke, ebenfalls signifikante Steigerungen in beiden Interventionsgruppen festgestellt. Auch diese Ergebnisse werden durch den Vergleich mit der Kontrollgruppe bekräftigt. Die SchülerInnen beider Interventionsgruppen wiesen am Ende des Messzeitraumes ein höhere Werte bezüglich des akademischen Selbstkonzepts, bei mittlerer Effektstärke, im Vergleich zu den SchülerInnen der Kontrollgruppe auf. Die Hypothese 2.1 (ii) kann demzufolge auch bestätigt werden. Hinsichtlich der wahrgenommenen Kontrolle, welche sich auf individuellen Bewertungsprozesse der SchülerInnen bezüglich der Aufgaben oder der allgemeinen unterrichtlichen Situation bezieht, zeigten die Interventionsgruppen statistisch signifikante Steigerungen. Dies zeigt zum einen, dass der Einfluss der anleitenden Lehrperson während des Projekts gering war. Demnach machte es keinen Unterschied hinsichtlich der Kontrollkognitionen, ob die reguläre Mathematiklehrkraft oder die wissenschaftliche Projektleitung das Projekt begleitete. Zum anderen lassen die Befunde darauf schließen, dass die SchülerInnen nach dem Projekt auch langfristig eine verbesserte situative Kontrollwahrnehmung bezüglich des Mathematikunterrichts aufwiesen. Die SchülerInnen könnten während des Projekts demnach Erfahrungen im Zusammenhang mit den mathematischen Inhalten gesammelt haben, welche sich positiv auf die Erwartungen von Erfolg oder Vermeidung von Misserfolg ausgewirkt haben. Diese Erfahrungen könnten, wie von Tsai und Kollegen (2008) beschrieben, durch die selbstregulierte Erarbeitung des mathematischen Themas als Grundlage für Erklärungen zu ihrem geometrischen Körper im Erklärvideo sowie im inhaltlichen Austausch mit den anderen Gruppenmitgliedern gemacht worden sein (vgl. Kapitel 5.3). Diese alternative Herangehensweise an die mathematischen Inhalte könnte dazu geführt haben, dass vorherige Wissenslücken geschlossen wurden und es durch die Erklärungen, wie von Findeisen und Kollegen (2019) oder Hoogerheide und Kollegen (2016) dargestellt, zu elaboriertem Lernen gekommen ist, was positiven Einfluss auf die Einschätzung der eigenen Fähigkeiten und die Überzeugung Aufgaben zu bewältigen gehabt haben könnte. Während des Projekts könnte demnach ein Grundstein für die positive Entwicklung der Selbstwirksamkeit sowie des akademischen Selbstkonzepts gelegt worden sein.

Die Befunde bezüglich des wahrgenommenen Werts, der subjektiven Bedeutsamkeit einer Lernaktivität oder eines Lern- und Leistungsergebnisses, zeigten eine weniger eindeutige Tendenz. Hinsichtlich der Wertkognition intrinsische Valenz, welche sich auf die subjektive Bedeutsamkeit der Tätigkeit oder des

Ergebnisses selbst bezieht, zeigte sich in der Entwicklungsgruppe eine signifikante Steigerung, bei mittlerer Effektstärke, wohingegen in der Feldgruppe keine
Effekte nachgewiesen werden konnten. Im Vergleich zur Kontrollgruppe konnten jedoch signifikant höhere Werte bei den Interventionsgruppen am Ende des
Messzeitraums festgestellt werden, wobei statistisch kein Unterschied zwischen
Entwicklungs- und Feldgruppe bestand. Die Hypothese 2.1 (iii) kann somit nur
eingeschränkt bestätigt werden. Während des Projekts wurden verschiedene Tätigkeiten von den SchülerInnen durchgeführt, welche sich in weiten Teilen von
Handlungen des regulären Mathematikunterrichts unterscheiden. Somit könnte
eine Erklärung für die lediglich eingeschränkte Steigerung der intrinsischen
Valenz darin liegen, dass die SchülerInnen die Lernhandlungen und letztendlich
das Ergebnis dieser Handlungen im Projekt nicht oder nur zum Teil mit dem
Mathematikunterricht in Verbindung gebracht haben. Somit könnte kein oder nur
eingeschränkter Einfluss auf die intrinsische Valenz von Lerntätigkeiten und Lernergebnissen hinsichtlich der Mathematik durch das Projekt genommen worden
sein.

In Bezug auf die extrinsische Valenz, welche sich auf die Bedeutung einer
Tätigkeit oder eines Ergebnisses im Hinblick auf ein externes Ziel bezieht, wurde
kein signifikanter Effekt bei der Entwicklungsgruppe ermittelt und auch im langfristigen Vergleich mit der Kontrollgruppe zeigten sich keine Unterschiede. Bei
der Feldgruppe wurde ein mittlerer Effekt nachgewiesen, wobei dieser auf eine
Steigerung zum zweiten Messzeitpunkt und einen Abfall zum dritten Messzeitpunkt zurückzuführen ist. Über den Erhebungszeitraum bestand kein Unterschied
bezüglich extrinsischer Valenz der Feldgruppe im Vergleich zur Kontrollgruppe.
Die Hypothese 2.1 (iv), das Projekt wirkt sich positiv auf die extrinsische Valenz
bezüglich des Mathematikunterrichts aus, kann daher langfristig nicht und kurzfristig nur eingeschränkt bestätigt werden. Ähnlich wie bei der intrinsischen
Valenz deuten auch die Befunde der extrinsischen Valenz auf eine fehlende
Übertragbarkeit der Tätigkeiten und Ergebnisse innerhalb des Projekts auf den
Mathematikunterricht und die damit verbundenen Ziele hin. Im Vergleich zum
Mathematikunterricht, welcher auf Grundlage von Noten eine Qualifikationfunk-
tion für ein Studium oder die spätere Berufswahl besitzt, könnte das Projekt als
weniger relevant bezüglich dieser Ausrichtung angesehen worden sein. Ein weiterer Grund für das Ausbleiben einer langfristigen Steigerung der extrinsischen
Valenz könnte die Dauer der Intervention sein. So konnten innerhalb von zwei
Projekttagen zwar kurzfristig Steigerungen in der Feldgruppe festgestellt werden,
welche sich allerdings langfristig nicht auf diesem Niveau halten konnte. Möglicherweise könnte eine Wiederholung oder regelmäßige Durchführung dieses oder
ähnlicher Unterrichtsformate eine nachhaltigere Steigerung hervorrufen.

Die Wertkognition ganzheitliche Valenz, welche sich auf die Wahrnehmung einer Lernaktivität bzw. eines Lernergebnisses als grundsätzlich positiv oder negativ bezieht, steigerte sich zwischen dem ersten und zweiten Messzeitpunkt bei der Entwicklungsgruppe, zeigte jedoch über den gesamten Messzeitraum keine Änderungen. In der Feldgruppe steigerte sich die ganzheitliche Valenz hingegen über den Messzeitraum, wobei die Effektstärke als klein zu bewerten ist. Zwischen den beiden Interventionsgruppen wurde kein Unterschied festgestellt und auch im Vergleich zu der Kontrollgruppe wurde langfristig kein Unterschied ermittelt. Die Hypothese 2.1 (v) kann daher langfristig nicht und kurzfristig nur in Bezug auf die Feldgruppe bestätigt werden. Somit hatte das Projekt keinen bzw. kaum Einfluss auf die Wahrnehmung bzw. Beurteilung der Lernaktivitäten und Ergebnisse des Mathematikunterrichts als etwas Positives oder Negatives. Auch hier liegt die Vermutung nah, dass die Unterschiede in der Lernumgebung dazu geführt haben, dass das Projekt als unabhängig vom Mathematikunterricht angesehen wurde. Dies zeigt sich insbesondere in der Entwicklungsstudie. Da die Projekte nicht von der Mathematiklehrkraft angeleitet wurden, war der Unterschied zur Lernumgebung des regulären Mathematikunterrichts noch deutlicher. Auch der Vergleich zur Kontrollgruppe, bei welchem keine Unterschiede zu beiden Interventionsgruppen nachgewiesen werden konnte, untermauert dieser Erklärung.

Zusammenfassend lässt sich kein oder nur ein sehr geringer Einfluss des Projekts auf die Entwicklung des wahrgenommenen Werts hinsichtlich des Mathematikunterrichts feststellen. Dieser Befund deckt sich mit den Ergebnissen zum subjektiven Wert bzw. der Relevanz (vgl. Kapitel 6.6.2). Die SchülerInnen sehen keine größere und hinsichtlich der Feldgruppe sogar eine geringere Relevanz in den Tätigkeiten und Ergebnissen des Projekt als im Mathematikunterricht. Auf Grundlage dieses Ergebnisses ist nicht davon auszugehen, dass das Projekt, welches einmalig an zwei Projekttagen stattgefunden hat, langfristig positive Veränderungen bezüglich des wahrgenommenen Werts herbeiführen kann.

F2.2   *Inwieweit werden lernförderliche Lern- und Leistungsemotionen bezüglich des Fachs Mathematik durch die Teilnahme am Projekt gefördert? Gibt es in diesem Zusammenhang Unterschiede zwischen der Entwicklungs- und Feld- und Kontrollgruppe?*

Lern- und Leistungsemotionen waren weitere Konstrukte, die im Hinblick auf den Einfluss des durchgeführten Projekts untersucht wurden. Zunächst werden die Ergebnisse hinsichtlich der lern- und leistungsförderlichen Emotionen Freude und Stolz diskutiert. Freude steigerte sich in der Entwicklungsgruppe zwischen dem ersten und zweiten Messzeitpunkt. Bei der Betrachtung des gesamten Messzeitraums wurde allerdings kein Effekt festgestellt. In der Feldgruppe wurde hingegen über den Erhebungszeitraum eine signifikante Steigerung, bei kleiner Effektstärke, nachgewiesen, wobei die größte Änderung auch zwischen den ersten beiden Messzeitpunkten ermittelt wurde. Im Vergleich zur Kontrollgruppe wurden signifikant höhere Werte bei den Interventionsgruppen nachgewiesen, wobei sich der Haupteffekt bei der Entwicklungsgruppe auf den ersten und bei der Feldgruppe auf den dritten Messzeitpunkt bezog. Zwischen den Interventionsgruppen wurde kein Unterschied festgestellt. Hinsichtlich des Konstrukts Stolz zeigten sich ähnlich Effekte. So steigerte sich dieser auch in der Entwicklungs- und Feldgruppe bei mittlerer Effektstärke. Bei beiden Gruppen wurde dabei insbesondere zwischen den ersten beiden Messzeitpunkten, bei der Feldgruppe noch zusätzlich zwischen dem ersten und dritten Messzeitpunkt, eine Steigerung ermittelt. Diese Befunde bestärkend wurde zudem eine Steigerung von Stolz bei der Feldgruppen im Vergleich zur Kontrollgruppe über den gesamten Messzeitraum festgestellt. Bei der Entwicklungsgruppe wurde kein statistisch signifikanter Unterschied zur Entwicklung der Kontrollgruppe ermittelt, wobei beim ersten Messzeitpunkt der Wert der Entwicklungsgruppe unter dem der Kontrollgruppe lag, sich über den Messzeitraum dann aber angeglichen hat. Wie bei der Variable Freude, wurde auch bezüglich des Konstrukts Stolz kein Unterschied zwischen Entwicklungs- und Feldgruppe nachgewiesen. Die Hypothese 2.2 kann auf Grundlage dieser Ergebnisse für die Entwicklungsgruppe mit Einschränkungen und für die Feldgruppe uneingeschränkt bestätigt werden. In der Kontroll-Wert-Theorie beschreibt Pekrun (2006) den Zusammenhang der Appraisals, also der Kontroll- und Wertkognitionen, mit Lern- und Leistungsemotionen. Demnach bestimmt die Kombination aus diesen kognitiven Bewertungsprozessen zu einem hohen Maß, welche Emotionen in Lern- und Leistungskontexten hervorgerufen werden. Eine positive Kontrollwahrnehmung, welche auf einer hohen Selbstwirksamkeitserwartung sowie einem positiven akademischen Selbstkonzept basiert, und hohe intrinsische Bedeutsamkeit korrelieren positiv mit lern- und leistungsförderlichen Emotionen (vgl. Goetz, Frenzel, Hall & Pekrun, 2008; Pekrun, Goetz, Frenzel, Barchfeld, & Perry, 2011; Zeidner, 1998). Insbesondere die Steigerung der wahrgenommenen Kontrolle über den Messzeitraum (vgl. Kapitel 6.7.1) könnte demzufolge einen positiven Einfluss auf die lern- und leistungsfördernden Emotionen Freude und Stolz sowohl in der Entwicklungs- als auch Feldgruppe gehabt haben. Vergleicht man die Entwicklung der Kontrollkognitionen und der lern-

und leistungsförderlichen Emotionen in den Interventionsgruppen mit der Kontrollgruppe (vgl. Kapitel 6.7.1 & 6.7.2), so zeigte sich jeweils eine signifikante Steigerung in den Interventionsgruppen über den Messzeitraum, was ein weiterer Hinweis für den engen Zusammenhang dieser Konstrukte und eine mögliche Erklärung für die Befunde zu den Variablen Freude und Stolz sein könnte.

F2.3 *Inwieweit werden lernmindernde Lern- und Leistungsemotionen bezüglich des Fachs Mathematik durch die Teilnahme am Projekt reduziert? Gibt es diesbezüglich Unterschiede zwischen der Entwicklungs- und Feld- und Kontrollgruppe?*

Der Frage nach dem Einfluss des Projekts auf lern- und leistungsmindernde Emotionen nachgehend werden im Folgenden die Befunde hinsichtlich der Variablen Langeweile, Ärger, Angst und Scham diskutiert. Langeweile sank sowohl in der Entwicklungs- als auch in der Feldgruppe über den Messzeitraum bei einer mittleren Effektstärke. Diese Tendenz wurde auch jeweils durch den Vergleich mit der Kontrollgruppe bestätigt. Im Vergleich der beiden Interventionsgruppen wurde zudem kein statistischer Unterschied in Bezug auf die Entwicklung von Langeweile festgestellt. Die Hypothese 2.3 (i) kann daher bestätigt werden. Neben der Korrelation zu lern- und leistungsfördernden Emotionen beschreibt Pekrun (2006) in seiner Kontroll-Wert-Theorie auch einen Zusammenhangen zwischen den lern- und leistungsminderen Emotionen und den Kontroll- und Wertkognitionen. So besteht insbesondere zwischen den Appraisals und der negativ-deaktivierenden Emotion Langeweile eine negative Korrelation, wie unter anderem Goetz und Kollegen (2008) nachgewiesen haben. Aus dieser Sicht könnte der Anstieg der wahrgenommenen Kontrolle (vgl. Kapitel 6.7.1) über den Messzeitraum eine Erklärung für das Sinken der Langeweile bezüglich des Mathematikunterrichts sein.

Eine weniger eindeutige Datenlage zeigte sich bezüglich der negativ-aktivierenden Emotionen Ärger und Angst. Im Hinblick auf das Konstrukt Ärger wurde in der Entwicklungsgruppe über den Erhebungszeitraum ein signifikanter Abfall, bei mittlerer Effektstärke, ermittelt, während in der Feldgruppe insgesamt kein Effekt verzeichnet wurde. Die Entwicklung des Konstrukts Ärger zeigte allerdings in beiden Gruppen zwischen den ersten beiden Messzeitpunkten eine fallende Tendenz, wobei in der Feldgruppe die Werte hinsichtlich dieser Variable zum dritte Messzeitpunkt wieder stiegen. In beiden Interventionsgruppen wurden dennoch statistisch niedrigere Werte für Ärger im Vergleich zur Kontrollgruppe am letzten Messzeitpunkt nachgewiesen. In der langfristigen Entwicklung wiesen beide Interventionsgruppen statistisch keinen Unterschied auf. Die Hypothese 2.3

(ii) kann aufgrund der Befunde hinsichtlich des Haupteffekts der Zeit in der Entwicklungsgruppe vollständig und in der Feldgruppe lediglich eingeschränkt auf den Vergleich mit der Kontrollgruppe bestätigt werden. Es fällt auf, dass in beiden Interventionsgruppen die Werte für Ärger zwischen t_1 und t_2 zunächst fielen, in der Feldgruppe dann allerdings wieder stiegen. Hinsichtlich des Konstrukts Angst wurden in beiden Interventionsgruppen Effekte im mittleren Effektstärkenbereich nachgewiesen. Insgesamt lagen die Werte bezüglich der Lern- und Leistungsemotion Angst auf einem niedrigen Niveau. Die Werte entwickelten sich in den beiden Gruppen jedoch unterschiedlich. Während die Werte für Angst in der Entwicklungsgruppe am ersten Messzeitpunkt signifikant über den Werten der Feldgruppe lagen, sank der Wert in der Entwicklungsgruppe zum zweiten und dritten Messzeitpunkt signifikant. In der Feldgruppe stieg dieser Wert zwischen zweitem und dritten Messzeitpunkt. Diese unterschiedliche Entwicklung lässt sich auch in den Befunden hinsichtlich des Vergleichs zur Kontrollgruppe ablesen. Während sich Entwicklungsgruppe, mit einer abfallenden Tendenz, und Kontrollgruppe, mit einer steigenden Tendenz, in der Entwicklung über den Messzeitraum statistisch unterschieden, wurden bezüglich der Feldgruppe im Vergleich zur Kontrollgruppe keine Unterschiede nachgewiesen. Dementsprechend unterschieden sich die beiden Interventionsgruppen. Die Hypothese 2.3 (iii) kann entsprechend lediglich bezüglich der Entwicklungsgruppe bestätigt werden. Ähnlich wie die Entwicklung des Konstrukts Ärger entwickelte sich die Variable Angst in beiden Interventionsgruppen insbesondere nach dem zweiten Messzeitpunkt unterschiedlich. Eine ähnliche Entwicklung, wurde bezüglich der intrinsischen Valenz ermittelt (vgl. Kapitel 6.7.1), wenngleich die Befunde diesbezüglich nicht signifikant waren, sondern eher eine Tendenz aufzeigten. Die Werte zur intrinsischen Valenz stiegen in der Feldgruppe zwischen dem zweiten und dritten Messzeitpunkt weniger stark als in der Entwicklungsgruppe. Die langfristige Steigerung der intrinsischen Valenz in der Entwicklungsgruppe und dem damit verbundenen positiven Einfluss auf den wahrgenommenen Wert könnte, u.a. nach Pekrun und Perry (2014), verbunden mit der positiven Entwicklung der wahrgenommenen Kontrolle (vgl. Kapitel 6.7.1) Auswirkungen auf den langfristigen Abfall der Lern- und Leistungsemotion Ärger und Angst im Vergleich zur Feldgruppe gehabt haben.

Im Hinblick auf die Lern- und Leistungsemotion Scham konnten sowohl in der Entwicklungs- als auch in der Feldgruppe keine Effekte ermittelt werden. In der Entwicklungsgruppe wurden am ersten Messzeitpunkt ein höherer Wert im Vergleich zur Feld- und Kontrollgruppe erfasst. Dieser sanken allerdings zum zweiten Messzeitpunkt. Zwischen Feld- und Kontrollgruppe wurde kein statistischer Unterschied festgestellt. Die Hypothese 2.3.1 (iv) wird durch die Befunde

hinsichtlich der Variable Scham verworfen. Obwohl zwischen den Interventionsgruppen lediglich am ersten Messzeitpunkt ein statistischer Unterschied bestand,
war wie bei den anderen negativ-aktivierenden Emotionen Ärger und Angst eine
unterschiedliche Entwicklung des Konstruktes Scham nach dem zweiten Messzeitpunkt zu beobachten. Wie auch hinsichtlich Ärger und Angst wurde eine
ansteigende Tendenz in der Feldgruppe festgestellt, während der Wert in der
Entwicklungsgruppe konstant blieb. Auch in dem Fall könnte diese Tendenz im
Zusammenhang mit der Entwicklung der intrinsischen Valenz in der Feldgruppe
stehen.

F2.4   *Wird das Interesse bezüglich der Mathematik bzw. des Mathematikun-
        terrichts durch die Teilnahme am Projekt gesteigert? Gibt es bezüglich
        des Interesses Unterschiede zwischen der Entwicklungs- und Feld- und
        Kontrollgruppe?*

Der Einfluss des Projekts auf die Entwicklung des Interesses der SchülerInnen an der Mathematik im Allgemeinen sowie am Fach Mathematik wurden
mithilfe der Konstrukte Sach- und Fachinteresse untersucht. Das Sachinteresse,
welches sich auf das Interesse an der Mathematik im Allgemeinen bezieht, stieg
bei der Entwicklungsgruppe über den Messzeitraum bei mittlerer Effektstärke.
Auch bezüglich der Kontrollgruppe zeigte sich der Anstieg in der Entwicklungsgruppe. In der Feldgruppe wurde hingegen kein Effekt hinsichtlich des
Sachinteresses festgestellt, welches durch den Befund im Vergleich zur Kontrollgruppe bestätigt wird. Allerdings wurde bezüglich dieser Entwicklung kein
statistischer Unterschied zwischen Entwicklungs- und Feldgruppe ermittelt. Die
Hypothese 2.4 (i) kann jedoch auf Grundlage des Haupteffekts des Innersub-
jektfaktors Zeit für die Entwicklungsgruppe bestätigt werden und wird für die
Feldgruppe verworfen. Im Hinblick auf das Fachinteresse, welches sich auf das
Interesse am Fach Mathematik bezieht, zeigte sich eine gegenteilige Entwicklung. Während das Fachinteresse in der Feldgruppe über den Erhebungszeitraum
stieg, wurden diesbezüglich keine Effekte bei der Entwicklungsgruppe nachgewiesen. Das Fachinteresse sank in der Entwicklungsgruppe nach dem zweiten
Messzeitpunkt, nachdem es anfänglich stieg, wobei diese Änderung nicht signifikant war. So wies die Entwicklungsgruppe langfristig auch keinen Unterschied
zur Kontrollgruppe auf. Die Feldgruppe unterschied sich bezüglich des Anstiegs
des Fachinteresses hingegen signifikant von der Kontrollgruppe. Auch im Vergleich zur Entwicklungsgruppe wurde ein statistischer Unterschied insbesondere
am dritten Messzeitpunkt ermittelt. Die Werte für Fachinteresse lagen zu diesem
Messzeitpunkt in der Feldgruppe signifikant über denen der Entwicklungsgruppe.

Die Hypothese 2.4 (ii) kann daher kurzfristig für beide Interventionsgruppen, langfristig allerdings nur für die Feldgruppe bestätigt werden. Die Befunde zur langfristigen Entwicklung des Interesses lassen sich demnach folgendermaßen zusammenfassen: Das Sachinteresse stieg langfristig in der Entwicklungsgruppe, wohingegen das Fachinteresse langfristig in der Feldgruppe stieg. Eine Erklärung für diese Entwicklung könnte darin liegen, dass in der Feldgruppe die eigentliche Mathematiklehrkraft das Projekt ge- sowie begleitet hat und in der Entwicklungsgruppe eine wissenschaftliche Fachkraft. Die SchülerInnen der Feldstudie könnten demnach das Interesse, welches sich durch das Projekt entwickelt hat, mit der Lehrkraft bzw. dem Fach Mathematik assoziieren und somit ihr Interesse auf das Fach und den Unterricht ausgerichtet haben. In diesem Fall läge der von Krapp (2002) beschriebenen motivationalen Tendenz der Gegenstandsbezug Mathematikunterricht zugrunde. In der Entwicklungsgruppe läge der motivationalen Tendenz der Gegenstandsbezug Mathematik im Allgemeinen zugrunde, da die SchülerInnen der Entwicklungsgruppe das Interesse nicht auf das Schulfach, sondern aufgrund der fehlenden Assoziation durch die Lehrperson, auf die Mathematik im Allgemeinen richteten.

F2.5 *Inwieweit wird die Motivation bezüglich der Mathematik bzw. des Mathematikunterrichts durch das Mitarbeiten im Projekt gesteigert? Gibt es dahingehend Unterschiede zwischen der Entwicklungs- und Feldgruppe?*

Die Auswirkungen des Projekts auf motivationale Parameter bezüglich der Mathematik wurden anhand der Variablen intrinsische Motivation und Kompetenzmotivation untersucht. In der Entwicklungsgruppe und Feldgruppe wurden bezüglich des langfristigen Einflusses auf die intrinsische Motivation keine Effekte über den Erhebungszeitraum ermittelt. Im Vergleich zur Kontrollgruppe konnten jedoch statistische Unterschiede festgestellt werden. So zeigte die intrinsische Motivation in der Entwicklungs- und Feldgruppe im Vergleich zur Kontrollgruppe eine ansteigende Tendenz, wobei die Effektstärke im mittleren bzw. kleinen Bereich einzuordnen ist. Zwischen den beiden Interventionsgruppen wurde kein statistischer Unterschied festgestellt. Die Hypothese 2.5 (i) kann aufgrund der Befunde lediglich im Hinblick auf den Vergleich mit der Kontrollgruppe bestätigt werden. In der Betrachtung der Interventionsgruppen zeigte sich demnach keine langfristige Steigerung der intrinsischen Motivation bezüglich der Mathematik. Die Befunde zur intrinsischen Motivation während des Projekts (vgl. Kapitel 6.6.1) konnten daher nicht langfristig auf den Mathematikunterricht übertragen werden. Eine mögliche Erklärung liegt in der Gestaltung der Lernumgebung. Die Lernumgebung des Projekts war an emotions- und motivationsfördernden Merkmalen (vgl. Kapitel 5.3) ausgerichtet, was sich in den Ergebnissen zur intrinsischen Motivation während des Projekts (vgl. Kapitel 6.6.1) niederschlug. Die Befunde zur Entwicklung der intrinsischen Motivation hinsichtlich des Mathematikunterrichts lassen darauf schließen, dass die Lernumgebung des regulären Mathematikunterrichts über den Erhebungszeitraum weniger an affekt- und motivationsspezifischen Parametern ausgerichtet war und sich somit lediglich durch die zwei Projekttage keine langfristig positive Entwicklung der intrinsischen Motivation bei den SchülerInnen einstellen konnte.

Hinsichtlich der Kompetenzmotivation, die sich auf die Motivation bezüglich der mathematischen Kompetenzentwicklung bezieht, konnte weder in der Entwicklungs- noch in der Feldgruppe ein Effekt nachgewiesen werden. Auch im Vergleich zur Kontrollgruppe sowie der Interventionsgruppen untereinander konnten keine statistisch signifikanten Unterschiede hinsichtlich der Entwicklung der Kompetenzmotivation festgestellt werden. Die Hypothese 2.5 (ii) wird auf Grundlage dieser Ergebnisse verworfen. Ähnlich wie die Befunde (vgl. Kapitel 6.7.1) zur langfristigen Entwicklung der intrinsischen („*Egal, welche Noten ich bekomme, Mathe ist mir sehr wichtig.*") sowie extrinsischen Valenz („*Ich meine, dass ich den Stoff in Mathe auch für später gut gebrauchen kann.*"), welche sich auch auf die Bedeutsamkeit von Mathematik beziehen, hatte das Projekt auch keinen Einfluss auf die Kompetenzmotivation hinsichtlich der Mathematik bei den SchülerInnen. Auch hier könnte eine fehlende Übertragbarkeit der Handlungen während des Projekts (vgl. Kapitel 5.3.2) auf die Tätigkeiten, welchen die SchülerInnen im regulären Unterricht durchführen und welche sie demnach mit mathematischen Kompetenzen assoziieren, eine Erklärung dafür sein, dass das Projekt selbst kurzfristig keinen Einfluss auf die Kompetenzmotivation der SchülerInnen hatte. Es fällt allerdings auf, dass sowohl in beiden Interventionsgruppen als auch in der Kontrollgruppe, die Werte bezüglich der Kompetenzmotivation überdurchschnittlich hoch waren.

7.3   Zusammenfassende Diskussion – Ergebnisse zu F3

In diesem Abschnitt werden die Ergebnisse hinsichtlich der dritten Forschungsfrage (F3) zusammengefasst und in Bezug auf die aufgestellten Hypothesen (vgl. Kapitel 6.1.3) diskutiert. Zur Überprüfung der Forschungsfrage wurden kognitive Tests im mathematischen Inhaltsbereich der räumlichen Geometrie (vgl. Kapitel 6.2.3) durchgeführt.

F3   *Wird durch die Teilnahme am Projekt eine Steigerung der Leistung hinsichtlich der Kompetenzen im Inhaltsbereich Raumgeometrie verzeichnet?*

In der Entwicklungsgruppe konnte ein signifikanter Effekt über den Erhebungszeitraum mit einer großen Effektstärke ermittelt werden. Demnach stieg die Testleistung zwischen dem ersten und zweiten Messzeitpunkt signifikant an, fiel allerdings zwischen dem zweiten und dritten Messzeitpunkt. Die Testleistung am dritten Messzeitpunkt war dennoch signifikant besser als am ersten Messzeitpunkt. Auch im Vergleich mit der Kontrollgruppe zeigte sich diese Tendenz. Während am ersten Messzeitpunkt kein signifikanter Unterschied zwischen den Gruppen bestand konnte am dritten Messzeitpunkt eine signifikant bessere Testleistung in der Entwicklungsgruppe im Vergleich zur Kontrollgruppe festgestellt werden.

Eine ähnliche Leistungsentwicklung konnte auch in der Feldgruppe beobachtet werden. Nach einem Anstieg der Testleistung zwischen den ersten beiden Messzeitpunkten wurde ein Abfall der Testleistung zum dritten Messzeitpunkt nachgewiesen. Im Gegensatz zur Entwicklungsgruppe konnte in der Feldgruppe allerdings kein statistischer Unterschied zwischen dem ersten und dritten Messzeitpunkt ermittelt werden. Im Vergleich zur Kontrollgruppe zeigten sich dennoch signifikant bessere Testwerte sowohl am ersten als auch am dritten Messzeitpunkt.

Die höhere Testleitung der Feldgruppe am ersten Messzeitpunkt zeigte sich auch im Vergleich zur Entwicklungsgruppe. Zum ersten Messzeitpunkt lagen die Testwerte der Feldgruppe signifikant über denen der Entwicklungsgruppe. Zum zweiten Messzeitpunkt verbesserten sich beide Interventionsgruppen, sodass kein statistischer Unterschied bestand. In der Entwicklungsgruppe nahm die Testleistung allerdings wieder stärker ab, sodass ein kleiner statistischer Unterschied am dritten Messzeitpunkt ermittelt wurde.

Hypothese 3 kann demnach kurzfristig für beide Interventionsgruppen bestätigt werden. Die kurzfristige Verbesserung der beiden Interventionsgruppen ist vermutlich darauf zurückzuführen, dass die Gruppen sich über zwei Tage intensiv mit den geometrischen Körpern auseinandergesetzt haben und die Inhalte demnach am zweiten Messzeitpunkt noch präsent waren. Über den kompletten Erhebungszeitraum trifft dieses allerdings uneingeschränkt nur auf die Entwicklungsgruppe zu, da die SchülerInnen im dritten Test noch eine höhere Testleistung im Vergleich zum ersten Test aufwiesen.

Im Vergleich zur Entwicklung der Testleistung der SchülerInnen der Kontrollgruppe zeigten jedoch beide Interventionsgruppen signifikant bessere Testleistungen am dritten Messzeitpunkt. Die Kontrollgruppe, die nach Abschluss der regulären Unterrichtsreihe in diesem Themengebiet keine weitere Intervention erhalten hat, wies am Ende des Erhebungszeitraums eine geringere Testleistung auf. Es ist anzunehmen, dass die mathematischen Inhalte zum Thema geometrische Körper nach drei Monaten im geringeren Maß von den SchülerInnen der Kontrollgruppe abgerufen werden konnten. Die signifikant besseren Testleistung der Interventionsgruppen könnte darauf zurückzuführen sein, dass sich die SchülerInnen mit der Durchführung des Projekts über einen längeren Zeitraum mit den mathematischen Inhalten auseinandergesetzt haben und es durch die Konzeption des Projekts zu einem vertieften Verständnis gekommen ist, sodass diesbezüglich von einem langfristigen Effekt ausgegangen werden kann. Die kompetenzorientierte Ausrichtung der intendierten Lernhandlungen (vgl. Kapitel 5.3.1) sollte die SchülerInnen durch das selbstregulierte und kooperative Lernsetting dazu befähigen erlernte Kenntnisse und Fertigkeiten flexibel und kreativ in verschiedenen Kontexten und Situationen sinnvoll anwenden zu können und die Vernetzung von Wissen sowie den Erwerb von Transferfähigkeiten ermöglichen. Insbesondere die in den Erklärvideos enthaltenen Erklärungen sollten dazu führen, dass die SchülerInnen ein elaboriertes Verständnis erlangen, welches auch langfristig abrufbar ist.

Die Befunde der vorliegenden Studie bestätigen somit die Ergebnisse der Untersuchungen bezüglich der Lernwirksamkeit von selbstreguliertem Lernen von De Corte und Kollegen (2011) und kooperativem Lernen von Berger und Walpuski (2018) sowie der Förderung elaborierten Lernens durch Erklärungen von Fiorella und Mayer (2013) sowie Hoogerheide und Kollegen (2016).

7.4   Zusammenfassung der Ergebnisse/Fazit

In diesem Abschnitt werden die Haupterkenntnisse aus dieser Studie zusammengefasst. Zunächst ist festzustellen, dass das Projekt eine starke Wirksamkeit bezüglich der intrinsischen Motivation im Vergleich zum regulären Mathematikunterricht besitzt. Dieses zeigte sich in beiden Interventionsgruppen. Die Ursachen für die Entstehung intrinsischer Motivation liegen nach Deci und Ryan

(1985) in der Erfüllung psychologischer Grundbedürfnisse. Die Befunde zur Wirkung des Projekts auf die insbesondere im schulischen Kontext relevanten Bedürfnisse nach Autonomie sowie Kompetenzerleben lassen darauf schließen, dass vor allem das Bedürfnis nach Kompetenzerleben während des Projekts im Vergleich zum regulären Unterricht im besonderen Maße erfüllt wurde und dadurch eine höhere intrinsische Motivation bei den SchülerInnen vorlag.

Neben den direkten Effekten auf motivationale Faktoren wurde die Wirkung des Projekts auf affektiv-motivationale Merkmale hinsichtlich der Mathematik bzw. des Schulfachs Mathematik der teilnehmenden SchülerInnen untersucht. Die diskreten Emotionen, deren Entwicklung in dieser Studie betrachtet wurde, lassen sich je nach Valenz und Aktivierungspotential (vgl. u.a. Pekrun & Jerusalem, 1996; Pekrun & Linnenbrink-Garcia, 2014) in vier Kategorien einteilen. Dabei bilden die Emotionen Freude und Stolz als positiv-aktivierende Emotionen die Gruppe der lern- und leistungsförderlichen Emotionen. Auf der anderen Seite des lern- und leistungsförderlichen Emotionsspektrums befindet sich Langeweile als negativ-deaktivierende Emotion. Bezüglich dieser Gruppen ließen sich signifikante Änderungen über den Erhebungszeitraum feststellen. Die positiv-aktivierenden Emotionen nahmen insgesamt zu, während die negativ-deaktivierende Emotion Langeweile bezüglich des Mathematikunterrichts abnahm. Nach der Kontroll-Wert-Theorie (Pekrun, 2006) bestimmen Kontroll- und Wertkognitionen zum großen Teil darüber, welche Emotion in welcher Intensität erlebt wird. Die Untersuchung dieser sogenannten Appraisals zeigte, dass sich über den Erhebungszeitraum insbesondere die wahrgenommene Kontrolle über Situationen oder Aufgaben im Mathematikunterricht verbessert hat. Die in vielen Studien bestätigte positive Korrelation mit den positiv-aktivierenden sowie der negative Zusammenhang zu Langeweile kann demnach auch in dieser Untersuchung bestätigt werden und könnte als Erklärung für die Entwicklung der genannten Emotionsgruppen dienen. Die reziproken Wirkungsmechanismen zwischen Appraisals und Emotionen (vgl. Pekrun, 2018b) könnten zudem die beschriebenen langfristigen Entwicklungen zusätzlich unterstützt und zu einer Habitualisierung beigetragen haben, sodass sich aus situationsbezogenen State-Emotionen langfristige affektive Tendenzen entwickelt haben könnten (Hascher & Brandenberger, 2018). Trotz dieser eindeutigen Befunde ist die Entwicklung der beschriebenen Konstrukte nicht ausschließlich auf die Teilnahme am Projekt zurückzuführen. Insbesondere die langfristigen Auswirkungen auf diese Konstrukte sind hinsichtlich eines Erhebungszeitraums von drei Monaten vorsichtig zu interpretieren. So könnte einer Vielzahl von möglichen Einflussfaktoren, wie methodische und thematische Variationen oder unterschiedliche fachspezifische

Tätigkeiten (vgl. Schukajlow, 2015) in dieser Zeit, Einfluss auf das emotionale Erleben im regulären Unterricht der SchülerInnen gehabt haben. Diese
Parameter sind aufgrund ihrer komplexen Wirkmechanismen nicht über den kompletten Erhebungszeitraum zu erfassen, wodurch die gezeigten Zusammenhänge
zwar begründete Vermutungen, jedoch keine kausalen Aussagen zulassen. Dieses
gilt insbesondere für nicht eindeutige Ergebnisse, wie hinsichtlich der negativaktivierenden Emotionen Ärger, Angst und Scham oder der Entwicklung des
Sach- bzw. Fachinteresses. Diese Befunde lassen diesbezüglich lediglich vage
Erklärungsversuch zu.

Eine langfristige positive Entwicklung der intrinsischen Motivation bezüglich
des Fachs Mathematik konnte bei den ProjektteilnehmerInnen nicht nachgewiesen
werden, obwohl während des Projekts ein hohes Maß an intrinsischer Motivation
festgestellt wurde. Der Befund lässt darauf schließen, dass die Lernumgebung
einen starken allerdings lediglich auf die situativen Lernhandlungen beschränkten
Einfluss auf die intrinsische Motivation hatte und unterstreicht somit die Auswirkung der emotions- und motivationsförderlichen Gestaltung der Lernumgebung
des Projekts (vgl. Kapitel 5.3) im Vergleich zum regulären Mathematikunterricht.

Die Verbesserung in den Testleistungen der Interventionsgruppen zeigt, dass
das Projekt insbesondere kurzfristig einen Lerneffekt im Inhaltsbereich Raumgeometrie bzw. der geometrischen Körper hat. Langfristige Effekte können
aufgrund der nicht eindeutigen Ergebnisse der beiden Interventionsgruppen nur
eingeschränkt bestätigt werden.

In Anbetracht der Eindrücke während der Projektdurchführung (vgl. Kapitel 7) und der dargestellten Ergebnisse, lässt sich ein positives Gesamtfazit
aus der Studie ziehen. Die konzentrierte Arbeitsatmosphäre, welche durch Spaß
und kreative Ideen begleitet wurde, zeigte sich auch in den Befunden zur
intrinsischen Motivation sowie zum Kompetenzerleben während des Projekts.
Hinsichtlich der langfristigen Auswirkungen fällt besonders der Anstieg der
positiv-aktivierenden Emotionen und das Sinken der negativ-deaktivierenden
Emotion Langeweile auf. Aber auch Konstrukte, die sich über den Erhebungszeitraum zum Teil nicht signifikant verändert haben, wie die negativ-deaktivierende
Emotion Ärger und intrinsische Motivation bezüglich Mathematik, zeigten im
Vergleich zur Kontrollgruppe verbesserte Werte. In der Betrachtung der langfristigen Entwicklung aller untersuchten Variablen fällt zudem auf, dass kein
Konstrukt, mit Ausnahme der negativen Emotionen deren Werte erwartungsgemäß teilweise gesunken sind, über den Erhebungszeitraum signifikant unterhalb
des Ausgangswerts am ersten Messzeitpunkt lag.

7.5 Reflexion und offene Fragen

In diesem Abschnitt wird die Studie kritisch reflektiert und es werden daraus resultierende Fragen formuliert. Die Ausführungen beziehen sich dabei auf Einschränkungen bezüglich der allgemeinen Aussagekraft der Ergebnisse sowie der Interpretation langfristiger Effekte. Zudem werden das Forschungsdesign und die genutzten Erhebungsinstrumente betrachtet.

Mit der Untersuchung eines konkreten Unterrichtsvorhabens mussten Einschränkungen hinsichtlich der Verallgemeinerung der Schlussfolgerungen in Kauf genommen werden. Die Lernwirksamkeit des Projekts, dessen inhaltlicher Schwerpunkt auf den Inhaltsbereich der Raumgeometrie bzw. der geometrischen Körper lag, lässt entsprechend lediglich Rückschlüsse auf diesen Kompetenzbereich zu. Fragen nach möglichen Einflüssen des Projekts bei anderen mathematischen Schwerpunktsetzungen können im Rahmen der vorliegenden Studie nicht beantwortet werden.

Auch die Aussagekraft des Vergleichs der Interventionsgruppen mit der Kontrollgruppe bezüglich der Kompetenzentwicklung in diesem Themengebiet muss innerhalb der Studie eingeschränkt werden. Die Interventionsgruppen haben sich während der Projektdurchführung zwei Tage mit den Inhalten befasst, wobei die Kontrollgruppe keinen zusätzlichen Unterricht erhielt. Die Kontrollgruppe hatte demnach weniger Zeit ihre Kompetenzen weiterzuentwickeln, wodurch die Aussagekraft im Hinblick auf die Auswirkung auf Grundlage der spezifischen Gestaltung der Lernumgebung eingeschränkt wird.

Wie bereits in Kapitel 7.1 beschrieben, muss der Vergleich des regulären Mathematikunterrichts mit dem Projekt bezüglich der allgemeinen Aussagekraft der Befunde zum regulären Mathematikunterricht eingeschränkt werden, da die einzelnen Mathematikstunden nicht stellvertretend für den kompletten Mathematikunterricht verstanden werden dürfen.

Die Erklärung für langfristige Effekte auf emotionale und motivationale Parameter können aufgrund der kurzen Interventionszeit von zwei Projekttagen und des langen Erhebungszeitraum von drei Monaten nur eingeschränkt auf das Projekt bezogen werden. In so komplexen Wirkungszusammenhängen könnten unterschiedliche Themen (vgl. Kapitel 2.3.1) oder unterrichtliche Faktoren (vgl. Kapitel 3.3) im Zeitraum zwischen dem zweiten und dritten Messzeitpunkt Einfluss auf die Lern- und Leistungsemotionen der SchülerInnen genommen haben, welche nicht erfasst werden konnten. Zudem konnte der in Kapitel 2.4 beschriebene Zusammenhang emotionaler und motivationaler Faktoren mit kognitiven Prozessen und entsprechend die Lernleistung aufgrund des Studiendesigns nicht untersucht werden. Die Leistungsentwicklung wurden lediglich in Bezug auf das mathematischen Inhaltsfeld Raumgeometrie erhoben, welches nach dem Projekt nicht weiter im Unterricht behandelt wurde. Daher konnte der reziproke Wirkzusammenhang affektiver Merkmale mit der Lernleistung, welche sich im Verlauf des Schuljahres themenspezifisch ändert, nicht rekonstruiert werden. Zudem eignet sich die simultane Erfassung der Emotionen und Lernleistung aufgrund verzögerter Wirkmechanismen lediglich eingeschränkt zur Untersuchung dieser Zusammenhänge.

Mit dem Forschungsdesign und den ausgewählten Forschungsinstrumenten konnten die gestellten Forschungsfragen beantwortet und die Ergebnisse auf Grundlage der theoretischen Ausführungen erklärt und in diese eingegliedert werden. Dabei können generelle Aussagen zur Wirksamkeit des Projekts auf affektive und motivationale Aspekte sowie zur Kompetenzentwicklung im Themenbereich Raumgeometrie gemacht werden. Die Studie lässt allerdings offen, welche Faktoren bzw. Gestaltungsmerkmale der Lernumgebung des Projekts sich konkret und inwieweit auf die erhobenen Konstrukte auswirkten.

7.6   Perspektiven

Auf Grundlage der Ergebnisse dieser Studie sowie aus den genannten Einschränkungen und offenen Fragen entwickeln sich zum einen weitere Forschungsansätze und zum anderen Perspektiven für die Unterrichtspraxis, welche abschließend dargestellt werden.

7.6.1   Forschungsperspektiven

Differenzierte Betrachtung der Einflussgrößen der Lernumgebung: Die Gestaltung der Lernumgebung anhand emotions- und motivationsförderlichen Merkmalen und dessen Untersuchung bilden einen Schwerpunkt dieser Studie. Mit dieser Untersuchung sollte zum einen die Umsetzbarkeit überprüft und sich zum anderen ein Überblick über dessen Wirksamkeit verschafft werden. Aus den Befunden lassen sich demnach Aussagen zu Effekten des Gesamtprojekts auf affektive und motivationale Parameter sowie zur Kompetenzentwicklung im Themenbereich Raumgeometrie ableiten. Der Einfluss bzw. die Bedeutung der einzelnen Merkmale, wie Projektunterricht und dem damit verbundenen selbstregulierten und kooperativen Lernen sowie die Produktion eines Videos und dem damit verbundenen Bezug zur Alltagswelt der SchülerInnen werden nicht berücksichtigt. Um differenziertere Aussagen zur Wirkung einzelner Faktoren tätigen zu können, müssten weitere Durchführungen des Projekts angesetzt werden, wobei anschließend beispielsweise Interviews mit SchülerInnen in Bezug auf diese Parameter geführt werden oder quantitative Erhebungsinstrumente genutzt werden, die Skalen hinsichtlich der möglichen Einflussgrößen beinhalten.

Themenvariationen: Das durchgeführte Projekt bezog sich auf den mathematischen Themenbereich Raumgeometrie bzw. die geometrischen Körper. Schukajlow (2015) verweist darauf, dass das emotionale Erleben hinsichtlich verschiedener Themengebiete innerhalb des Fachs Mathematik variieren kann. Es müssten demnach weitere Untersuchungen des Projekts mit anderen mathematischen Schwerpunkten durchgeführt werden, um die Wirkung der Lernumgebung unabhängig des Themas Raumgeometrie zu überprüfen. In diesem Rahmen wäre zudem zu untersuchen, ob eine wiederholte Durchführung des Projekts die Effekte im Sinne der reziproken Wirkmechanismen verstärkt und durch positiven Einfluss auf situative Emotionen dazu beitragen kann, eine langfristig positive affektive Tendenz bei den SchülerInnen hervorzurufen.

Forschungsschwerpunkt Lehrkräfte: In dieser Studie lag der Fokus auf der Wirkung des Projekts auf die Kompetenzentwicklung sowie affektiv-motivationale Faktoren der SchülerInnen. In Bezug auf eine zukünftige Anwendung des Projekts in der Schule wären Befragungen der Lehrkräfte zur Umsetzbarkeit im Unterricht in einem weiteren Projektdurchlauf hilfreich. Die Ergebnisse dieser zusätzlichen Datenerhebung könnten konkrete Perspektiven für die Unterrichtspraxis hinsichtlich des Abwägens von Aufwand und Ertrag geben.

7.6.2 Perspektiven für die Unterrichtspraxis

Das Projekt ist darauf ausgelegt Anwendung in der Unterrichtspraxis zu finden. Die dargestellte empirische Untersuchung sollte diesbezüglich die Auswirkung auf emotionale, motivationale und lernspezifische Merkmale aufzeigen. Die Befunde der Studie belegen, dass die Mitarbeit im Projekt mit einer hohen intrinsischen Motivation einhergeht und eine langfristige positive Entwicklung lern- und leistungsförderlicher Emotionen sowie Minderung von Langeweile begünstigt. Selbst in Bezug auf die Variablen, bei denen keine positive Änderung nachgewiesen wurde, zeigten sich im Vergleich zur Kontrollgruppe größtenteils bessere Werte. Auf Grundlage dieser Ergebnisse kann mit der Projektdurchführung positiver Einfluss auf das emotionale Empfinden und die Einstellung gegenüber des Fachs Mathematik bei den SchülerInnen genommen werden. Dahingehend ist die Durchführung des Projekts zum Ende der Sekundarstufe I ratsam, da in dieser Phase nach den Befunden der PALMA-Studie (vgl. Pekrun, vom Hofe, Blum, Frenzel, Goetz & Wartha, 2007) einen Rückgang von lernförderlichen Emotionen wie Lernfreud und Stolz und eine Steigerung von Langeweile im Mathematikunterricht bei den SchülerInnen zu verzeichnen ist. Das Projekt, kann als zusammenfassender Themenabschluss in die Unterrichtspraxis eingebunden werden und dient den SchülerInnen, neben den affektiven und motivationalen Effekten, als Wiederholung und Sicherung der bereits behandelten Inhalte. Ebenso ist eine Anwendung des Projekts innerhalb einer Projektwoche oder als regelmäßiges Format in Form einer AG denkbar. Dabei könnte neben den inhaltlichen Schwerpunkten auch auf die Förderung von Medienkompetenz und insbesondere auf den Umgang mit Medien und Urheberrecht eingegangen werden.

Literaturverzeichnis

Abele, A. (1996). Zum Einfluss positiver und negativer Stimmung auf die kognitive Leistung. In J. Möller & O. Köller (Hrsg.), *Emotionen, Kognitionen und Schulleistung* (S. 91–111). Weinheim: Beltz.

Adams, D. & Hamm, M. (2000). *Media and literacy. Learning in an electronic age issues, ideas, and teaching strategies.* Springfield: Charles C. Thomas Publisher.

Ahmed, W., Minnaert, A. & van der Weerf, G. (2010). The role of competence and value beliefs in students' daily emotional experiences. *Learning and Individual Differences, 20*(5), 507–511.

Ainley, M. (2006). Connecting with Learning: Motivation, Affect and Cognition in Interest Processes. *Educational Psychology Review, 18*(4), 391–405.

Ames, C. (1992). Classrooms: Goals, structures, and student motivation. *Journal of Educational Psychology, 84*(3), 261–271.

Anderman, E. M. & Wolters, C.A. (2006). Goals, Values, and Affect: Influences on Student Motivation. In P. A. Alexander, & P.H. Winne (Eds.), *Handbook of Educational Psychology* (pp. 369–390). Mahwah: Lawrence Erlbaum Ass.

Artelt, C., Demmrich, A. & Baumert, J. (2001). Selbstreguliertes Lernen. In D. Pisa-Konsortium (Hrsg.), *PISA 2000. Basiskompetenzen von Schülerinnen und Schülern im internationalen Vergleich* (S. 271–298). Opladen: Leske & Budrich.

Artino, A. R. & Jones, K. D. (2012). Exploring the complex relations between achievement emotions and selfregulated leaming behaviors in online learning. *Internet and Higher Education, 15,* 170–175.

Asensio, M. & Young, C. (2002). A learning and teaching perspective. In S. Thornhill, M. Asensio, & C. Young (Eds.), *Click and go video. Video streaming – a guide for educational development. The JISC Click and Go Video Project* (pp. 10–19). Abgerufen am 12. Mai, 2020, von http://www.cinted.ufrgs.br/videoeduc/streaming.pdf

Azevedo, R., Behnagh, R. F., Duffy, M. C., Harley, J. M. & Trevors, G. J. (2012). Metacognition and self-regulated learning in student-centered learning environments. In D. H. Jonassen, & S. Land (Eds.), *Theoretical foundations of learning environments* (2nd ed., pp. 171–179). New York/London: Taylor and Francis.

Barrett, L. F., Lewis, M. & Haviland-Jones, J. M. (Eds.). (2016). *Handbook of emotions.* New York: Guilford.

© Der/die Herausgeber bzw. der/die Autor(en) 2023
D. Barton, *Medienprojekte im Mathematikunterricht*, Bielefelder Schriften zur Didaktik der Mathematik 13, https://doi.org/10.1007/978-3-658-43598-1

Berger R. & Walpuski M. (2018). Kooperatives Lernen. In D. Krüger, I. Parchmann & H. Schecker (Hrsg.), *Theorien in der naturwissenschaftsdidaktischen Forschung* (S. 227–244). Berlin: Springer

Bieg, M., Goetz, T., Sticca, F., Brunner, E., Becker, E., Morger, V. & Hubbard, K. (2017). Teaching methods and their impact on students' emotions in mathematics: an experience-sampling approach. *ZDM Mathematics Education, 49*(4), 411–422.

Bieg, S. & Mittag, W. (2011). Leistungsverbesserungen durch Förderung der selbstbestimmten Lernmotivation. In M. Dresel & L. Lämme (Hrsg.), *Motivation, Selbstregulation und Leistungsexzellenz* (S. 219–236). Münster: LIT.

Blanz, M. (2015). *Forschungsmethoden und Statistik für die Soziale Arbeit. Grundlagen und Anwendungen.* Stuttgart: Kohlhammer.

Blum, W. (1999). Unterrichtsqualität am Beispiel Mathematik – Was kann das bedeuten, wie ist das zu verbessern? *Seminar – Lehrerbildung und Schule, 4,* 8–16.

Bong, M. (2001). Between- and within-domain relations of academic motivation among middle and high school students: Self-efficacy, task value, and achievement goals. *Journal of Educational Psychology, 93*(1), 23–34.

Bortz, J. & Schuster, C. (2010). *Statistik für Human- und Sozialwissenschaftler* (7., vollst. überarb. und erw. Aufl.). Berlin, Heidelberg: Springer.

Brandenberger, C. C. & Moser, N. (2018). Förderung der Lernfreude und Reduzierung der Angst im Mathematikunterricht in der Sekundarstufe 1. In G. Hagenauer & T. Hascher (Hrsg.), *Emotionen und Emotionsregulation in Schule und Hochschule* (S. 323–337). Münster; New York: Waxmann.

Camacho-Morles, J., Slemp, G., Pekrun, R., Loderer, K., Hou, H. & Oades, L. (2021). Activity Achievement Emotions and Academic Performance: A Meta-analysis. *Educational Psychology Review, 33*(3), 1051–1095.

Cleary, T. J., Velardi, B. & Schnaidman, B. (2017). Effects of the self-regulation empowerment program (SREP) on middle school students' strategic skills, self-efficacy, and mathematics achievement. *Journal of School Psychology, 64,* 28–42.

Cohen, E.G. (1994). Restructuring the classroom: Conditions for productive small groups. *Review of Educational Research, 64*(1), 1–35.

Cohen, J. (1988). *Statistical power analysis for the behavioral sciences.* Hillsdale: L. Erlbaum Associates.

Connell, J. P. & Wellborn, J. G. (1991). Competence, autonomy and relatedness: A motivational analysis of self-system processes. In M. R. Gunnar, & L. A. Sroufe (Eds.), *Minnesota Symposia on Child Psychology* (22nd ed., pp. 43–77). Hillsdale: Erlbaum.

Cordova, D. I. & Lepper, M. R. (1996). Intrinsic motivation and the process of learning: Beneficial effects of contextualization, personalization, and choice. *Journal of Educational Psychology, 88*(4), 715–730.

Csikszentmihalyi, M. (1975). *Beyond boredom and anxiety.* San Francisco: Jossey-Bass.

Daniels, L. M. & Stupnisky, R. H. (2012). Not that different in theory: Discussing the control-value theory of emotions in online learning environments. *Internet and Higher Education, 15*(3), 222–226.

Davis, H. A., DiStefano, C. & Schutz, P. A. (2008). Identifying patterns of appraising tests in first-year college students: Implications for anxiety and emotion regulation during test taking. *Journal of Educational Psychology, 100*(4), 942–960.

DeBellis, V. A. & Goldin, G. A. (2006). Affect and Meta-Affect in Mathematical Problem Solving: A Representational Perspective. *Educational Studies in Mathematics, 63*(2), 131–147.

Deci, E. L. & Ryan, R. M. (1985). *Intrinsic motivation and self-determination in human behavior.* New York: Plenum Press.

Deci, E. L. & Ryan, R. M. (1991). A motivational approach to self: Integration in personalty. In R. Dienstbier (Ed.), *Nebraska symposium on motivation: Vol. 38. Perspectives on motivation* (pp. 237–288). Lincoln: University of Nebraska Press.

Deci, E. L. & Ryan, R. M. (1993). Die Selbstbestimmungstheorie der Motivation und ihre Bedeutung für die Pädagogik. *Zeitschrift für Pädagogik, 39*(2), 223–238.

De Corte, E., Mason, L., Depaepe, F. & Verschaffel, L. (2011). Self-regulation of mathematical knowledge and skills. In B. J. Zimmerman, & D.H. Schunk (Eds.), *Handbook of Self-Regulation of Learning and Performance* (pp. 155–172). New York: Routledge.

de Haan, G. (2005). Situiertes Lernen, In: Freie Universität Berlin (Hrsg.), *Erziehungswissenschaftliche Zukunftsforschung und Programm Transfer-21.* Abgerufen am 01. November, 2020, von http:// www.transfer-21.de/daten/materialien/Situiertes_Lernen.pdf

Deing, P. (2019). Selbstreguliertes Lernen. Theoretische Grundlagen und Förderempfehlungen. In S. Rietmann & P. Deing (Hrsg.), *Psychologie der Selbststeuerung* (S. 319–345). Wiesbaden: Springer.

Desoete, A., Roeyers, H. & De Clercq, A. (2003). Can offline metacognition enhance mathematical problem solving? *Journal of Educational Psychology, 95*(1), 188–200.

Deutsch, M. (1949). A theory of co-operation and competition. *Human Relations, 2*(2), 129–152.

Dewey, J. (1993). *Demokratie und Erziehung. Eine Einleitung in die philosophische Pädagogik.* Weinheim und Basel: Beltz.

de Witt, C. (2008). Lehren und Lernen mit neuen Medien/E-Learning. In U. Sander, F. von Gross & K.-U. Hugger (Hrsg.), *Handbuch Medienpädagogik* (S. 440–448). Wiesbaden: VS Verlag für Sozialwissenschaften.

de Witt, C. & Czerwionka, T. (2007). *Mediendidaktik. Studientexte für Erwachsenenbildung.* Bielefeld: Bertelsmann.

Dignath, C. & Büttner, G. (2008). Components of fostering self-regulated learning among students. A meta-analysis on intervention studies at primary and secondary school level. *Metacognition and Learning, 3,* 231–264.

Dorgerloh, St. & Wolf, K. D. (Hrsg.) (2020). *Lehren und Lernen mit Tutorials und Erklärvideos.* Weinheim und Basel: Beltz.

Dudenredaktion. (o. D.). Literaturverzeichnis. In *Duden online.* Abgerufen am 12. Mai 2021, von https://www.duden.de/rechtschreibung/Projekt

Dunlosky, J., Rawson, K. A., Marsh, E. J., Nathan, M. J. & Willingham, D. T. (2013). Improving students' learning with effective learning techniques: Promising directions for cognitive and education psychology. *Psychological Science in the Public Interest, 14*(1), 4–58.

Eccles, J. S. & Wigfield, A. (2002). Motivational beliefs, values, and goals. *Annual Review of Psychology, 53*(1), 109–132.

Eccles, J. S., Midgley, C., Wigfield, A., Buchanan, C. M., Reuman, D., Flanagan, C. & Mac Iver, D. (1993). Development during adolescence: The impact of stage environment fit on young adolescents' experiences in schools and in families. *American Psychologist, 48*(2), 90–101.

Edlinger, H. & Hascher, T. (2008). Von der Stimmungs- zur Unterrichtsforschung: Überlegungen zur Wirkung von Emotionen auf schulisches Lernen und Leisten. *Unterrichtswissenschaft, 36*(1), 55–70.

Eichler, A. (2015). Zur Authentizität realitätsorientierter Aufgaben im Mathematikunterricht. In G. Kaiser & W. Henn (Hrsg.), *Werner Blum und seine Beiträge zum Modellieren im Mathematikunterricht* (S. 105–118). Wiesbaden: Springer Spektrum.

Elliot, A. J. & Dweck, C. S. (Eds.). (2005). *Handbook of competence and motivation*. New York, NY: Guilford.

Elliott, E. S. & Dweck, C. S. (1988). Goals: An approach to motivation and achievement. *Journal of Personality and Social Psychology, 54*(1), 5–12.

Ellis, H. C., Seibert, P. S. & Varner, L. J. (1995). Emotion and memory: Effects of mood states on immediate and unexpected delayed recall. *Journal of Social Behavior and Personality, 10*(2), 349–362.

Euler, D. (1994). (Multi)Mediales Lernen – Theoretische Fundierungen und Forschungsstand. *Unterrichtswissenschaft, 22*(4), 291–311.

Fend, H. (1997). *Der Umgang mit Schule in der Adoleszenz. Aufbau und Verlust von Lernmotivation, Selbstachtung und Empathie*. Bern: Huber.

Fey, A. (2002). Audio vs. Video: Hilft Sehen beim Lernen? Vergleich zwischen einer audiovisuellen und auditiven virtuellen Vorlesung. *Unterrichtswissenschaft, 30*(4), 331–338.

Fey, C.-Ch. (2021). Erklärvideos – eine Einführung zu Forschungsstand, Verbreitung, Herausforderungen. In E. Matthes, St. T. Siegel & T. Heiland (Hrsg.), *Lehrvideos – das Bildungsmedium der Zukunft? Erziehungswissenschaftliche und fachdidaktische Perspektiven* (S. 15–30). Bad Heilbrunn: Verlag Julius Klinkhardt.

Fiedler, K. & Beier, S. (2014). Affect and cognitive processes in educational contexts. In R. Pekrun, & L. Linnenbrink-Garcia (Hrsg.), *International handbook of emotions in education* (pp. 36–55). New York/London: Taylor and Francis.

Fiedler, K., Nickel, S., Muehlfriedel, T. & Unkelbach, C. (2001). Is mood congruency an effect of genuine memory or response bias? *Journal of Experimental Social Psychology* 37(3), 201–214.

Field, A. (2018). *Discovering statistics using IBM SPSS statistics* (5th edition). Los Angeles: SAGE.

Findeisen, S., Horn, S. & Seifried, J. (2019). Lernen durch Videos – Empirische Befunde zur Gestaltung von Erklärvideos. *MedienPädagogik: Zeitschrift für Theorie und Praxis der Medienbildung*, 2019, 16–36.

Fiorella, L. & Mayer, R. (2013). The relative benefits of learning by teaching and teaching expectancy. *Contemporary Educational Psychology, 38*(4), 281–288.

Flowerday, T., Schraw, G. & Stevens, J. (2004). The Role of Choice and Interest in Reader Engagement. *The Journal of Experimental Education, 72*(2), 93–114.

Folkman, S. & Lazarus, R. S. (1985). If it changes it must be a process: Study of emotion and coping during three stages of a college examination. *Journal of Personality and Social Psychology, 48*(1), 150–170.

Fredrickson, B. L. (1998). What good are positive emotions? *Review of General Psychology, 2*(3), 300–319.

Fredrickson, B.L. (2001). The Role of Positive Emotions in Positive Psychology. The Broaden-and-Build Theory of Positive Emotions. *American Psychologist, 56*(3), 216–226.

Frei, M., Asen-Molz, K., Hilbert, S. & Schilcher, A. (2020). Die Wirksamkeit von Erklärvideos im Rahmen der Methode Flipped Classroom. In D. Schmeinck, J. König, S. Hofhues, M. Becker-Mrotzek & K. Kasper (Hrsg.), *Bildung, Schule, Digitalisierung* (S. 284–290). Münster: Waxmann Verlag.

Frenzel, A. C. & Götz, T. (2007). Emotionales Erleben von Lehrkräften beim Unterrichten. *Zeitschrift für Pädagogische Psychologie, 21*(3), 283–295.

Frenzel A. C., Götz T. & Pekrun R. (2020). Emotionen. In E. Wild & J. Möller (Hrsg.), *Pädagogische Psychologie* (3. Aufl., S. 211–234). Berlin, Heidelberg: Springer.

Frenzel, A. C. & Stephens E. J. (2011). Emotionen. In T. Götz (Hrsg.), *Emotionen, Motivation und selbstreguliertes Lernen* (S.15–77). Paderborn: Schöningh.

Frey, K. (2010). *Die Projektmethode. Der Weg zum bildenden Tun* (11., neu ausgest. Aufl.). Weinheim: Beltz.

Friedrich, H. F. & Mandl, H. (1997). Analyse und Förderung selbstgesteuerten Lernens. In F. E. Weinert & H. Mandl (Hrsg.), *Psychologie der Erwachsenenbildung. Enzyklopädie der Psychologie, Themenbereich D, Praxisgebiete, Serie I, Band 4* (S. 237–293). Göttingen: Hogrefe.

Fuchs, W. T. (2021). *Crashkurs Storytelling. Grundlagen und Umsetzung* (3. Aufl.). Freiburg: Haufe-Lexware.

Geppert, C. & Kilian, M. (2018). Emotionen als Grundlage für Motivation im Kontext des schulischen Lehrens und Lernens. In M. Huber & S. Krause (Hrsg.), *Bildung und Emotion* (S. 233–248). Wiesbaden: Springer.

Gignac, G. E. & Szodorai, E. T. (2016). Effect size guidelines for individual differences researchers. *Personality and Individual Differences, 102*, 74–78.

Gläser-Zikuda, M. (2010). Emotionen im Bildungskontext. In T. Hascher & B. Schmitz (Hrsg.), *Handbuch Pädagogische Interventionsforschung* (S. 111–132). Weinheim: Juventa.

Gläser-Zikuda, M., Fuß, S., Laukenmann, M., Metz, K. & Randler, C. (2005). Promoting students' emotions and achievement – Instructional design and evaluation of the ECOLE-approach. *Learning and Instruction, 15*(5), 481–495.

Gläser-Zikuda M., Hofmann F., Bonitz M. & Lippert N. (2018). Methodische Zugänge zu Emotionen in Schule und Unterricht. In M. Huber & S. Krause (Hrsg.), *Bildung und Emotion* (S. 377–396). Wiesbaden: Springer.

Götz, T. (2004). *Emotionales Erleben und selbstreguliertes Lernen bei Schülern im Fach Mathematik*. München: Utz.

Götz, T. (Hrsg.). (2011). *Emotion, Motivation und selbstreguliertes Lernen*. Paderborn: Schöningh.

Götz, T., Frenzel, A. C. & Haag, L. (2006). Ursachen von Langeweile im Unterricht. *Empirische Pädagogik, 20*(2), 113–134.

Goetz, T., Frenzel, A. C., Hall, N. C. & Pekrun, R. (2008). Antecedents of academic emotions: Testing the internal/external frame of reference model for academic enjoyrnent. *Contemporary Educational Psychology, 33*(1), 9–33.

Goetz, T., Frenzel, A. C., Pekrun, R., Hall, N. C. & Ludtke, O. (2007). Between- and within-domain elations of students' academic emotions. *Journal of Educational Psychology, 99*(4), 715–733.

Goetz, T. & Hall, N. C. (2014). Academic boredom. In R. Pekrun, & L. Linnenbrink-Garcia (Eds.), *International Handbook of Emotions in Education* (pp. 311–330). New York: Taylor & Francis.

Götz, T. & Nett, U. (2011). Selbstreguliertes Lernen. In T. Götz (Hrsg.), *Emotion, Motivation und selbstreguliertes Lernen* (S. 144–186). Paderborn: Schöningh.

Goetz, T., Pekrun, R., Hall, N. & Haag, L. (2006). Academic emotions from a socio-cognitive perspective: Antecedents and domain specificity of students' affect in the context of Latin instruction. *British Journal of Educational Psychology, 76*(2), 289–308.

Götz, T., Pekrun, R., Zirngibl, A., Jullien, S., Kleine, M., vom Hofe, R. & Blum, W. (2004). Leistung und emotionales Erleben im Fach Mathematik: Längsschnittliche Mehrebenen-analysen. *Zeitschrift für Pädagogische Psychologie, 18*(3-4), 201–212.

Grassinger, R., Dickhäuser, O. & Dresel, M. (2019). Motivation. In D. Urhahne, M. Dresel & F. Fischer, (Hrsg.), *Psychologie für den Lehrberuf* (S. 207–227). Berlin, Heidelberg: Springer.

Grolnick, W. S. & Ryan, R. M. (1987). Autonomy in children's learning: An experimental and individual difference investigation. *Journal of Personality and Social Psychology, 52*(5), 890–898.

Guay, F., Ratelle, C. F. & Chanal, J. (2008). Optimal learning in optimal contexts: The role of self-determination in education. *Canadian Psychology, 49*(3), 233–240.

Gudjons, H. (2014). *Handlungsorientiert lehren und lernen. Schüleraktivierung – Selbsttätigkeit – Projektarbeit* (8., akt. Aufl.). Bad Heilbrunn: Klinkhardt.

Hagenauer, G. (2011). *Lernfreude in der Schule*. Münster: Waxmann.

Hagenauer, G. & Hascher, T. (2011). Schulische Lernfreude in der Sekundarstufe 1 und deren Beziehung zu Kontroll- und Valenzkognitionen. *Zeitschrift für Pädagogische Psychologie, 25*(1), 63–80.

Hakkarainen, P. (2009). Designing and implementing a PBL course on educational digital video production: Lessons learned from a design-based research. *Educational Technology Research and Development, 57*(2), 211–228.

Hakkarainen, P. (2011). Promoting meaningful learning through video production-supported PBL. *Interdisciplinary Journal of Problem-based Learning, 5*(1), 34–53.

Hannula, M.S. (2002). Attitude towards mathematics: Emotions, experctations and values. *Ducational Studies in Mathematics, 49*(1), 25–46.

Hänze, M. (2000). Schulisches Lernen und Emotion. In J. H. Otto, H. A. Euler & H. Mandl (Hrsg.), *Emotionspsychologie. Ein Handbuch* (S. 586–594). Weinheim: Beltz.

Hänze, M. (2003). Productive functions of emotions in classroom learning. In P. Mayring, & C. von Rhoeneck (Eds.), *Learning emotion. The influence of affective factors on classroom learning* (pp. 185–194). Wien: Peter Lang.

Hascher, T. (2004). *Wohlbefinden in der Schule*. Münster: Waxmann.

Hascher, T. & Hagenauer, G. (2010). Alienation from school. *International journal of Educational Research, 49*(6), 220–232.

Hascher, T. & Brandenberger C. C. (2018). Emotionen und Lernen im Unterricht. In M. Huber & S. Krause (Hrsg.), *Bildung und Emotion* (S. 289–310). Wiesbaden: Springer.

Hasselhorn, M. & Gold, A. (2013). *Pädagogische Psychologie. Erfolgreiches Lernen und Lehren.* (3., vollst. überarb. und erw. Aufl.) Stuttgart: Kohlhammer.

Helmke, A. (1993). Die Entwicklung der Lernfreude vom Kindergarten bis zur 5. Klassenstufe. *Zeitschrift für Pädagogische Psychologie, 7*(2–3), 77–86.

Helmke, A. & Weinert, F. (1997). Bedingungsfaktoren schulischer Leistungen. In F. Weinert (Hrsg.). *Enzyklopädie der Psychologie. Pädagogische Psychologie. Psychologie des Unterrichts und der Schule* (S. 71–176). Göttingen: Hogrefe.

Henderson, M., Auld, G., Holkner, B., Russell, G., Seah, W. T., Fernando, A. & Romeo, G. (2010). Students creating a digital video in the primary classroom: Student autonomy, learning outcomes, and professional learning communities. *Australian Educational Computing, 24*(2), 12–20.

Hepp, R. (2006). Kooperatives Lernen. In B. Barzel, R. Bruder, A. Büchter, J. Heitzer, W. Herget, L. Holzäpfel, J. Roth, R. vom Hofe & H.-G. Weigand (Hrsg.), *Mathematik lehren* (Bd. 139, S. 3). Seelze: Friedrich Verlag.

Hepp, R. & Miehe, K. (2006). Kooperatives Lernen. In B. Barzel, R. Bruder, A. Büchter, J. Heitzer, W. Herget, L. Holzäpfel, J. Roth, R. vom Hofe & H.-G. Weigand (Hrsg.), *Mathematik lehren* (Bd. 139, S. 4–7). Seelze: Friedrich Verlag.

Herzig, B. (2014): Wie wirksam sind digitale Medien im Unterricht? Gütersloh: Bertelsmann Stiftung. Abgerufen am 15. Oktober, 2020, von https://www.bertelsmann-stiftung. de/fileadmin/files/BSt/Publikationen/GrauePublikationen/Studie_IB_Wirksamkeit_dig itale_Medien_im_Unterricht_2014.pdf

Hidi, S. & Ainley, M. (2002). Interest and adolescence. In F. Pajares, & T. Urdan (Eds.), *Academic motivation of adolescents* (pp. 247– 275). Greenwich: Information Age.

Hoogerheide, V., Deijkers, L., Loyens, S. M.M., Heijltjes, A. & van Gog, T. (2016). Gaining from explaining: Learning improves from explaining to fictitious others on video, not from writing to them. *Contemporary Educational Psychology, 44–45,* 95–106.

Hoogerheide, V., Loyens, S. M. M. & van Gog, T. (2014). Effects of creating video-based modeling examples on learning and transfer. *Learning and Instruction, 33,* 108–119.

Horz, H. (2020). Medien. In E. Wild & J. Möller (Hrsg.), *Pädagogische Psychologie* (3. Aufl., S. 133–160). Heidelberg: Springer.

Huang, M. C. L., Chou, C. Y., Wu, Y. T., Shih, J. L., Yeh, C. Y. C., Lao, A. C. C., Fong, H., Lin, Y. F. & Chan, T. W. (2020). Interest-driven video creation for learning mathematics. *Journal of Computers in Education, 7*(3). 395–433.

Huber, G. L. (2000). Lernen in kooperativen Arrangements. In R. Duit & C. von Rhöneck (Hrsg.), *Ergebnisse fachdidaktischer und psychologischer Lehr-Lern-Forschung, IPN Report Nr. 169,* 55–76.

Huber, M. (2018). Emotionale Markierung. Zum grundlegenden Verständnis von Emotionen für bildungswissenschaftliche Überlegungen. In M. Huber & S. Krause (Hrsg.), *Bildung und Emotion* (S. 91–110). Wiesbaden: Springer.

Huber, M. & Krause, S. (2018). Bildung und Emotion. In M. Huber & S. Krause (Hrsg.), *Bildung und Emotion* (S. 1–13). Wiesbaden: Springer.

Irion, T. & Scheiter, K. (2018). Didaktische Potenziale digitaler Medien. Der Einsatz digitaler Technologien aus grundschul- und mediendidaktischer Sicht. *Grundschule Aktuell. Zeitschrift des Grundschulverbandes, 142,* 8–11.

Isen, A. M. (2000). Positive affect and decision making. In M. Lewis, & J. Haviland (Eds.), *Handbook of emotions* (2nd ed., pp. 417–435). New York: Guilford.

Jang, H., Reeve, J. & Deci, E. L. (2010). Engaging students in learning activities: It is not autonomy support or structure but autonomy support and structure. *Journal of Educational Psychology, 102*, 588–600.

Johnson, D. W. & Johnson, R. T. (1974). Instructional goal structure: Cooperative, competitive or individualistic. *Review of Educational Research, 4*(2), 213–240.

Kähler, W. M. (2004). *Statistische Datenanalyse: Verfahren verstehen und mit SPSS gekonnt einsetzen* (3., völlig neubearb. Aufl.). Wiesbaden: Vieweg+Teubner Verlag.

Kaiser, G., Schwarz, B. & Buchholtz, N. (2011). Authentic modelling problems in mathematics education. In G. Kaiser, W. Blum, R. Borromeo Ferri, & G. Stillman (Eds.), *Trends in teaching and learning of mathematical modelling* (pp. 591–602). Dordrecht: Springer.

Kaplan, A. & Maehr, M. L. (1999). Achievement goals and student well-being. *Contemporary Educational Psychology, 24*(4), 330–358.

Karppinen, P. (2005). Meaningful learning with digital and online vidoes: Theoretical perspectives. *AACE Journal, 13*(3), 233–250.

Katz, I. & Assor, A. (2007). When choice motivates and when it does not. *Educational Psychology Review, 19*(4), 429–442.

Kearney, M. & Schuck, S. (2005). Students in the director's seat: teaching and learning with student generated video. In P. Kommers, & G. Richards (Eds.), *Proceedings of Ed-media 2005 world conference on educational multimedia, hypermedia and telecommunications* (pp. 2864–2871). Norfolk: AACE.

Kerres, M. (2012). *Mediendidaktik: Konzeption und Entwicklung mediengestützter Lernangebote* (3., vollst. überarb. Aufl.). München: Oldenbourg.

Kleine Wieskamp, P. (2016). *Storytelling: digital – multimedial – social. Formen und Prxis für PR, Marketing, TV, Game und Social Media.* München: Carl Hanser Verlag.

Koch, D. (2016). *Die 5 verschiedenen Erklärfilm Stile. 5 verschiedene Stile – welcher eignet sich am besten?* Abgerufen am 08. Februar, 2017, von http://www.erklaervideo24.de/erklaerfilm-stile/

Köller, O., Baumert, J. & Schnabel, K. U. (2001). Does interest matter? The relationship between academic interest and achievement in mathematics. *Journal for Research in Mathematics Education, 32*(5), 448–470.

Krammer, K. (2009). *Individuelle Lernunterstützung in Schülerarbeitsphasen.* Münster: Waxmann.

Krammer, K. & Reusser, K. (2005). Unterrichtsvideos als Medium der Aus- und Weiterbildung von Lehrpersonen. *Beiträge zur Lehrerbildung, 23*(1), 35–50.

Krapp, A. (1992). Das Interessenskonstrukt. In A. Krapp & M. Prenzel (Hrsg.), *Interesse, Lernen, Leistung. Neuere Ansätze der pädagogisch-psychologischen Interessensforschung* (S. 297–329). Münster: Aschendorff.

Krapp, A. (2002). Structural and Dynamic Aspects of Interest Development: Theoretical Considerations from an Ontogenetic Perspective. *Learning and Instruction, 12*(4), 383–409.

Krapp, A. (2005). Basic needs and the development of interest and intrinsic motivational orientations. *Learning and Instruction, 15*(5), 381–395.

Krapp, A. & Hascher, T. (2014). Theorien der Lern- und Leistungsmotivation. In L. Ahnert (Hrsg.), *Theorien in der Entwicklungspsychologie* (S. 252–281). Berlin: Springer.

Krapp, A. & Weidenmann, B. (Hrsg.) (2001). *Pädagogische Psychologie.* Weinheim: Beltz.

Kropp, M. (2015). Studie zur digitalen Transformation: 90 % der DAX Unternehmen nutzen Erklärvideos. Abgerufen am 24. März, 2021, von https://www.connektar.de/informati onen-medien/studie-zur-digitalen-transformation-90-der-dax-unternehmen-nutzen-erk laervideos-30442

Kuntze, S. & Reiss, K. (2006). Profile mathematikbezogener motivationaler Prädispositionen – Zusammenhänge zwischen Motivation, Interesse, Fähigkeitsselbstkonzepten und Schulleistungsentwicklung in verschiedenen Lernumgebungen. *mathematica didactica, 29*(2), 24–48.

Landis, J. R. & Koch, G. G. (1977). The Measurement of Observer Agreement for Categorical Data. *Biometrics, 33*(1), 159–174.

Lee, M.J. & McLoughlin, C. (2007). Teaching and learning in the Web 2.0 era: Empowering students through learner-generated content. *International Journal of Instructional Technology and Distance Learning, 10*, 1–14.

Lerner, J. S., Li, Y., Valdesolo, P. & Kassam, K. S. (2015). Emotions and decision making. *Annual Review of Psychology, 66*, 799–823.

Levine, L. J. & Burgess, S. L. (1997). Beyond general arousal: Effects of specific emotions on memory. *Social Cognition, 5*(3), 157–181.

Linnenbrink, E. A. (2007). The role of affect in student learning: A multi-dimensional approach to considering the interaction of affect, motivation, and engagement. In P. A. Schutz, & R. Pekrun (Eds.), *Emotion in education* (pp. 107–124). Cambridge: Elsevier Academic Press.

Linnenbrink, E. A. & Pintrich, P. R. (2004). Role of affect in cognitive processing in academic contexts. In D. Dai, & R. Sternberg (Eds.), *Motivation, emotion, and cognition: Integrative perspectives on intellectual functioning and development* (pp. 57–87). Mahwah: Erlbaum.

Linnenbrink-Garcia, L., Rogat, T. & Koskey, K. (2011). Affect and engagement during small group instruction. *Contemporary Educational Psychology, 36*(1), 13–24.

Lloyd, S. A. & Robertson, C. L. (2012). Screencast tutorials enhance student learning of statistics. *Teaching of Psychology, 39*(1), 67–71.

Loderer, K., Pekrun, R. & Frenzel, A. C. (2018). Emotionen beim technologiebasierten Lernen. In H. M. Niegemann & A. Weinberger (Hrsg.), *Lernen mit Bildungstechnologien* (S. 417–437). Heidelberg: Springer.

Loderer, K., Pekrun, R. & Lester, J. C. (2020). Beyond cold technology: A systematic review and meta-analysis on emotions in technology-based learning environments. *Learning and Instruction, 70*, Article 101162.

Lombrozo, T. (2012). Explanation and abductive inference. In K. J. Holyoak, & R. G. Morrison (Eds.), *Oxford handbook of thinking and reasoning* (pp. 260–276). Oxford, UK: Oxford University Press.

Ludwig, M. (2001). *Projekte im mathematisch-naturwissenschaftlichen Unterricht.* Hildesheim: Franzbecker.

Ludwig, M. (2008). Projekte im Aufwind. In B. Barzel, R. Bruder, A. Büchter, J. Heitzer, W. Herget, L. Holzäpfel, J. Roth, R. vom Hofe & H.-G. Weigand (Hrsg.), *Mathematik lehren* (Bd. 149, S. 4–9). Seelze: Friedrich Verlag.

Malmivuori, M. (2006). Affect and Self-Regulation. *Educational Studies in Mathematics, 63*(2), 149–164.

Mandl, H., Gruber, H. & Renkl, A. (2002). Situiertes Lernen in multimedialen Lernumgebungen. In L.J. Issing & P. Klimsa (Hrsg.), *Information und Lernen mit Multimedia und Internet. Lehrbuch für Studium und Praxis* (3., vollst. überarb. Aufl., S. 139–149). Weinheim und Basel: Beltz.

Marcou, A. & Lerman, S. (2007). Changes in students' motivational beliefs and performance in a self-regulated mathematical problem-solving environment. In D. Pitta-Pantazi, & G. Philippou (Eds.), *Proceedings of the Fifth Congress of the European Society for Research in Mathematics Education* (pp. 288–297). Larnaca.

Mayberry, J., Hargis, J., Boles, L., Dugas, A., O'Neill, D., Rivera, A. & Meler, M. (2012). Exploring teaching and learning using an iTouch mobile device. *Active Learning in Higher Education, 13*(3), 203–217.

Medienpädagogischer Forschungsverbund Südwest (2021). *JIM-Studie 2021. Jugend, Information, Medien*. Basisuntersuchung zum Medienumgang 12- bis 19-Jähriger. Abgerufen am 13. November, 2021, von https://www.mpfs.de/studien/jim-studie/2021/

Medienpädagogischer Forschungsverbund Südwest (2020). *KIM-Studie: Kindheit, Internet, Medien*. Basisuntersuchung zum Medienumgang 6- bis 13-Jähriger. Abgerufen am 12. Januar, 2021, von https://www.mpfs.de/studien/kim-studie/2020/

Meece, J. L., Wigfield, A. & Eccles, J. S. (1990). Predictors of math anxiety and its influence on young adolescents course enrollment intentions and performance in mathematics. *Journal of Educational Psychology, 82*(1), 60–70.

Meinhardt, J. & Pekrun, R. (2003). Attentional resource allocation to emotional events: An ERP study. *Cognition and Emotion, 17*(3), 477–500.

Meyer, M. (1997). *Bildungsprogramme im Fernsehen: Was wollen die Zuschauer?* München: kopaed.

Midgley, C., Feldlaufer, H. & Eccles, J. S. (1989). Change in teacher efficacy and student self-and task-related beliefs in mathematics during the transition to junior high school. *Journal of Educational Psychology, 81*(2), 247–258.

Mietzel, G. (2001). *Pädagogische Psychologie des Lernens und Lehrens*. Göttingen: Hogrefe.

Ministerium für Schule und Bildung des Landes Nordrhein-Westfalen (Hrsg.) (2019). *Kernlehrplan für die Sekundarstufe I Gymnasium in Nordrhein-Westfalen, Mathematik* (i.d.F.v. 1. Aufl.). Abgerufen am 10. März, 2021, von https://www.schulentwicklung.nrw.de/leh rplaene/lehrplan/195/g9_m_klp_3401_2019_06_23.pdf

Morgan, H. (2013). Technology in the classroom: Creating videos can lead students to many academic benefits. *Childhood Education, 89*(1), 51–53.

Multisilta, J. (2014). Editorial on mobile and panoramic video in education. *Education and Information Technologies, 19*(3), 565–567.

Murayama, K. & Elliot, A. J. (2009). The joint influence of personal achievement goals and classroom goal structures on achievement-relevant outcomes. *Journal of Educational Psychology, 101*(2), 432–447.

Murayama, K., Pekrun, R., Lichtenfeld, S. & vom Hofe, R. (2013). Predicting long-term growth in students' mathematics achievement: The unique contributions of motivation and cognitive strategies. *Child Development, 84*(4), 1475–1490.

Obermoser, S. (2018). Einsatz moderner Medien im Unterricht. Unterstützung von Lernprozessen durch Lehr- und Lernvideos? *Haushalt in Bildung & Forschung, 4*, 59–74.

Otto, B. (2007). *SELVES – Schüler-, Eltern- und Lehrertrainings zur Vermittlung effektiver Selbstregulation*. Berlin: Logos.

Pea, R. D. & Lindgren, R. (2008). Video Collaboratories for Research and Education: An Analysis of Collaboration Design Patterns. *IEEE Transactions on Learning Technologies, 1*(4), 235–247.

Pekrun, R. (1992). The impact of emotions on learning and achievement: Towards a theory of cognitive/motivational mediators. *Applied Psychology: An international Review, 41*(4), 359–376.

Pekrun, R. (2000). A social-cognitive, control-value theory of achievement emotions. In J. Heckhausen (Eds.), *Motivational psychology of human development. Developing motivation and motivating development* (pp. 143–163). New York: Elsevier.

Pekrun, R. (2006). The control-value theory of achievement emotions: Assumptions, corollaries, and implications for educational research and practice. *Educational Psychology Review, 18*(4), 315–341.

Pekrun, R. (2016). Academic emotions. In K. R. Wentzel, & D. Miele (Eds.), *Handbook of motivation at school* (pp. 120–144). New York: Taylor & Francis.

Pekrun, R. (2018a). Control-value theory: A social-cognitive approach to achievement emotions. In G. A. D. Liem, & M. McInerney (Eds.), *Big theories revisited 2: A volume of research on sociocultural influences on motivation and learning* (pp. 162–190). Charlotte: Information Age Publishing.

Pekrun, R. (2018b). Emotion, Lernen und Leistung. In M. Huber & S. Krause (Hrsg.), *Bildung und Emotion* (S. 215–231). Wiesbaden: Springer.

Pekrun, R., Goetz, T., Daniels, L. M., Stupnisky, R. H. & Perry, R. P. (2010). Boredom in achievement settings: Control-Value antecedents and performance outcomes of a neglected emotion. *Journal of Educational Psychology, 102*(3), 531–549.

Pekrun, R., Goetz, T., Frenzel, A. C., Barchfeld, P. & Perry, R. P. (2011). Measuring emotions in students' learning and performance: The Achievement Emotions Questionnaire (AEQ). *Contemporary Educational Psychology, 36*(1), 36–48.

Pekrun, R., Götz, T., Jullien, S., Zirngibl, A., vom Hofe, R. & Blum, W. (2002a). *Skalenhandbuch PALMA 1. Messzeitpunkt (5. Jahrgangsstufe).* Universität München: Institut für Pädagogische Psychologie.

Pekrun, R., Götz, T., Jullien, S., Zirngibl, A., vom Hofe, R. & Blum, W. (2003). Skalenhandbuch PALMA: 2. Messzeitpunkt (6. Jahrgangsstufe). Universität München: Institut für Pädagogische Psychologie.

Pekrun, R., Goetz, T., Titz, W. & Perry, R.P. (2002b). Academic Emotions in students' Self-Regulated Learning and Achievement: A Program of Qualitative and Quantitative Research. *Educational Psychologist, 37*(2), 91–105.

Pekrun, R. & Hofmann, H. (1999). Lern- und Leistungsemotionen: Erste Befunde eines Forschungsprogramms. In M. Jerusalem & R. Pekrun (Hrsg.), *Emotion, Motivation und Leistung* (S. 247–267). Göttingen: Hogrefe.

Pekrun, R. & Jerusalem, M. (1996). Leistungsbezogenes Denken und Fühlen: Eine Übersicht zur psychologischen Forschung. In J. Möller & O. Köller (Hrsg.), *Emotionen, Kognitionen und Schulleistung* (S. 3–22). Weinheim: Beltz.

Pekrun R., Lichtenfeld, S., Marsh, H. W., Murayama, K. & Götz T. (2017). Achievement Emotions and Academic Performance: Longitudinal Models of Reciprocal Effects. *Child Development, 88*(5), 1653–1670.

Pekrun, R. & Linnenbrink-Garcia, L. (Hrsg.). (2014). *International handbook of emotions in education.* New York: Taylor & Francis.

Pekrun, R., & Perry, R. P. (2014). *Control-value theory of achievement emotions.* In R. Pekrun, & L. Linnenbrink-Garcia (Eds.), *Educational psychology handbook series. International handbook of emotions in education* (pp. 120–141). New York: Taylor & Francis.

Pekrun, R. & Schiefele, U. (1996). Emotions- und motivationspsychologische Bedingungen der Lernleistung. In F.E. Weinert (Hrsg.), *Psychologie des Lernens und der Instruktion, Enzyklopädie der Psychologie/Pädagogische Psychologie* (Bd. 2, S. 153–180). Göttingen: Hogrefe.

Pekrun, R., vom Hofe, R., Blum, W., Frenzel, A. C., Goetz, T. & Wartha, S. (2007). Development of mathematical competencies in adolescence: The PALMA longitudinal study. In M. Prenzel (Ed.), *Studies on the educational quality of schools. The final report on the DFG priority programme* (pp. 17–37). Münster: Waxmann.

Perels, F. & Dörrenbächer, L. (2020). Selbstreguliertes Lernen und (technologiebasierte) Bildungsmedien. In H. Niegemann & A. Weinberger (Hrsg.), *Handbuch Bildungstechnologie. Konzeption und Einsatz digitaler Lernumgebungen* (S. 81–92). Heidelberg: Springer.

Perels, F., Dörrenbächer-Ulrich, L., Landmann, M., Otto, B., Schnick-Vollmer, K. & Schmitz, B. (2020). Selbstregulation und selbstreguliertes Lernen. In E. Wild & J. Möller (Hrsg.), *Pädagogische Psychologie* (3. Aufl., S. 45–66). Berlin: Springer.

Perels, F., Gürtler, T. & Schmitz, B. (2005). Training of self-regulatory and problem-solving competence. *Learning and Instruction, 15*(2), 123–139.

Perry, R. P., Chipperfield, J. G., Hladkyj, S., Pekrun, R. & Hamm, J. M. (2014). Attribution-based treatment interventions in some achievement settings. In S. A. Karabenick, & T. C. Urdan (Eds.), *Advances in motivation and achievement* (18th ed., pp. 1–35). Bingley: Emerald.

Persike, M. (2020). Videos in der Lehre – Wirkungen und Nebenwirkungen. In H. Niegemann & A. Weinberger (Hrsg.), *Lernen mit Bildungstechnologien. Konzeption und Einsatz digitaler Lernumgebungen* (S. 272–301). Berlin, Heidelberg: Springer.

Peterson, C., Maier, S. F. & Seligman, M. E. P. (1993). *Learned helplessness: A theory for the age of personal control.* New York: Oxford University Press.

Petko, D. (2014). *Einführung in die Mediendidaktik. Lehren und Lernen mit digitalen Medien.* Weinheim: Beltz.

Philipp, R.A. (2007). Mathematics teachers' beliefs and affekt. In F. K. Lester (Ed.), *Second Handbook of Research on Mathematics Teaching and Learning. A project of the National Council of Teachers of Mathematics* (1st ed., pp. 257–315). New York: Macmillan.

Ploetzner, R., Dillenbourg, P., Preier, M. & Traum, D. (1999). Learning by explaining to oneself and to others. In P. Dillenbourg (Ed.), *Collaborative-learning: Cognitive and computational approaches* (pp. 103–121). Oxford: Elsevier.

Putwain, D. W., Becker, S., Symes, W. & Pekrun, R. (2017). Reciprocal relations between students' academic enjoyment, boredom, and achievement over time. *Learning and Instruction, 54,* 73–81.

Ranellucci, J., Hall, N. C. & Goetz, T. (2015). Achievement goals, emotions, learning, and performance: a process model. *Motivation Science, 1*(2), 98–120.

Rasch, B., Friese, M., Hofmann, W. & Naumann, E. (2014). *Quantitative Methoden 2. Einführung in die Statistik für Psychologen und Sozialwissenschaftler.* Berlin: Springer.

Reeve, J. (2009). Why teachers adopt a controlling motivating style toward students and how they can become more autonomy supportive. *Educational Psychologist, 44*(3), 159–175.

Reeve, J. (2012). A self-determination theory perspective on student engagement. In S. L. Christenson, A. L. Reschly, & C. Wylie (Eds.), *Handbook of research on student engagement* (pp. 149–172). New York: Springer.

Reeve, J., Jang, H., Carrell, D., Barch, J. & Jeon, S. (2004). Enhancing high school students' engagement by increasing their teachers' autonomy support. *Motivation and Emotion, 28*(2), 147–169.

Reeve, J., Nix, G. & Hamm, D. (2003). Testing models of the experience of self-determination in intrinsic motivation and the conundrum of choice. *Journal of Educational Psychology, 95*(2), 375–392.

Reinmann-Rothmeier, G. & Mandl, H. (2001). Unterrichten und Lernumgebungen gestalten. In A. Krapp & B. Weidenmann (Hrsg.), *Pädagogische Psychologie* (S. 601–646). Weinheim: Beltz.

Renkl, A. (1995). Learning for later teaching: An exploration of mediational links between teaching expectancy and learning results. *Learning and Instruction, 5*(1), 21–36.

Renkl, A. & Beisiegel, S. (2003). *Lernen in Gruppen: Ein Minihandbuch.* Landau: Verlag Empirische Pädagogik.

Renkl, A. & Mandl, H. (1995). Kooperatives Lernen: Die Frage nach dem Notwendigen und dem Ersetzbaren. *Unterrichtswissenschaft, 23*(4), 292–300.

Rheinberg, F. & Vollmeyer, R. (2019). *Motivation* (9., erw. und überarb. Aufl.). Stuttgart: Kohlhammer.

Rodriguez, P. M., Frey, C., Dawson, K., Liu, F. & Rotzhaupt, A. D. (2012). Examining student digital artifacts during a year-long technology integration initiative. *Computers in the Schools, 29*(4), 355–374.

Röllecke, R. (2006). Keine Zauberei – Essenzen geglückter Medienarbeit. In J. Lauffer & R. Rölleck (Hrsg.), *Methoden und Konzepte medienpädagogischer Projekte* (Handbuch 1, S. 230–241). Bielefeld: GMK.

Rosenberg, E.L. (1998). Levels of analysis and the organization of affect. *Review of General Psychology, 2*(3), 247–270.

Rost, D. H. (2013). *Interpretation und Bewertung pädagogisch-psychologischer Studien – Eine Einführung.* Bad Heilbrunn: Verlag Julius Klinkhardt.

Rothermund, K. & Eder, A. (2009). Emotion und Handeln. In V. Brandstätter & J. H. Otto (Hrsg.), *Handbuch der Allgemeinen Psychologie: Motivation und Emotion* (Bd. 11, S. 675–685). Göttingen: Hogrefe.

Rummler, K. (2017). Lernen mit Online-Videos – Eine Einführung. *Medienimpulse, 55*(2), 1–27.

Ryan, R. M. & Connell, J. P. (1989). Perceived locus of causality and internalization. *Journal of Personality and Social Psychology, 57*(5), 749–761.

Ryan, R. M. & Deci, E. L. (1994). *The Intrinsic Motivation Inventory. Scale description.* Abgerufen am 17. November, 2018, von selfdeterminationtheory.org: http://selfdeterminationtheory.org/intrinsic-motivation-inventory/

Ryan, R. M. & Deci, E. L. (2000). Self-determination theory and the facilitation of intrinsic motivation, social development, and well-being. *American Psychologist, 55*(1), 68–78.

Ryan, R. M. & Deci, E. L. (2002). Overview of self-determination theory: An organismic dialectical perspective. In E. L. Deci & R. M. Ryan (Eds.), *Handbook of self-determination research* (pp. 3–33). Rochester: University of Rochester Press.

Ryan, R. M. & Grolnick, W. S. (1986). Origins and pawns in the classroom: Self-report and projective assessments of individual differences in children's perceptions. *Journal of Personality and Social Psychology, 50*(3), 550–558.

Sachs, L. & Hedderich, J. (2006). *Angewandte Statistik.* Berlin: Springer.

Sansone, C., Weir, C., Harpster, L. & Morgan, C. (1992). Once a boring task always a boring task? Interest as a self-regulatory mechanism. *Journal of Personality and Social Psychology, 63*(3), 379–390.

Scherer, K. R. (1984). On the nature and function of emotion: A component process approach. In K. R. Scherer, & P. Ekman (Eds.), *Approaches to emotion* (pp. 293–317). Hillsdale: Erlbaum.

Scherer, K. R. (1993). Studying the Emotion-Antecedent Appraisal Process. *Cognition and Emotion, 7*(3-4), 325–355.

Scherer, K. R. (2009). The dynamic architecture of emotion: Evidence from the component process model. *Cognition and Emotion, 23*(7), 1307–1351.

Scherer, K. R., Schorr, A. & Johnstone, T. (Eds.) (2001). *Appraisal Processes in Emotion. Theory, Methods, Research.* Oxford: University Press.

Schiefele, U. (1996). Topic interest, text representation, and quality of experience. *Contemporary Educational Psychology, 21*(1), 3–18.

Schiefele, U. (2001). The role of interest in motivation and learning. In J. M. Collis, & S. Messick (Eds.), *Intelligence and personality: Bridging the gap in theory and measurement* (pp. 163–194). Mahwah: Erlbaum.

Schiefele, U. (2004). Förderung von Interesse. In G. W. Lauth, M. Grünke & J. C. Brunstein (Hrsg.), *Interventionen bei Lernstörungen. Förderung, Training und Therapie in der Praxis* (S. 134–144). Göttingen: Hogrefe.

Schiefele, U., Krapp, A. & Schreyer, I. (1993). Metaanalyse des Zusammenhangs von Interesse und schulischer Leistung. *Zeitschrift für Entwicklungspsychologie und Pädagogische Psychologie, 25*(2), 120–148.

Schiefele, U. & Pekrun, R. (1996): Psychologische Modelle des selbstgesteuerten und fremdgesteuerten Lernens. In F. E. Weinert (Hrsg.), *Psychologie des Lernens und der Instruktion. Enzyklopädie der Psychologie. Serie Pädagogische Psychologie* (Bd. 2, S. 249–278). Göttingen: Hogrefe.

Schiefele, U. & Schaffner, E. (2015) Motivation. In E. Wild & J. Möller (Hrsg.), *Pädagogische Psychologie* (S. 153–175). Berlin, Heidelberg: Springer.

Schiefele, U. & Streblow, L. (2006). *Motivation aktivieren.* In H. Mandl & H. F. Friedrich (Hrsg.), *Handbuch Lernstrategien* (S. 232–247). Göttingen: Hogrefe.

Schlag, B. (2013). *Lern- und Leistungsmotivation* (Bd. 4). Wiesbaden: Springer.

Schmitz, B. & Wiese, B. S. (2006). New perspectives for the evaluation of training sessions in self-regulated learning: Time-series analyses of diary data. *Contemporary Educational Psychology, 31*(1), 64–96.

Schön, S. (2013). Klappe zu! Film ab! Gute Lernvideos kinderleicht erstellen. In J. Pauschenwein (Hrsg.), *Lernen mit Videos und Spielen* (S. 3–10). Graz: FH Joanneum.

Schön, S. & Ebner, M. (2013). Gute Lernvideos . . . so gelingen Web-Videos zum Lernen! Abgerufen am 24. März, 2021, von http://bimsev.de/n/userfiles/downloads/gute-lernvideos.pdf.

Schön, S. & Ebner, M. (2014). Zeig doch mal! – Tipps für die Erstellung von Lernvideos in Lege- und Zeichentechnik. *Zeitschrift für Hochschulentwicklung, 9*(3), 41–49.

Schukajlow, S. (2015). Is boredom important for students' performance? In K. Krainer, & N. Vondrová (Eds.), *Proceedings of the Ninth Congress of the European Society for Research in Mathematics Education* (pp. 1273–1279). Prague.

Schukajlow, S., Leiss, D., Pekrun, R., Blum, W., Müller, M. & Messner, R. (2012). Teaching methods for modelling problems and students' task-specific enjoyment, value, interest and self-efficacy expectations. *Educational Studies in Mathematics, 79*(2), 215–237.

Schukajlow, S., Rakoczy, K. & Pekrun, R. (2017). Emotions and motivation in mathematics education: theoretical considerations and empirical contributions. *ZDM Mathematics Education, 49*(1), 307–322.

Schunk, D. H., Pintrich, P. R. & Meece, J. L. (2008). *Motivation in education.* Upper Saddle River: Pearson Education.

Seegers, G. & Boekaerts, M. (1993). Task motivation and mathematics achievement in actual task situations. *Learning and Instruction, 3*(2), 133–150.

Sekretariat der Ständigen Konferenz der Kultusminister der Länder in der Bundesrepublik Deutschland (2004). *Bildungsstandards im Fach Mathematik für den Mittleren Schulabschluss. (Beschluss der Kultusministerkonferenz vom 04.12.2003).* München: Luchterhand.

Shernoff, D. J., Csikszentmihalyi, M., Schneider, B. & Shernoff, E. S. (2003). Student Engagement in High School Classrooms from the Perspective of Flow Theory. *School Psychology Quarterly, 18*(2), 158–176.

Shuman, V. & Scherer, K. R. (2014). Concepts and structures of emotions. In R. Pekrun, & L. Linnenbrink-Garcia (Eds.), *International handbook of emotions in education* (pp. 13–35). New York: Taylor & Francis.

Skinner, B.F. (1978). *Was ist Behaviorismus?* Reinbek: Rowohlt.

Skinner, E., Pitzer, J. & Brule, H. (2014). The Role of Emotion in Engagement, Coping, and the Development of Motivational Resilience. In R. Pekrun, & L. Linnenbrink-Garcia (Eds.), *International handbook of emotions in education* (pp. 331–347). New York: Taylor & Francis.

Slavin, R. E. (1993). Kooperatives Lernen und Leistung: Eine empirisch fundierte Theorie. In G. L. Huber (Hrsg.), *Neue Perspektiven der Kooperation – ausgewählte Beiträge der Internationalen Konferenz 1992 über Kooperatives Lernen* (S.151–170). Hohengehren: Schneider.

Slavin, R. E. (1995). *Cooperative learning. Theory, research, and practice* (2nd ed.). Boston: Allyn & Bacon.

Slopinski, A. (2016). Selbstbestimmt motiviertes Lernen durch die Produktion von Lern-und Erklärvideos. Medienproduktion. *Online-Zeitschrift für Wissenschaft und Praxis, 10*, 9–13.

Smith, S. (2016). (Re)Counting meaningful learning experiences: Using student-created reflective videos to make invisible learning visible during PjBL experiences. *Interdisciplinary Journal of Problem-Based Learning, 10*(1), 2–16.

Spachtholz, P., Kuhbandner, C. & Pekrun, R. (2014). Negative affect improves the quality of memories: Trading capacity for precision in sensory and working memory. *Journal of Experimental Psychology General, 143*(4), 1450–1456.

Spinath, B. (2011). Lernmotivation. In H. Reinders, H. Ditton, C. Gräsel & B. Gniewosz (Hrsg.), *Empirische Bildungsforschung. Gegenstandsbereiche* (S. 45–56). Wiesbaden: VS-Verlag.

Springer, L., Stanne, M. E. & Donovan, S. (1999). Effects of small-group learning on undergraduates in science, mathematics, engineering and technology: a meta-analysis. *Review of Educational Research, 69*(1), 21–51.

Steland, A. (2004). *Mathematische Grundlagen der empirischen Forschung.* Berlin: Springer.

Sweeny, K. & Vohs, K. D. (2012). On near misses and completed tasks: The nature of relief. *Psychological Science, 23*(5), 464–468.

Traub, S. (2012). *Projektarbeit – ein Unterrichtskonzept selbstgesteuerten Lernens? Eine vergleichende empirische Studie.* Bad Heilbrunn: Klinkhardt.

Trevors, G. J., Muis, K. R., Pekrun, R., Sinatra, G. M. & Winne, P. H. (2016). Identity and epistemic emotions during knowledge revision: A potential account for the backfire effect. *Discourse Processes, 53*(5–6), 339–370.

Tsai, Y.-M., Kunter, M., Lüdtke, O., Trautwein, U. & Ryan, R. M. (2008). What makes lessons interesting? The role of situational and individual factors in three school subjects. *Journal of Educational Psychology, 100*(2), 460–472.

Tsatsaroni, A., Lerman, S. & Xu, G. (2003). A sociological description of changes in the intellectual field of mathematics education research: Implications for the identities of academics. *Paper presented at the Annual Meeting of the American Educational Research Association.* Chicago.

Tulodziecki, G. & Herzig, B. (2004). *Mediendidaktik. Medien in Lehr- und Lernprozessen. Handbuch Medienpädagogik* (Bd. 2). Stuttgart: Klett-Cotta.

Tulodziecki, G., Herzig, B. & Grafe, S. (2010). *Medienbildung in Schule und Unterricht. Grundlagen und Beispiele.* Bad Heilbrunn: Julius Klinkhardt.

Turner, J. E. & Schallert, D. L. (2001). Expectancy-value relationships of shame reactions and shame resiliency. *Journal of Educational Psychology, 93*(2), 320–329.

Tze, V. M. C., Daniels, L. M. & Klassen, R. M. (2016). Evaluating the relationship between boredom and academic outcomes: A metaanalysis. *Educational Psychology Review, 28*(1), 119–144.

Ulich, D. & Mayring, P. (1992). *Psychologie der Emotionen.* Stuttgart: Kohlhammer.

Ullmann, J. (2018). *Entwicklung von Erklärvideos für einen Englisch Selbstlernkurs im Rahmen des ‚Flipped Classroom' Prinzips.* München. Abgerufen am 06. März, 2021, von https://edoc.ub.uni-muenchen.de/22645/1/Ullmann_Jan.pdf

Vallerand, R. J. & Bissonnette, R. (1992). Intrinsic, extrinsic, and amotivational styles as predictors of behavior: A prospective study. *Journal of Personality, 60*(3), 599–620.

Van der Beek, J.P.J., Van der Ven, S.H.G., Kroesbergen, E.H. & Leseman, P.P.M. (2017), Self-concept mediates the relation between achievement and emotions in mathematics. *British Journal of Educational Psychology, 87*(3), 478–495.

Vansteenkiste, M., Simons, J., Lens, W., Sheldon, K. M. & Deci, E. L. (2004). Motivating learning, performance, and persistence: The synergistic role of intrinsic goals and autonomy-support. *Journal of Personality and Social Psychology, 87*(2), 246–260.

Vogel, F. & Fischer, F. (2020). Computergestütztes kollaboratives Lernen. In H. Niegemann & A. Weinberger (Hrsg.), *Handbuch Bildungstechnologie. Konzeption und Einsatz digitaler Lernumgebungen* (S. 57–80). Heidelberg: Springer.

Vogel-Wakutt, J. J., Fiorella, L., Carper, T. & Schatz, S. (2012). The definition, assessment, and mitigation of state boredom within educational Settings: A comprehensive review. *Educational Psychology Review, 24*(1), 89–111.

Vos, P. (2015). Authenticity in extra-curricular mathematics activities; Researching authenticity as a social construct. In G. Stillman, W. Blum, & M. S. Biembengut (Eds.), *Mathematical modelling in education research and practice: Cultural, social and cognitive influences* (pp. 105–114). New York: Springer.

Wasmann-Frahm, A. (2008). *Lernwirksamkeit von Projektunterricht. Eine empirische Studie zur Wirksamkeit des Projektunterrichts in einer sechsten Jahrgangsstufe am Beispiel des Themenfeldes Boden.* Baltmannsweiler: Schneider Verlag Hohengehren.

Weiber, R. & Mühlhaus, D. (2014). *Strukturgleichungsmodellierung. Eine anwendungsorientierte Einführung in die Kausalanalyse mit Hilfe von AMOS, SmartPLS und SPSS.* Berlin: Springer.

Weigand, H.-G. (2018). Ziele des Geometrieunterrichts. In H.-G. Weigand, A. Filler, R. Hölzl, S. Kuntze, M. Ludwig, J. Roth, B. Schmidt-Thieme & G. Wittmann (Hrsg.), *Didaktik der Geometrie für die Sekundarstufe I* (3., erweit., überar. Auflage, S. 1–20). Berlin: Springer.

Weinberger, A., Hartmann. C., Kataja, L. J. & Rummel N. (2020). Computer-unterstützte kooperative Lernszenarien. In H. Niegemann & A. Weinberger (Hrsg.), *Handbuch Bildungstechnologie. Konzeption und Einsatz digitaler Lernumgebungen* (S. 229–246). Heidelberg: Springer.

Weinert, F. E. (1982). Selbstgesteuertes Lernen als Voraussetzung, Methode und Ziel des Unterrichts. *Unterrichtswissenschaft* (10. Jahrgang), *2*, 99–110.

Wendland, M. & Rheinberg, F. (2004). Welche Motivationsfaktoren beeinflussen die Mathematikleistung? Eine Längsschnittanalyse. In J. Doll (Hrsg.), *Bildungsqualität von Schule. Lehrerprofessionalisierung, Unterrichtsentwicklung und Schülerförderung als Strategien der Qualitätsverbesserung* (S. 309–328). Münster: Waxmann.

Wild, K.-P. & Schiefele, U. (1994). Lernstrategien im Studium: Ergebnisse zur Faktorenstruktur und Reliabilität eines neuen Fragebogens. *Zeitschrift für Differentielle und Diagnostische Psychologie, 15*(4), 185–200.

Wodzinski , R. (2004). Kooperatives Lernen: mehr als nur Gruppenarbeit. Gründe für kooperatives Arbeiten im Physikunterricht. *Naturwissenschaften im Unterricht. Physik, 84*(15), 4–7.

Wolf, K. D. (2015a): Produzieren Jugendliche und junge Erwachsene ihr eigenes Bildungsfernsehen? Erklärvideos auf YouTube, *Television, 28*(1), 35–39.

Wolf, K. D. (2015b). Video-Tutorials und Erklärvideos als Gegenstand, Methode und Ziel der Medien- und Filmbildung, In A. Hartung, T. Ballhausen, C. Trültzsch-Wijnen, A. Barberi & K. Kaiser-Müller (Hrsg.), *Filmbildung im Wandel* (Bd. 2, S. 121–131). Wien: New Academic Press.

Wolf, K. D. & Kratzer, V. (2015). Erklärstrukturen in selbsterstellten Erklärvideos von Kindern. In K.-U. Hugger, A. Tillmann, S. Iske, J. Fromme, P. Grell & T. Hug, (Hrsg.), *Jahrbuch Medienpädagogik 12* (S. 29–44). Wiesbaden: Springer.

Wolf, K. D. & Kulgemeyer, C. (2016). Lernen mit Videos? Erklärvideos im Physikunterricht. *Naturwissenschaften im Unterricht. Physik, 27*(152), 36–41.

Wollmann, K. (2021). Grundschüler*innen generieren Erklärvideos. Zur Entwicklung eines didaktischen Konzepts für den naturwissenschaftlichen Sachunterricht. In E. Matthes, St. T. Siegel & T. Heiland (Hrsg.), *Lehrvideos – das Bildungsmedium der Zukunft? Erziehungswissenschaftliche und fachdidaktische Perspektiven (S. 130–140).* Bad Heilbrunn: Klinkhardt.

Wolters, C. A. (2003). Regulation of Motivation: Evaluating an Underemphasized Aspect of Self-Regulated Learning. *Educational Psychologist, 38*(4), 189–205.

Zander, S., Behrens, A. & Mehlhorn, S. (2020). Erklärvideos als Format des E-Learning. In H. Niegemann & A. Weinberger (Hrsg.), *Handbuch Bildungstechnologie. Konzeption und Einsatz digitaler Medien* (S. 247–258). Berlin: Springer.

Zapf, A. B. (2015). *Progressive Projektarbeit. Evaluation eines Modells zur Durchführung von selbstgesteuerter Projektarbeit.* Bad Heilbrunn: Klinkhardt.

Zeidner, M. (1998). *Test anxiety: The state of the art.* New York: Plenum.

Zeidner, M. (2014). Anxiety in Education. In R. Pekrun, & L. Linnenbrink-Garcia (Eds.), *International handbook of emotions in education* (pp. 265–288). New York: Taylor & Francis.

Zierer, W. (2018). *Lernen 4.0. Pädagogik vor Technik. Möglichkeiten und Grenzen einer Digitalisierung im Bildungsbereich* (2. Aufl.). Baltmannsweiler: Schneider Verlag Hohengehren.

Zimmerman, B. J., (2000). Attaining self-regulation. A social cognitive perspective. In B.J. Zimmerman, M. Boekaerts, P.R. Pintrich & M. Zeidner (Eds.), *Handbook of self-regulation* (pp. 13–39). London: Academic Press.

Printed in the United States
by Baker & Taylor Publisher Services